U0179645

重庆奉节白帝庙

古建筑研究与保护

中机中联工程有限公司城市更新研究所

何知一 著

浙江大学出版社
ZHEJIANG UNIVERSITY PRESS

图书在版编目（CIP）数据

重庆奉节白帝庙古建筑研究与保护 / 何知一著. —
杭州：浙江大学出版社, 2022.1
ISBN 978-7-308-21897-9

Ⅰ.①重… Ⅱ.①何… Ⅲ.①寺庙—古建筑—保护—
研究—奉节县 Ⅳ.①TU-092.2

中国版本图书馆CIP数据核字(2021)第218122号

重庆奉节白帝庙古建筑研究与保护

何知一　著

责任编辑	赵　静　冯社宁
责任校对	胡　畔
封面设计	林智广告
出版发行	浙江大学出版社
	（杭州市天目山路148号 邮政编码310007）
	（网址：http://www.zjupress.com）
排　　版	杭州林智广告有限公司
印　　刷	杭州高腾印务有限公司
开　　本	710mm×1000mm　1/16
印　　张	16.25
字　　数	280千
版 印 次	2022年1月第1版　2022年1月第1次印刷
书　　号	ISBN 978-7-308-21897-9
定　　价	68.00元

序

重庆奉节白帝庙作为以白帝城明清古建筑群为主体的第六批全国重点文物保护单位"白帝城遗址"的重要组成部分，是三峡地区珍贵的地上文物资源。2011年，何知一先生被管理单位重庆旅投长江三峡旅游投资有限公司聘为白帝城古建筑修缮顾问，全过程参与了白帝庙的测绘、修缮设计和施工，收集了大量的资料，并经过十年的整理，完成了这部系统研究重庆奉节白帝庙古建筑的著作，作为中机中联工程有限公司"建筑文化遗产保护类"重要出版图书，对研究三峡文化和三峡地区明清古建筑具有重要的参考作用。纵观全书，我认为这部著作有以下四个方面值得注意。

第一，丰富的历史资料。近年来，国内文物建筑保护工程的研究取得了较大发展，但研究重点大多放在形制及修缮工程方面，基础研究部分深度相对不足，主要是对文物概况及历史沿革的记述，系统的研究成果不多。作者克服史料零散等重重困难，下功夫挖掘、汇总、整理、提炼了白帝庙的建筑历史沿革史料，对相关图纸进行了补充和完善，对白帝庙建筑进行了全面、详细的测绘。可以说在文物建筑保护工程和文化源流考据的结合方面做出了一定的探索，对白帝城、白帝庙相关史料进行了系统的梳理，为避免大量珍贵史料消失和湮没做出了努力。

第二，全景的研究视角。作者采用社会学、历史学、人类学、民族学、民俗学、宗教学、经济学、考古学、建筑学和美学等跨学科融合的研究方法，对白帝庙承载的历史信息、体现的建筑思想、独特的室间结构、反映的文化思想和表现的艺术特征全视角进行了研究，勾画了奉节白帝庙古建筑文化背景及保护的全景画面。

第三，扎实的理论分析。作者在大量田野调查的基础上，参考《营造法式》《工程做法则例》和《营造法原》，采用对比研究的方法，总结、归纳了白帝庙建筑形式、结构和艺术特征，并深入分析了其形成的原因。

第四，切实的保护措施。作者详尽地调查了白帝庙文物本体的残损现状，分析了其形成的原因，客观记录了修缮的技术保护措施，并指出了修缮中存在的问题和技术缺陷。

在这本书中，作者通过对文物本体认真详实的勘查和对文献史料的查证，在保护措施上详细梳理了白帝庙古建筑的一些重要问题，是值得重视的研究成果，也为未来白帝庙古建筑的保护和修缮提供了难得的基础资料。

2021 年 10 月 18 日于重庆

前 言

　　白帝城位于重庆市奉节县，东依号称天下第一门的夔门，长江三峡第一峡——瞿塘峡；西傍著名的三国时期诸葛亮的八阵图。三峡大坝截流库区形成后，白帝城四面环水。[①] 白帝城从地缘上是沟通江汉平原和四川盆地的重要军事要塞，为古代兵家必争之地。传说西汉末年公孙述在白帝城称帝。三国时蜀先主刘备在此"托孤"，将国事、家事委托给一代良臣诸葛亮的故事广为流传。加之唐代大诗人李白"朝辞白帝彩云间，千里江陵一日还。两岸猿声啼不住，轻舟已过万重山"[②] 的千古绝句，使白帝城名扬四海。

　　古老的白帝城不但历史悠久、久负盛名，而且其地理位置也决定了白帝城在中国古代战争史上有着极其重要的地位。由于历史的原因，人们普遍认为现在白帝庙所在的白帝山区域就是历史上所称的白帝城所在。加之，西汉末年公孙述在蜀中自称白帝，并于今重庆市奉节县的鱼复一带筑城驻守，更使人们混淆了白帝城与白帝庙的概念。据近年考古发掘发现和对史料、文献的考证，基本可以断定历史上的白帝城并非现在白帝庙所在的白帝山区域。不可否认，从历史的角度分析，白帝城与白帝庙的确存在着千丝万缕、密不可分的联系。但绝不能因为存在着这种联系而误判白帝城就筑在今天的白帝山上。

　　现在人们习惯所称的白帝城主要指以白帝山上白帝庙明清古建筑群为核心，包括白帝山、鸡公山、马岭的"两山一岭"，约四五平方千米的范围。2006年5月25日，白帝城遗址以及以白帝庙为主体的明清古建筑群被国务院批准列入第六批全国重点文物保护单位。

　　白帝山上的白帝庙有着悠久的历史渊源，据有记载的文献考据，其始建应在隋唐时期或以前。有学者认为白帝庙是为了祭祀西汉末年蜀中称帝的公孙述而建；也有学者认为白帝庙始建可追溯到古代巴人为了祭祀其族神白帝天王而建。无论因何而建，现在的白帝庙明清古建筑群的的确确成了三峡地区著名的非宗教祭祀建筑群。它身上承载的厚重历史文化传承，是研究三峡地区民俗、

---

① 三峡库区形成以前三面环水，库区形成后将通往白帝城唯一的陆路通道马岭淹没。

② 曾秀翘，等.奉节县志（清光绪十九年）[M].奉节：四川省奉节县志编纂委员会，1985:313.

宗教和建筑及其建筑艺术难得的标本。

2011年，重庆市政府提出了对全市旅游景区"提档升级"的要求。因此，对白帝庙及庙外的仿古建筑进行了全面的维修保护。作者受聘为白帝庙修缮工程文化与文物建筑修缮技术顾问，参与了对白帝庙的测绘、保护设计和修缮施工全过程。在此过程中对白帝庙的历史渊源、建筑沿革、现存建筑及其承载的文化内涵作了些许思考，形成本书。

全书分为研究篇和保护篇两个部分。在研究篇对白帝庙与白帝城的关系，白帝庙的始建、建筑沿革与历代修缮进行了考证和研究，较为详细地分析了白帝庙建筑群的平面布局、单体建筑的结构形态、装饰艺术、形成因素及研究价值。在保护篇分析了白帝庙现存建筑的残损状况，阐述了白帝庙保护的基本准则与技术措施。

白帝庙此次维修，虽然按国家文物保护的有关法律、法规、技术规范和设计单位的要求全面进行了保护性修缮，但也留下了诸多遗憾。如：东、西配殿，东院厢房为了布展需要未按设计安装隔扇门；西配殿改变了原有的柱础式样并人为加大了柱径；修缮中使用水泥；对更换的石、木构件未按要求标注等。但总的说来，这次修缮是1949年以来白帝庙规模最大的一次，使这一国宝级明清古建筑群得到了有力的保护。

我们可以这样认为：今天的白帝庙留给我们的不仅仅是一座建筑，更是一座研究"峡江建筑文化与艺术思想"的标本，其价值远远超出了建筑本身的含义。

目　录

上篇　研究篇

下篇　保护篇

上篇

研究篇

一 白帝城考

由于历史的原因，现在人们已经混淆了白帝城与白帝庙的概念。因此，研究白帝庙就不得不说说白帝城。在三峡水库蓄水后白帝庙所在的白帝山形成了一个约8万平方米的孤岛，人们大多认为这个孤岛就是白帝城。但是，据考古发现和文献记载，现在白帝庙所在山头并非历史上的白帝城，但是白帝城的确与白帝庙有着密不可分、千丝万缕的联系，研究白帝庙必然离不开白帝城。因此，有必要先对白帝城历史及其真正的位置做些简单介绍。

（一）公孙述其人

研究白帝城离不开一个关键人物——西汉末年称帝蜀中的公孙述。据《后汉书·卷十三·公孙述传》记载：公孙述（？—公元36年），字子阳，扶风茂陵（今陕西兴平市）人。西汉末，以父官荫郎，补清水（在今甘肃省境内）长。公孙述熟练史事，治下奸盗绝迹，由是闻名。王莽篡汉，公孙述受任为导江卒正[①]。王莽末年，天下纷扰，群雄竞起，公孙述遂自称辅汉将军兼领益州牧。

公孙述以蜀地之物资精练兵卒，四方士庶归附日众，西南夷长亦前来输诚贡献。至东汉光武帝建武元年（公元25年），是时公孙述僭号于蜀，乃自立为帝，崇尚白色，自称白帝，国号"成家"，建元龙兴，改益州为司隶校尉，以蜀郡为成都尹，设置三公以下各级职官。又自恃四川地势险要、物产丰饶、户口繁盛，意颇昂扬自得。公孙述素性苛细，迷信讳谶符命之说，好察小事而忽略大体，即位后，贸然废止铜钱，而设官铸铁钱，致使民间货币不通。霸业未成，即立其两子为王，并分封诸子弟分布郡县，一国政事唯任之于公孙氏，拒阻群臣进谏，由此大臣多心生怨念。光武帝以宇内日渐混一，数遣使劝喻归

---

① 导江，泛指岷江流域的成都地区。卒正，官名，王莽改郡守为卒正。这里的导江卒正指蜀郡郡守。

顺，公孙述怒而不从。建武十二年（公元36年），汉庭乃派兵征讨，被公孙述所拒。次年，复命大司马吴汉举兵来伐，攻破成都，纵兵大掠，尽诛公孙氏，"成家"为东汉所亡。公孙述称帝共十二年。[①]

（二）公孙述与白帝城的关系

从历史的角度上讲，虽然公孙述与白帝城有着不可分割的关系，但白帝城之名称究竟由何而来，它与公孙述又有着什么样的关系？民间和学界普遍存在"公孙述筑城""公孙述命名""公孙述赐名"三种不同说法。据作者田野调查，查阅方志文献，并进行深入研究后认为：上述三种说法均不同程度地缺乏充足的证据支持。白帝城应该是因在三峡地区历史上有着重要位置的古代巴人为祭祀族神"白帝天王"而建的白帝庙而得名。

1."公孙述筑城"说

（1）公孙述筑城的民间传说

民间传说白帝城始建于西汉末年王莽篡汉之时。王莽手下大将公孙述据蜀，兵临赤岬（今瞿塘峡口），驻守鱼复（今奉节县东）。在这里，公孙述势力膨胀、野心勃勃，便动了当皇帝的想法。他骑马来到瞿塘峡口，见这一带地势险要、易守难攻，就派人在此"屯兵马，积粮草，固城防"，牢守这一蜀东咽喉重镇。公孙述想当皇帝，逐命其心腹，搜寻吉兆祥瑞，为他制造舆论。不久，果然有人来报：城中白鹤井内，近来常有白气腾空，这是"白龙献瑞"，是要出新皇帝的吉兆。于是，公孙述故弄玄虚，说这是"白龙出井"，是他登基成龙的征兆，就以"白"为标记，于建武元年（公元25年）在此自称"白帝"，将发生"白龙献瑞"的这座城池命名为"白帝城"，并将"白帝城"所在的山取名为"白帝山"。

（2）公孙述筑城的文献记载

清道光十九年《奉节县志》载："城[②]，公孙述筑。"[③]

---

①　范晔.后汉书 [M].北京：中华书局，1965:513-548.

②　城：指白帝城。

③　曾秀翘，等.奉节县志（清光绪十九年版）[M].奉节：四川省奉节县志编纂委员会，1985:4.

《辞海·地理分册（历史地理）》载："白帝城，古城名。在今四川奉节县^①白帝山上。东汉初公孙述筑。述自号白帝，故以为名，并移鱼复县治此。"^②

《中国历史地名词典》载："白帝城，东汉初公孙述筑城，在今四川奉节县东白帝山上。"^③

《三峡大观·白帝城》载："西汉末年公孙述据蜀，在山上筑城，因城中一井常冒白气，宛如白龙，他便借此自号白帝，并名此城为白帝城。"^④

《长江三峡地区各峡谷的名称由来浅释》一文认为：白帝城是"西汉末年，蜀将公孙述镇守川东峡口要冲，在山上筑城，因城中有一水井，常冒出白气，……宛如白龙……遂于公元25年自号称白帝，并名此城为白帝城，此山为白帝山。"^⑤

（3）对公孙述筑城的考证

公孙述是否到过重庆市奉节县白帝城一带是公孙述修筑白帝城的关键所在。据《华阳国志》和《后汉书》所记，公孙述称帝前，为西汉中散大夫。王莽篡汉后，封为导江卒正，"治临邛（今邛崃）"。地皇四年（公元23年），同"群豪"一起响应更始帝刘玄，与南阳人宗成联合，反莽兴汉据蜀。因述恶宗成等"虏掠横暴"，起兵攻成。宗成在成都为部将所杀。其部将降，迎公孙述入主成都。一日，"述梦有人语之曰，'八厶子系，十二为期……'。"^⑥"会夏四月，龙出府殿前，以为瑞应，述遂称皇帝，号大成。……乃服色尚白，自以兴西方为金行也。"^⑦

显然，公孙述称帝前后的活动地域都是在今成都市周围一带，并未涉足下川东（今渝东北地区）。公孙述"镇守川东峡口要冲"和"在奉节自称白帝"之说，于史不合。公孙述既称帝于成都，"常冒出白气"的井，自应是益州的"府

---

① 奉节县，今属重庆市。

② 夏征农.辞海·地理分册（历史地理）[M].上海：上海辞书出版社，1979:66.

③ 复旦大学历史地理研究所.中国历史地名词典[M].南昌：江西教育出版社，1986:235.

④ 长江水利委员会.三峡大观·白帝城[M].北京：中国水利水电出版社，1986:47.

⑤ 叶学齐.长江三峡地区各峡谷的名称由来浅释[J].地名丛刊，1987(5):5-10.

⑥ 范晔.后汉书[M].北京：中华书局，1965:533-535.

⑦ 常璩.华阳国志[M].林超民，等.西南稀见方志文献（第十卷）[Z].兰州：兰州大学出版社，2003:69.

殿前"之井，显然与今奉节县白帝城无涉。[1]

2. "公孙述命名说"和"公孙述赐名说"

既然白帝城不为公孙述所筑。那么，今奉节县白帝镇紫（子）阳村境内的白帝城又从何而来呢？因此，学界在对白帝城的研究中就产生了白帝城为公孙述命名或赐名之说。命名说认为：公孙述称帝后，即在蜀地东边重要边关瞿塘峡口筑城防守，自称"白帝"，并将此城命名为白帝城。赐名说认为：建武九年（公元 33 年），田戎、任满、程汛等人根据形势需要，在马岭筑城防守，为了鼓舞士气，公孙述以自号"白帝"之名赐予此城，因此名为白帝城。按照以上两种说法，从时间上推测赐名说比命名说晚八年。陈剑先生也认为，查核历史，白帝城的建城时间至少要晚于公孙述称帝八年，并赞同赐名说法。[2]

（1）"公孙述命名"说

持"命名说"的学者认为：当年公孙述以父官荫郎，补清水县官后，将清水县管理得很好，受到王莽的赏识，便任命他为导江卒正。不久王莽亡，局势混乱，各地诸侯各据一方，公孙述就动了称王的念头。

当时神学风行，任何事情就得找一些神学上的根据，公孙述为了给自己称帝找到依据来证明自己是"真命天子"。于是他便引鲁国十二公，汉朝只有十二位皇帝，此时气数已尽。[3]并宣扬《河图录运法》"废昌帝，立公孙"[4]，《河图括地象》"帝轩辕受命，公孙氏握"[5]等话，来说明现在该他公孙述当皇帝了。

公孙述还四处散布异象，说他所住的殿堂旁的水井中冒出白雾，雾中白龙飞腾，大殿笼罩在四射光芒之中，宛如真龙天子临世，而且自己手掌上出现了"公孙帝"三字纹样。大力制造声势来说明自己应该当皇帝了。

按照西汉流行的"金、水、木、火、土"五行相生相克关系，汉王朝为"火德"，王莽为"土德"，土克火，所以王莽要取代汉王朝。公孙述居西方蜀地成都，属"金"，"金"必然代替"土"，现在就是该他当皇帝了。于是，公元 25

① 陈剑.白帝城建成时间及与公孙述的关系 [J].四川文物，1994(3):62-63.
② 陈剑.白帝城建成时间及与公孙述的关系 [J].四川文物，1994(3):62-63.
③ 范晔.后汉书 [M].北京：中华书局，1965:538.
④ （日）安居香山，中村璋八.纬书集成 [M].石家庄：河北人民出版社，1994:1164.
⑤ （日）安居香山，中村璋八.纬书集成 [M].石家庄：河北人民出版社，1994:1093.

年，公孙述在成都称帝，国号"成家"，年号"龙兴"。因五行中"金"对应"白色"，所以公孙述崇尚白色，称自己为"白帝"。瞿塘峡口是蜀地东边的重要关口、军事要塞，因此公孙述命部属在此修筑城池关隘，派重兵把守，并将它命名为"白帝城"。①

（2）"公孙述赐名"说

持"赐名"说的学者认为：公孙述称帝以后，经过一段时间的征战经营，控制了全蜀。先是派将军李育等人出陈仓（今陕西省宝鸡市），掠关中，为刘秀将冯异大败。以后，又派将军任满，从阆中（今四川省阆中市）下江州（今重庆市渝中区），东据"捍关"②才基本控制了益州之地③。建武六年（公元30年），公孙述又派任满出江关④，攻取了今湖北省宜昌、当阳一带。因此，到建武九年（公元33年）以前，公孙述与刘秀汉军的军事对垒，都是在今湖北省境内。鱼复县（今奉节县）前有长江三峡天险和巫山、秭归、夷陵等关城护持，一直处在后方安全地带。既有江关之设，也就无筑白帝城固守蜀地东大门的必要。到了建武九年（公元33年），公孙述派田戎、任满、程汛等人"二出江关"，在湖北荆门虎牙建浮桥，与刘秀汉军大战，遭惨败，述军被迫后撤至夔门以西，汉军尾后追击，直到瞿塘峡东口之外。瞿塘峡也就自然成了军事前沿。为了加强瞿塘峡的防务，特别是要防止汉军沿长江北岸陆路偷袭入川，田戎、任满、程汛等人根据形势的需要，在马岭之上与江关隔江相对建城防，并迁鱼复县治于此⑤。据此，人们推断因成都有"白帝仓"⑥，故有可能公孙述将田戎、任满、程汛等人在鱼复所筑之城赐名为"白帝城"。⑦

---

① 赵贵林.白帝城之谜[J].红岩春秋，2008(4):93-95.
② 关于"捍关"有两种观点：一种观点认为在今湖北省长阳县清江边上；另一种观点认为在重庆奉节县长江三峡第一峡的瞿塘峡口。
③ 主要指原四川巴、蜀地区。
④ 江关，指捍关。
⑤ 鱼复县旧治鱼复浦，在今奉节县被库区淹没的旧治东约一华里处。
⑥ 范晔.后汉书[M].北京:中华书局，1965:541.公孙述传"成都郭外秦时旧仓，述改名白帝仓。……"（唐）李贤等注："述以色尚白，故改之。"
⑦ 陈剑.白帝城建成时间及与公孙述的关系[J].四川文物，1994(3):63.

（三）白帝城地缘考

1. 汉白帝城

白帝城的建城时间和具体城址，学界各说不一，分歧较大。有在现白帝山上说；有在现赤岬山（当地人称桃子山）上说；有在鸡公山上说。但是可以肯定地说，汉以前的白帝城（暂称为白帝城，可能也有其他城名）城址究竟在什么位置，其状况如何，目前考古界尚未定论，文献中也无准确的记载。关于对白帝城的文献记载最早也只有汉白帝城。那么，汉白帝城究竟在什么地方？其现状又是如何？陈剑、赵评春、蓝勇先生等先后在《四川文物》上发表了一系列文章，对汉白帝城的建城时间与位置进行了大量的考证和研究。三峡水库蓄水前，重庆市文物考古所等考古单位对白帝城地区遗址进行了大量的考古发掘。对研究白帝城城址与历史提供了更为详尽的资料。

研究白帝城城址必须首先需要理清白帝山、赤岬山、鸡公山、白盐山与当地人所称的桃子山究竟指的是哪些山？它们相互之间又是怎样的关系？其次需要理清历史上的白帝城、赤岬城、夔州城、紫阳城（也称子阳城）、上边城（也称上关城）、下边城（也称下关城）它们究竟在什么地方？诸城之间又存在怎样的关系？

（1）赤岬城与赤岬山

清《一统志》《四川通志》《夔州府志》以及《奉节县志》，都在其"山川"一类条目下，记载有较为一致的说法："白帝山，在县（城）东十三里。高耸特峙，与赤岬山相接。"[①] 又说："赤岬山，治东十五里。不生草木，土石皆赤，如人袒背，故曰'赤岬'。一名火焰山。或云汉巴人赤岬屯兵于此，因名。"[②] 在地方志中，总是以赤岬、白盐两山对举连述。故记载中又说："白盐山，治东隔江十七里。崖岸高峻，色白如盐。（宋）张珖书'赤甲白盐'四大字于上。"[③] 张珖所书"赤甲白盐"四字，今已无可寻。（宋）苏辙所留《入峡》诗中，关于赤岬、白盐两山的相对位置和巍峨气势描述，有如下说法："两山蹙相值，望之不容

---

① 曾秀翘，等.奉节县志（清光绪十九年版）[M].奉节：四川省奉节县志编纂委员会，1985:24.
② 曾秀翘，等.奉节县志（清光绪十九年版）[M].奉节：四川省奉节县志编纂委员会，1985:23.
③ 曾秀翘，等.奉节县志（清光绪十九年版）[M].奉节：四川省奉节县志编纂委员会，1985:23.

舠。""相值",即相对、相向。舠,是小船。"不容舠",是说连小船也容不下,显然相距很近。由此可见,宋人和明清人所称赤岬、白盐两山,也就是构成今瞿塘峡并夹江对峙壁立的那两座山。峡南岸为白盐山,今仍名。而北岸的赤岬山,当地人又俗呼为桃子山。

从地质学上讲,在瞿塘峡没有形成以前,南岸的白盐山和北岸的赤岬山(桃子山)应当为一个山体。它们是大娄山系七曜山余脉东北延伸交巫山山脉和大巴山余脉的一部分。侏罗纪到白垩纪时期的燕山和喜马拉雅造山运动,以及长时期的江水侵蚀,才将此段山脉从中剖开,形成了两岸山壁对峙的瞿塘峡。

《水经注》载:"江水又东,迳赤岬城西,是公孙述所造,因山据势,周回七里一百四十步,东高二百丈,西北高千丈,连南基白帝山,甚高大,不生树木,其石悉赤,土人云,如人祖胛,故谓之赤岬山。"① 从这段记述中可以得出如下结论:

第一,城名"赤岬城",以山为名;

第二,"因山据势"之山当地人称之为赤岬山。

综上所述,至少有四点理由说明清《一统志》《四川通志》《夔州府志》以及《奉节县志》其"山川"条目下所指长江北岸的赤岬山与现今桃子山在特征上有三点疑问:

第一,桃子山与白盐山均为灰岩,并非"土石皆赤";

第二,今桃子山之南,面临长江,绝壁千寻,怎能"南基连白帝山";

第三,今桃子山之西北为草堂河低矮宽谷,哪里去寻"高千丈"之势?

蓝勇先生在其《关于〈汉白帝城位置探讨〉有关问题的补充》一文中引用大量汉唐时期的历史文献记载印证了汉赤岬山应是今鸡公山。② 因此,唐宋以来人们所说的"赤岬山"并非《水经注》中所述的建有赤岬城的赤岬山。至于唐宋以来人们为什么要将今桃子山称之为赤岬山呢,有待进一步研究。

那么,《水经注》所指的赤岬城和赤岬山应在何处呢。"土石皆赤""东高二百丈""连南基白帝山"等地貌特征正好与今人所称"鸡公山",唐宋时所称"卧龙山"相似。鸡公山为大巴山向南延伸余脉,山体地质成因与大巴山相同,

---

① 郦道元. 水经注 [M]. 长春: 时代文艺出版社, 2001:256.
② 蓝勇. 关于《汉白帝城位置探讨》有关问题的补充.[J]. 四川文物, 1996(3):17.

几乎全由红砂页岩构成，土壤深红色，明显具有"土石皆赤"的特征。其向南延伸江岸的低矮颈状脊梁马岭（古今同名）所连接的，正是建有白帝庙的白帝山。因此可以说，鸡公山近江部分的环境地貌特征，与《水经注》所述完全相同，它才是真正的古赤岬山。

（2）白帝城与白帝山

《水经注》载："城周回二百八十步，北缘马岭，接赤岬山。其间平处，南北相去八十五丈，东西七十丈。又东傍东瀼溪，即以为隍；西南临大江，窥之眩目。惟马岭小差逶迤，犹斩山为路，羊肠数四，然后得上。"① 按照上述郦道元对白帝城地理位置及地貌特征的描述，我们可以作如下分析：

第一，白帝城"东傍东瀼溪"，即白帝城的东边是瀼溪。据考证，所谓东瀼溪，史称"东瀼溪""东瀼水"，即现在的草堂河。

第二，"西南临大江"，即白帝城的西南边面临大江。这里的大江应该指的是长江。

第三，"北缘马岭接赤岬山"，说明白帝城与马岭、赤岬山相邻。

第四，无"连南基白帝山"的记述，至少说明白帝城距白帝山尚有一段"惟马岭小道逶迤，犹斩山为路，羊肠数四，然后得上"的距离。

依据上述四点结论，我们可以说《水经注》成书时代及其以前的白帝城不在今天的白帝山上。

从另一个方面讲，三峡库区蓄水前白帝山东、西、南三面环水，岩壁陡峭，惟北面以 500 余米长、宽不足 300 米的马岭与今鸡公山相连接。其海拔 248 米，与长江相对高差 160 余米（三峡蓄水前）。据考证，白帝山顶原先并不平整，现白帝庙等建筑基址均系人工开挖平整而得。加之从地质上讲白帝山无可种植的良田和水源。古代军事家怎么将扼关护隘的军事要塞建于这种三面环水而无退路，如被敌军包围将会断水缺粮的白帝山上呢？

（3）白帝城与赤岬城

如前所述，公孙述时代的确在川东鱼复一带（今重庆市奉节县）建有白帝城。那么《水经注》中又怎么记载有"白帝""赤岬"两城呢？众所周知，郦道元所记，是南北朝时的地方图经，如《荆州图经》《荆州图副》等所提供的

---

① 郦道元.水经注 [M].长春：时代文艺出版社，2001:256.

资料，其时间已距公孙述时代数百年后。在这数百年中，由于人为或自然的原因，早年的白帝城可能早已面目全非，而且有可能经历代驻军的修葺、改建、扩建，其规模可能已是早年的白帝城难以比拟。由于新城规模的扩大，白帝城一名也难包容新城，故要以新的城名昭示天下，或因新城在赤岬山上，故新城以赤岬命名。因此，可以推测古白帝城也就成为了新赤岬城的一部分了。

（4）白帝城与赤岬城、夔州城

讨论白帝城的历史还涉及历史上另一个著名的城池——夔州城。据历史记载，古代很早即有夔州的称呼，可能历朝历代的具体管理区域有所变化，但大致的中心地区却可能从未改变，即包括了今天三峡腹心地区和周围湖北、四川、重庆、陕西等广大的区域。隋朝已经有夔州的多处记载。唐改信州为夔州，治奉节。宋又有夔州路，治夔州，辖今川鄂黔各一部。元废宋夔州，而以夔州为夔州路（相当于府）。明清为夔州府。

据《宋史》《元史》记载，汉白帝城、三国两晋南北朝的赤岬城和唐宋夔州城，毁于至元十五年（公元 1278 年）。元将达哈专程至夔，"毁夔城壁"。至元二十一年（公元 1284 年），因旧城狭小残破，不能满足路、州、府、县同在一地的需要，故将夔州州县治地移迁到三峡库区蓄水淹没前的永安镇。旧城残剩遗址，经历年自然和人为的破坏，几乎荡然无存了。

（5）白帝城与紫阳城、上边城、下边城

经考古工作者发掘，发现在鸡公山、马岭一带白帝城、赤岬城和夔州城的垣基尚有残存。按现在的遗址推测，白帝城、赤岬城和夔州城南北长约 1800 米，总面积约在 580 万平方米左右。在汉白帝城、三国两晋南北朝的赤岬城与信州总管府以及唐宋夔州城之间有一横墙分隔和一道较为明显的护墙壕，横墙上遗有一座城门的残剩部分，当地人称为"小北门"。以此城墙、城壕和城门为界，当地人习惯将城墙以北称为"上边城"，也称为"紫阳城"。城墙之南俗称为"下边城"衍名称"下关城"或"白帝城"。因公孙述字子阳，"紫阳"为"子阳"所衍，显然"紫阳城"应是以公孙述字为名。然公孙述自号"白帝"，称之为"白帝城"也就不足为怪了。综上所述，白帝城、紫阳城、上边城应是同城异名而已，其城为真正的汉白帝城。（见图 1-1）

图 1-1　白帝城、子阳城、下关城总图

2. 唐宋时期的白帝城

1976 年，重庆市博物馆在白帝山北面发掘了两条探沟，以唐宋堆积为主。1992 年，国家文物局三峡工程文物保护工作领导小组进行三峡工程淹没区文物调查时，发现并确认了六个汉宋时期的文物点。1998 年，重庆市文物考古所开始大规模地对白帝城地区进行考古发掘。2000 年，重庆市文物考古所对瞿塘关城址进行了发掘。2020 年，重庆市文化遗产研究院对白帝城遗址进行了持续发掘。

在这几次考古调查、勘探和发掘中，了解到白帝、鸡公两山的山坳、山腰和山顶平地为历代白帝城的三个活动区，发现有大片建筑遗址，同时找到了宋白帝城下叠压的唐城和汉城的线索。①

（1）唐白帝城

据考古发现，唐代在现白帝城地区确有筑城的证据，其主要遗存有五处。

① 白帝五社圆通寺南面东西向的一道城墙。发掘时残存有约 50 米长的一轮墙基，均为一米见方修整规矩的灰岩。

② 在白帝山顶发现了唐代建筑遗址，且有一条排水管道与其衔接。

③ 在白帝四社（白帝山下）西南角一带发现有唐代建筑遗址。

---

① 　袁东山 . 白帝城遗址：瞿塘天险 战略要地 [J]. 中国三峡，2010(10)：75-78.

④ 在上边城和白帝村一带发现大片唐代墓群。

⑤ 在白帝五社一带历年来出土唐代经幢数件。

根据上述五处发现，可以初步判定唐代夔州城位于白帝、鸡公两山间的山坳间（即马岭一带）。①

（2）宋白帝城

据袁东山先生在《白帝城遗址：瞿塘天险　战略要地》一文中介绍，重庆市文物考古所从1998年开始，经过五年的考古调查、勘探和发掘，初步确认并恢复了南宋抗元山城的基本面貌。南宋抗元山城（即宋白帝城）坐落在夔门西口，涉及白帝山、鸡公山、马岭和紫阳城等地域，在5平方千米范围内封闭为一个整体。整个山城面夹大江、后枕重岗，其地貌以山地为主，仅马岭、白帝两山山坳、山腰、山顶地势稍平，为建筑集中之地。②

同时，在宋白帝城附近还发现了数处军事城堡或军事设施遗址。如西门外宝塔坪附近有一坞堡。白帝城南边水门始建于南北朝时期的偷水孔栈道仍在使用，且有机械装卸设施的遗迹。江边有景定五年（公元1264年）白帝城守将徐宗武立的锁江铁柱和铁柱附近崖壁上镌刻的《铁锁关题刻》。瞿塘峡口有保存完好的南宋烽燧等等。上述这些发现，说明白帝城，特别是在南宋时期，不仅仅是一个军事城堡，其本身就是依托三峡的军事攻防系统。

（四）白帝城的历史特征

据重庆市文化遗产研究院2020年持续对白帝城遗址的最新考古发掘发现，"白帝城遗址"存留有战国、汉、三国、东晋、唐、五代、北宋、南宋、明、清不同时期的遗存，类型丰富，年代序列完整，特别是三国巴东郡、唐夔州、宋夔州路、南宋白帝城、明瞿塘卫等各时期城址叠压分布，是峡江地区古代城址发展演变的重要见证。③因此，我们不难看出白帝城在浩瀚的历史长河中几度兴废，给后人留下了种种谜团。但有一点值得注意的是，由于其特殊的地理位置，白帝城的兴衰总是与改朝换代的战争纷乱密不可分。从历史视角出发，用

---

① 袁东山.白帝城遗址：瞿塘天险 战略要地 [J].中国三峡，2010(10):75-78.
② 袁东山.白帝城遗址：瞿塘天险 战略要地 [J].中国三峡，2010(10):75-78.
③ 新华社.重庆奉节白帝城遗址考古发掘出多朝代建筑遗存.https://www.360kuai.com/pc/9d09638348d920653?cota=3&kuai_so=1&sign=360_57c3bbd1&refer_scene=so_1.

历史观分析白帝城的特征，其具有自身的独特性。

① 从有历史记载以来，白帝城的建城、变迁到废弃，基本上都与战争相关。可以说战争和军事是白帝城的灵魂与主题。

② 如《奉节县志》所称白帝城"两山峭峙，一水掀腾。西南近江，城于江渚，则舟楫不能越；东北近山，城于山崿则石矢不能加"[①]。因此说，白帝城既是山城，又是江城。作为山城，依山为墉，城市布局无固定模式，在极大的范围内筑城守关，水、粮多能自给。生活区、墓葬区皆在城内。作为江城，它以长江为生命线，假舟楫之便，为其提供军需和补给，利用黄金水道，建立和发展了强大的水军。

③ 一旦战争结束，白帝城将失去作用，必然慢慢被废弃。一旦新的战争爆发，作为具有军事关隘要塞功能的白帝城又将重新发挥作用，但不是简单的沿用、修补和扩建，而是根据战争的需要在兴废无常的状态下延续。其城市功能呈非全面和非均衡发展，军事上的发达与商业、经济的萎缩形成巨大的反差。

---

① 曾秀翘，等. 奉节县志（清光绪十九年版）[M]. 奉节：四川省奉节县志编纂委员会，1985：8.

二　白帝庙始建之因

　　巴国沉浮、子阳成家、三国烟火、刘备托孤。重庆市奉节县长江之滨的白帝山上的白帝庙[①]，在数千年的历史长河中不但犹如一幅沧桑悲壮的历史画卷展示给世人，而且也因唐代大诗人李白"朝辞白帝彩云间，千里江陵一日还。两岸猿声啼不住，轻舟已过万重山"[②]的千古绝句，使白帝城和白帝庙扬名四海。据《天一阁藏明代方志选刊：夔州府志》记载："三功祠，旧白帝庙。"[③]清光绪十九年《奉节县志》载："白帝寺在白帝城明良殿后。"[④]《蜀中名胜记》载："城中有白帝庙。《入蜀记》云：'白帝庙，气象甚古，松柏皆百年物。'……《碑目》云：'关城《白帝庙碑》凡三，其一元和元年，其二长兴二年，其三广政元年。'"[⑤]南宋著名诗人、夔州知州王十朋有诗云："白帝祠前石笋三，根连滟滪立相参。不知此石能言否，往事应同老柏谈。"[⑥]根据以上数条方志、文献记载，可以推测历史上所称的白帝庙、白帝寺或白帝祠应当均是指现存于白帝山的白帝庙。

　　白帝庙位于重庆市奉节县东十八公里瞿塘峡西口长江左岸的白帝山上，其建筑为清代所建，经考证，现存白帝庙建筑基本上保留了明代的总体布局，庙内中路主要建筑明良殿和西路建筑武侯祠分别供祭三国蜀主刘备和一代名臣诸葛亮。

---

① 以下简称白帝庙，特别注明者除外。
② 曾秀翘，等.奉节县志（清光绪十九年版）[M].奉节：四川省奉节县志编纂委员会，1985：313.
③ 奉节县县志编纂委员会办公室.天一阁藏明代方志选刊：夔州府志 [M].北京：中华书局，2009：94.
④ 曾秀翘，等.奉节县志（清光绪十九年版）[M].奉节：四川省奉节县志编纂委员会，1985：89.
⑤ 曹学佺.蜀中名胜记 [M].重庆：重庆出版社，1984：309.
⑥ 奉节县县志编纂委员会办公室.天一阁藏明代方志选刊：夔州府志 [M].北京：中华书局，2009：234.

白帝庙何时、因何而建？学术界虽然有众多探索性研究，当前尚无全面、系统的研究。笔者在对白帝庙研究的田野调查中，走访了大量的当地居民和老者，查阅众多的历史文献资料和学者们的相关研究成果，通过分析、推理认为：白帝庙始建源出于生活在三峡地区的古代巴人祭祀族神"廪君白帝天王"。其后因种种原因妄说误传为祭祀西汉末年蜀中称帝的"成家"公孙述而建。再其后又由于封建统治阶级为了加强政权统治的意识形态需要，借"托孤"之实而改祭三国蜀主刘备及其丞相诸葛亮。

（一）妄说与误传：祭祀子阳

对白帝庙文字记载最早的是唐代诗人杜甫。唐德宗大历元年到三年间（公元766—768年）杜甫寓居夔州，期间作诗四百余首。诗人在《上白帝城》中写道："白帝空祠庙，孤云自往来。江山城宛转，栋宇客徘徊。勇略今何在，当年亦壮哉！后人将酒肉，虚殿日尘埃。谷鸟鸣不过，林花落又开。多惭病无力，骑马入青苔。"[1] 唐李贻孙[2]在《夔州都督府记》中说："东南斗上二百七十步得白帝庙。白帝，公孙述自名也。后人因其庙时享焉。"[3] 宋人何逢原[4]在《祭白帝庙文》中说："白帝子阳氏维公孙，生于西方扶风茂陵。……公丧，邦保身扞关之巅岊，然古城庙食其中，威灵具存。……岂帝之伦，我惊英风，酬以斯文休哉，白帝千古益尊。"[5] 清咸丰二年（公元1852年）《重修蜀汉昭烈帝明良殿碑记》载："时当王莽擅朝，益州之民转徙播迁，述扞卫一隅，在蜀民为有功，……述没，国人于白帝城建庙祀之，庙在城东南斗上二百七十步。"[6] 至少在唐宋之时起至有清一代便有人认为白帝庙为祭祀公孙述而建。

重庆白帝城和白帝庙历史研究的代表学者陈剑先生认为："（公孙述）的政治抱负和不屈不挠，'力战死社稷'的大无畏精神，更是李特、李雄等人学习效法的榜样。因此，被宗法正统观斥为叛逆犯上而遭贬抑、责骂的公孙述，反而

---

① 曾秀翘，等. 奉节县志（清光绪十九年版）[M]. 奉节：四川省奉节县志编纂委员会，1985：313.
② 李贻孙，生卒年不详。会昌五年（公元845年）曾任夔州刺史。
③ 恩成，刘德铨. 道光夔州府志 [M]. 清道光七年木刻本（公元1827年）.
④ 何逢原（公元1106—1168年），字希深，乐清人。高宗绍兴五年（公元1135年）进士。曾任嘉州知州、湖北常北茶监事、成都路转运判官、潼川路提点刑狱公事等职。
⑤ 中国地方志集成·四川府县志辑50. 道光夔州府志 [M]. 成都：巴蜀书社，1992：705.
⑥ 魏靖宇. 白帝城历代碑刻选 [Z]. 北京：中国三峡出版社，1996：28.

成了成汉政权所景仰、尊重的英雄。李特、李雄所建政权名'成汉'，与公孙述所创地方割据政权号'成家'，仅一字之差。其政治内涵，几乎全同，承袭之意明显。由此可见，能得到地方政府允准、支持，甚至会给予鼓励、保护和经济上扶助为公孙述像祀建庙的，即今存白帝寺前身最大可能的创建朝代，应是西晋末、东晋初的成汉政权。"①此外，在方志、文献中还有较多记载白帝庙是为祭祀西汉末年在蜀中称帝的公孙述而建的。持此说的学者又有两种观点。一种观点认为：公孙述保土有功。王莽篡汉，社会动乱，公孙述为导江卒正，从天凤元年（公元14年）到建武九年（公元33年）近二十年间基本保证了蜀中的安定，特别是在今奉节县草堂河一带实行"屯田制"，既保证了边关稳定，又使人民安居乐业。公孙述死后人们怀念他给百姓带来的幸福，因此建祠祭祀。另一种观点则认为：公孙述在与刘秀发起的"汉灭成家"的战争中宁死不降，战死沙场，其行为可敬、可佩，为蜀中英雄，人民敬佩他的英雄气概而建祠祭祀。现将上述两种观点分述如下。

1. 公孙屯田，军民安康，追悼述绩，建祠祭祀

《蜀中名胜记》载："《舆地纪胜》云'城东有东瀼水，公孙述于水滨垦稻田，因号东屯，可得百许顷，稻米为蜀第一。'"②在公孙述治蜀期间，虽然各地战乱频繁，而白帝城一带却相对比较安宁，没有受到战火的影响。公孙述采取守军"平战结合、屯垦戍边"的政策，在"扞关"③实行"屯田制"，将草堂河流域一带的荒山开垦出良田"百许顷"，并大力兴修水利，改种水稻，以至培育出"蜀中第一"的优良水稻，使长期处于战乱影响的社会经济得到恢复和发展。所以公孙述死后，当地老百姓为了纪念他的功绩，特地在白帝山上修建了"白帝庙"祭祀他。

《后汉书》载："……（建武）二年秋，更始遣柱功侯李宝、益州刺史张忠，将兵万余人徇蜀、汉。述恃其地险众附，有自立志，乃使其弟恢于绵竹击宝、

---

① 陈剑.白帝城建成时间及与公孙述的关系[J].四川文物，1994(3):27.

② 曹学佺.蜀中名胜记[M]重庆：重庆出版社，1984:311.

③ 乐史.太平寰宇记[M].北京：中华书局，2007.卷一百四十七·校勘记："《史记》卷四十·楚世家：'肃王四年，蜀伐楚，取兹方。于是楚为扞关以拒之。''扞'即'捍'。"按照王文楚校勘解释，"扞关"与"捍关"是相通的。因此，本文除引用原文或特别注明者外，均使用"捍关"两字，且仅指奉节县瞿塘峡一带。

忠，大破走之。由是威震益部。功曹李熊说述曰：'方今四海波荡，匹夫横议。将军割据千里，地什汤武，若奋威德以投天隙，霸王之业成矣。宜改名号，以镇百姓。'……李熊复说述曰：'今山东饥馑，人庶相食；兵所屠灭，城邑丘墟。蜀地沃野千里，土壤膏腴，果实所生，无谷而饱。……北据汉中，杜褒、斜之险；东守巴郡，拒扞关之口；地方数千里，战士不下百万。见利则出兵而略地，无利则坚守而力农。'"① 李熊游说公孙述成就霸王之业的策略中有两点值得重视：一是拒守扞关之口；二是不战"则坚守而力农"，也就是戍边、屯田、养军，军民共同养精蓄锐、休养生息。在李熊的谋略中，将扞关放在了一个关乎公孙述霸业成败的重要位置。"建武元年四月，（述）遂自立为天子，号成家。色尚白。建元曰龙兴元年。以李熊为大司徒，……。述遂使将军侯丹开白水关（今青川县东北），北守南郑（今南郑县）；将军任满从阆中（今阆中）下江州（今重庆渝中），东据扞关。于是尽有益州之地。"② 公孙述称帝"建国"后，就立即遣派将军任满据守奉节扞关，屯兵瞿塘峡一带，实施李熊的"见利则出兵而略地，无利则坚守而力农"屯田、戍边策略，并取得一定的战绩。"六年，述遣（田）戎与将军任满出江关，下临沮（今远安北）、夷陵间（今宜昌附近），招其故众，因欲取荆州诸郡，……"③

《华阳国志》载："鱼复县，郡治。公孙述更名白帝。"④ 鱼复作为公孙述的蜀东边防重镇，以其帝号命名，足见他对此极为重视。三峡之首的瞿塘峡本为天险之地，白帝城虎踞峡口，使之天然成为扼守楚蜀的咽喉，控制西南"百蛮"的军事要地。驻兵把守，需要大量的给养，给养从何而来？瞿塘峡一带地处蜀中边陲，崇山峻岭、大江横流，地理自然条件历来十分恶劣，且当时的生产力极其低下，单纯以民养军十分困难，几不可能。

因此，公孙述采用了李熊"见利则出兵而略地，无利则坚守而力农"的戍边守关策略，实行"屯田制"，使当地被历年战乱影响的社会经济得到了迅速的恢复，短暂的和平使老百姓安居乐业。所以，在公孙述死后，当地老百姓怀念

---

① 范晔. 后汉书 [M]. 北京：中华书局，1965：534-535.
② 范晔. 后汉书 [M]. 北京：中华书局，1965：535-536.
③ 范晔. 后汉书 [M]. 北京：中华书局，1965：537.
④ 常璩. 华阳国志 [M]. 林超民，等. 西南稀见方志文献（第十卷）[Z]. 兰州：兰州大学出版社，2003：14.

他的功绩，于是就在白帝山上修筑了白帝祠庙来祭祀他。

2. 汉灭成家，述死不降，敬佩英雄，建祠祭祀

公孙述在蜀中自立为天子称帝，在汉世祖光武帝刘秀的思想上，东汉王朝岂能容忍公孙述的逆天行为，如不收复巴蜀，则国不统一，有损于皇帝刘秀的声誉。巴蜀虽然偏处西南，如一旦发生内乱，即可能影响到全国，不利于大汉朝庭的长治久安。刘秀收复蜀地，已成必然之势。因此，刘秀在扫平陇地以后，就开始做伐蜀讨述的准备。

建武十年（公元 34 年）冬，刘秀制定了以岑彭、吴汉首率水军从南郡（今湖北荆门）出击，再逆长江而上对蜀发起进攻；待水军有望后，再派遣中郎将来歙率大军从陇向南攻击蜀地的方案。但因准备不足，水军几次进攻皆告失败。加之岑、吴二将不合，军粮运输、供应又发生困难，使二人分歧加深，告到刘秀那里，刘秀撤了吴汉，由岑彭继续统领水军攻蜀。

建武十一年（公元 35 年）闰三月，岑彭率水军逆江而上，直接冲向蜀军的浮桥，火烧蜀军桥楼，致使蜀军大乱，数千将士阵亡；成家将领王政斩了任满并投降岑军，南郡太守程汛被俘。岑军乘胜攻入江关（今奉节），追击田戎至江州（今重庆渝中），一面佯攻江州，一面夺垫江（今忠县）、平曲（今合川南）。

公孙述急忙命令延岑、吕鲔、王元、公孙恢率领大军集结于广汉（今射洪）、资中（今资阳）两地，以防备汉军逆沈水（今射洪羊溪河）、湔水（今沱江）而上。同时又命令将军侯丹率领两万余军士坚守黄石（今涪陵北）。岑彭又多张疑兵，命令护军杨翕、偏将臧宫领军拖住延岑等，岑彭自己则带大军沿江而下到江州，再逆江上至僰道（今宜宾），继而续逆都江（今岷江）而上。袭取侯丹，再次击败蜀军，然后弃舟登岸，奇袭成都平原。[①]

建武十一年（公元 35 年）元月，光武帝刘秀命来歙在北路发动攻击。来歙在当地氐人的配合下，连续攻下河池（今徽县西）、下辨（今成县北）。沿途县城将士大部投降。蜀军大将王元从武都（今武都北）败退下来后，带领军队驻守在平阳（今三台西北）。蜀将延岑败逃后，汉军乘胜追击，其水军逆涪水而

---

① 范晔.后汉书[M].北京：中华书局，1965：662.

上，直接逼近平阳。王元见大势已去，无力挽回，只好投降。[①]

汉军攻下平曲（今合川南）后，岑彭令臧宫留于涪水下游与蜀军相持，自己率主力绕道都江（今岷江）攻击成都。

在涪水的臧宫进攻驻守这一带的延岑部，歼灭延岑将士达一万余人，血染涪水。延岑只得丢下大军，逃往成都，余部全部投降。臧宫乘机挥师挺进，拔掉涪城（今绵阳），斩公孙述之弟公孙恢。此时公孙述急忙派妹夫延牙前往锦竹（今德阳黄浒镇）去抵挡臧宫。不料延牙"连战辄北"，绵竹又被汉军攻破，并乘胜攻下繁县（今彭州）、郫县（今郫县北），此时已逼近成都约四十余里的地方。沿途成家官吏、将士望风而降。[②]

此时，刘秀展开攻心术，修书于公孙述，讲明时势，言陈祸福，劝述归降。公孙述下属太常常少、光禄勋张隆也劝公孙述投降。公孙述观看了刘秀的信后叹息道："废兴乃命也。岂有降天子哉！"[③]常少、张隆见公孙述无意降汉，愤慨忧死。

建武十一年（公元35年）八月，汉将岑彭攻破侯丹后，昼夜兼程急行军两千余里，攻下武阳（今彭山），直取广都（今双流）。沿途成家守将不战而降。武阳失守、广都被破。公孙述甚为惊恐，以杖击地长叹："是何神也！"随即派刺客诈降汉军。当夜刺杀了汉将岑彭。[④]蜀军借此机会夺回了武阳（今彭山）、南安（今乐山）等城。岑彭被刺后，吴汉接替其职，带领军士三万从夷陵（今宜昌）逆长江而上，入蜀增援。十二月在僰道（今宜宾）附近遭遇撤下来的汉军，吴汉立刻组织反攻。

汉威虏将军冯骏于建武十一年（公元35年）三月开始围攻成家田戎退守的江州至建武十二年（公元36年）七月。在长达十七个月的围城中基本没有发动过大规模攻城，致使江州城内将士斗志渐失。此时，冯骏抓住时机一举攻破江州，擒获田戎，不久将其斩首，打通了蜀中汉军与外面联系的水路障碍。

建武十二年（公元36年）春，吴汉率军与蜀军争夺南安（今乐山）鱼涪津，大败蜀将魏觉、公孙永，攻取南安，兵围武阳（今彭山）。公孙述只得派女婿史

① 范晔.后汉书[M].北京：中华书局，1965：694.
② 范晔.后汉书[M].北京：中华书局，1965：693-694.
③ 范晔.后汉书[M].北京：中华书局，1965：542.
④ 范晔.后汉书[M].北京：中华书局，1965：662.

兴领兵五千前来救援。双方于广都（今双流）遭遇。史兴战死，大部蜀军被杀，余者皆作鸟兽散去。汉军乘胜再下广都（今双流），逼近成都，烧毁成都城少城南门外郫江（岷江）上的市桥。这时，武阳（今彭山）以东的各县城、乡镇、村寨等纷纷争先恐后开门投降。成都城内，百姓惊慌、将帅恐惧，时有逾城出降者。虽公孙述诛灭降者家属，但降风依然不止。①

此时，刘秀仍然希望公孙述投降，再次传书给公孙述："往年诏书比下，开示恩信，勿以来歙、岑彭受害自疑。今以时自诣，则家族完全；若迷惑不喻，委肉虎口，痛哉奈何！将帅疲倦，吏士思归，不乐久相屯守，诏书手记，不可数得，朕不食言。"② 可公孙述仍无投降之意。

建武十二年（公元36年）九月，刘秀发诏书给吴汉："成都十余万众（军队），不可轻也。但坚据广都（今双流），待其来攻，勿与争锋。若不敢来，公转营迫之，须其力疲，乃可击也。"③ 但在诏书未到之前，吴汉确已自领步骑两万余人，进逼成都。在成都西门外十余里检江（今锦江）北岸驻营（今苏坡桥至黄田坝一带）并令人在检江上建浮桥，沟通与广都（今双流）的联系。同时又令副将武威将军刘尚领万余军士驻兵检江南岸（成都城南门外），两者相距仅二十余里。刘秀得知此后，十分着急，再发诏书，命火速撤回广都（今双流）。但在诏书到来之前，战事已发。虽然吴汉感到形势危急，仍动员手下将士"成败之机，在此一举"。半夜偷渡，攻击蜀军十余万军士。最终以蜀军大败，大司徒谢丰、执金吾袁吉被斩首而告终。然后，吴汉退回广都（今双流），留刘尚坚守江南，监视成都。④

建武十二年（公元36年）十一月，吴汉与臧宫联合进攻成都。臧宫驻守北门，吴汉屯兵南门，对成都城形成南北钳攻之势。此时，公孙述的成家王朝已命悬一线。然而，崇尚迷信的公孙述仍寄希望于天命，占卜抽签、得占书："虏死城下"。愚昧的公孙述不审时度势，正视战况，反而大喜，认为吴汉将死，成家将有绝处逢生、起死回生之气，亲自率领数万军士出城攻吴。同时令延岑出北门拒臧。延岑三战三胜，士气高昂。城南吴汉亲自擂鼓指挥，从晨到

---

① 范晔. 后汉书 [M]. 北京：中华书局，1965：681.
② 范晔. 后汉书 [M]. 北京：中华书局，1965：542.
③ 范晔. 后汉书 [M]. 北京：中华书局，1965：681.
④ 范晔. 后汉书 [M]. 北京：中华书局，1965：681–682.

午。双方军士饥不得食，倦不得息。到下午，吴汉突调预备队出击，蜀军顿时大乱。东汉护军高午刺公孙述落马，使其身受重伤，被左右救回。当晚，公孙述把兵权交给延岑，然后死去。次日天亮，延岑开城投降。[①]

经过二十三个月艰苦征战，东汉大军终于灭亡了公孙述自立的、仅存十二年的成家政权。于是，有人认为公孙述"战死不降、英雄可敬"。因此"筑专祠、塑其像"祭祀。

3. 关于建祠祭祀公孙述的可能性分析

按照前面引用文献记载的史实，可以认为，无论是蜀中百姓，或是官吏士绅为公孙述建祠祭祀的可能性不大。

重庆奉节地区地处长江瞿塘峡口，山高谷深，土地贫瘠。公孙述时处王莽篡权、东汉征成的战乱时期，老百姓没有真正过上几天和平日子。加之瞿塘峡口、鱼复一带为蜀地边关、军事要塞，是各路兵家必争之地，不可能保持长久的稳定和平。公孙述称帝统治时间较短，而且其间战争连绵不断，当地贫瘠的土地也不具备在短时期内迅速发展生产、恢复经济的基本条件。因此说，人们怀念公孙述给百姓带来了安康和平而建祠纪念他的可能性不大。

因公孙述"战死不降、英雄可敬"而建祠祭祀的理由更不够充分。作为一个自立国号、割据一隅的"伪"皇帝，公孙述真正做到了负隅顽抗、垂死挣扎，直至最后城破、国灭、家亡、本人战死的下场。这给后人留下了什么呢？

第一，从讨蜀开始到成都屠城，历时二十三个月，双方军队、百姓数十万人被杀，上百万人流离失所。给巴蜀、特别是西蜀成都地区的经济、文化带来了空前大浩劫、大倒退。战争给巴蜀军民带来的是深重灾难。

建武十二年（公元 36 年）九、十月间，蜀、汉两军大战于成都与广都（今双流）之间，反复发生八次战斗，双方争夺惨烈，而且多是以蜀军战败而结束。两军都对百姓进行掠抢，当地百姓大多夺命外逃。凡留下不走者，或被抢杀，或因饿病等甚多死亡。百姓、军士尸体弃在原野，四处皆有，无人掩埋，野狗争食，惨无人寰。

---

① 范晔. 后汉书 [M]. 北京：中华书局，1965：543.

汉军攻破成都入城之后，即开始血腥屠城。史载"宫连屠大城"①，攻入成都城内的臧宫军士公开、大规模屠杀城内外百姓。公孙述的妻、子与三族，延岑的三族等尽遭杀灭。汉军大掠成都城中百姓，屠杀"孩儿老母，口以万数"②，焚烧公孙述成家王朝所建的宫室。这场战争总共死了多少人？双方军队死了多少人？无辜的巴蜀百姓又死了多少人？给巴蜀经济带来了多大的创伤？给巴蜀文化带来了多大的毁灭？这些悲惨、痛苦的事实巴蜀人民会忘记吗？就连胜利者刘秀自己都忍不可睹，良心发现，怒骂道："城降三日，吏人从服，孩儿老母，口以万数，一旦放兵纵火，闻之可为酸鼻！尚宗室子孙，尝更吏职，何忍行此？仰视天，俯视地，观放麑啜羹，二者孰仁？良失斩将吊人之义也！"③

第二，尤其值得注意的是，公孙述负隅顽抗留下的只是巴蜀人民恐怖的记忆和世世代代的骂名。在胜败大局早已明白无误、已成定局的情况下，公孙述仍然执迷不悟，顽强抵抗。显然，他是把自己个人的得失、名声、意气看得比他统治下的百姓更重。为一己私利，他宁肯牺牲百姓、牺牲家人。因此说，公孙述是一个极其自私自利的人。

第三，汉军在平蜀的大部分时间④，纪律严明，深得人心，人民宰牛捧酒欢迎汉军，而成家军队、官吏则望风而降。以下事实足以说明人心所向。

建武十一年（公元35年）闰三月初征蜀时，汉将岑彭攻入江关（今奉节瞿塘关）时，发布军令，严禁兵士骚扰百姓。汉军一路所过，百姓大多宰牛奉酒慰劳。岑彭所部沿途宣传大汉政府的威德，并严令军中不许接受百姓的慰劳等，一路秋毫无犯，沿途山寨都欢迎汉军到来，争先恐后开门投降。岑彭率军追田戎至江州，一面佯攻江州，一面率大军乘胜取垫江（今忠县），破平曲（今合川南），获取粮草数十万石充实军需。⑤

建武十一年（公元35年）汉军攻下平曲（今合川南）后，拔涪城（今绵阳）、破绵竹（今德阳黄浒镇）、取繁县（今彭县东南）、夺郫县（今郫县北），兵临成都。臧宫沿途收缴公孙述政府发给的五个节、一千八百多颗印绶，沿途官吏、

---

①　范晔.后汉书[M].北京：中华书局，1965：694.
②　范晔.后汉书[M].北京：中华书局，1965：543.
③　范晔.后汉书[M].北京：中华书局，1965：543.
④　指成都屠城以前.
⑤　范晔.后汉书[M].北京：中华书局，1965：661–662.

军队，望风而降。①

建武十一年（公元 35 年）八月，岑彭破侯丹后，急行军两千余里，沿途成家守将不战而降。②

建武十二年（公元 36 年）春，吴汉与公孙述婿史兴在广都（今双流）一战中，武阳（今彭山）以东的县城、乡镇、村寨争先恐后地开门降汉。③

成都城内，百姓惊慌，将帅恐惧，时有逾城出降者。虽然公孙述诛灭降者家属，但降风依然不止。

综上所述，公孙述给巴蜀人民带来如此深重的灾难，巴蜀人民是永远不会忘记的，怎么可能建祠祭祀他呢？于情、于理难以服人。

（二）巴人与族神：白帝天王

在对白帝庙的田野调查中，有部分当地人则认为白帝庙的始建并不是为了祭祀公孙述，而是古代巴人为祭祀族神"白帝天王"而建。

宋代诗人杨安诚在《白帝庙诗并序》中说："白帝庙神，旧传以为公孙述，以余考之，非也。公孙氏享国日浅，辙迹未尝至夔，独遣田戎、任满戍江关。岑彭入江关，不复为戍守，公孙氏无从庙食。"④他还根据郦道元《水经注》有关"瞿塘滩上有神庙，甚灵"⑤，分析郦道元"盖不谓其神为公孙氏，瞿唐天下至险，必有神物司之，但有庙偶联白帝城，遂从而讹尔"。认为是"子美⑥误信齐东语，感慨勇略招英魂"⑦，而引起白帝庙祭祀公孙述之说。杨安诚还进一步分析说：齐东野语——老百姓的不足信之言是因为"江关回首尽汉帜，遗黎何自知公孙"⑧。西汉末东汉初改朝换代频繁，老百姓哪里搞得清楚呢？因而白帝庙祭祀公孙述之说，极有可能是源自老百姓之口，经杜甫诗而广泛流传。

同治《黔阳县志·卷六十》记载："蜀人又以公孙述当之；皆蒙以白帝天王之

① 范晔. 后汉书 [M]. 北京：中华书局，1965:694.
② 范晔. 后汉书 [M]. 北京：中华书局，1965:662.
③ 范晔. 后汉书 [M]. 北京：中华书局，1965:681.
④ 曾秀翘，等. 奉节县志（清光绪十九年版）[M]. 奉节：四川省奉节县志编纂委员会，1985:327.
⑤ 曾秀翘，等. 奉节县志（清光绪十九年版）[M]. 奉节：四川省奉节县志编纂委员会，1985:327.
⑥ 子美即杜甫.
⑦ 曾秀翘，等. 奉节县志（清光绪十九年版）[M]. 奉节：四川省奉节县志编纂委员会，1985:327.
⑧ 曾秀翘，等. 奉节县志（清光绪十九年版）[M]. 奉节：四川省奉节县志编纂委员会，1985:327.

号，殊属无稽。"① 20世纪50年代我国著名学者潘光旦先生认为："白帝庙的白帝不是公孙述……，但'白帝'的字面与读音，在不必说穿它的内容的情况下，也可以用来笼络当地的巴人。在巴人看来听来，白帝就是廪君白虎，……"② 潘先生进一步指出："白帝的懔然可畏，迟到水经注的年代以前还没有解除，与近代湘西'土家'人祈祷白帝天王时的光景完全可以相比，我们认为这大概不是偶然的符合，而是可以推到同一个原因的，即，对于廪君的敬畏。"③

前辈学者们虽然对白帝庙始建源由提出了质疑，但未做全面、系统的分析、论证和研究。因此，也就没有从根本上厘清白帝庙始建的真正源由。在此试图从历史文献记载和前辈学者们的否定中，以古代巴人"白帝天王"信仰以及其迁徙和历史变迁为线索，寻找和论证白帝庙始建的真正历史源由。

1. "白帝天王"来历的三种学说

近年以来，不少学者对土、苗少数民族"白帝天王"信仰崇拜和演变进行了较多的研究。归纳起来，就鄂湘渝黔地区和峡江流域古代"白帝天王"的起源④大致有三种说法。一是说起源于中原汉族天体神话——"白帝子"神话；二是说起源于古代巴人的"白虎廪君"崇拜；三是说起源于夜郎"竹王"崇拜。

（1）中原汉族天体神话——"白帝子"神话说

"白帝天王"，本应称"白帝"。源于古代天体神话——"白帝子"神话传说。在中国古代有"三皇五帝"的说法。所谓"五帝"，是古人按照东、南、西、北四个方向，再加上"中央"这五个方位来取名的五位先帝。"五行"说的兴起，到后来就逐渐形成了以五行配五色、五方和五帝的体系。

根据不同的文献记载，西方天帝有少昊、蓐收等名称。按五色之说，西方主白，又有"白帝"之称，既为天帝，当然也称之为"白帝天王"。《周礼》载："五帝者，东方青帝灵威仰，南方赤帝赤熛怒，中央黄帝含枢纽，西方白帝白招拒，北方黑帝汁光纪。"⑤ 同时，按五行之说，白帝主西方，是西方之帝。《山

---

① 中国地方志集成·湖南府县志辑61. 同治黔阳县志 [M]. 南京：江苏古籍出版社，2002:600.
② 潘光旦. 湘西北的"土家"与古代的巴人 [C]. 中国民族问题研究集刊，1955(4):80-81.
③ 潘光旦. 湘西北的"土家"与古代的巴人 [C]. 中国民族问题研究集刊，1955(4):81.
④ 或称传说。
⑤ 郑玄，注；贾公彦，疏. 周礼注疏 [M]. 北京：北京大学出版社，1999:47.

海经》载："长留之山，其神白帝少昊居之。……是神也，主司反景。……郭璞云：'日西入则景反东照，主司察之。'郝懿行云：'是神，员神，盖即少昊也。'"① 白帝居西方长留山，其神职主管太阳西下时向东方反射出光线。《拾遗记》所记更为夸张："少昊以金德王。母曰皇娥，处璇宫而夜织。或乘桴木而昼游，经历穷桑沧茫之浦，时有神童，容貌绝俗，称为白帝之子，即太白之精。降乎水际，与皇娥宴戏并坐……及皇娥生少昊，号曰穷桑氏，亦曰桑上氏。"② 少昊即为西方之天帝。《史记》载："秦襄公既侯，居西垂，自以为主少皡之神，作西畤，祠白帝，……其后十六年，秦文公……作鄜畤，用三牲郊祭白帝焉。"③ 再其后，"（秦献公）栎阳雨金，自以为得金瑞，故作畦畤栎阳而祀白帝。"④

"白帝天王"信仰长期存在于一些地方的民间祭祀活动中，是以西方的方位天神白帝逐渐演化为地域神。这里所说的西方是相对于中原而言的，是一个较为模糊的地域概念。古代巴人居住的鄂湘渝黔四地交界之地，就是相对于中原的西部，所以"白帝天王"也就成了这一地区古代巴人崇拜的神灵。

（2）古代巴人"白虎廪君"崇拜说

① 古代巴人——虎部族伏羲的后裔。

古代巴人源出于西南崇山峻岭之中，其生活的地区多虎，据传说古代巴人是远古虎部族伏羲的后裔。《路史》载："伏羲生咸鸟、咸鸟生乘厘；是司水土，生后炤（照），后炤生顾相，夅（降）处于巴，是生巴人。……赤狄巴氏，服四姓，为廪君，有巴氏务相氏。"⑤ 这里所说的"务相"就是《后汉书》中的"顾相"。"顾""务"转音。伏羲在古籍中写作"虑戲"，此字从虍，义为虎意。《尔雅·旧注》说"六戎中有鼻息"，这里的"鼻息"应是误写的"虑戲"，属笔误。《战国策·赵策》里有"老臣贱息舒祺"，贱息也即贱子，息字可读成子、自。则鼻息也可读成"毕子"或"毕兹"。那么，"虑戲"也就可以读作"毕息""比兹"了。这与由古巴人衍变而来的土家族人自称毕兹是一致的。⑥《方言》第八载："虎，

① 袁珂.山海经校注[M].上海：上海古籍出版社，1980：51-52.

② 王嘉；萧绮，录.拾遗记校注[M].哈尔滨：黑龙江人民出版社，1989：13-14.

③ 司马迁.史记[M].北京：中华书局，1963：1358.

④ 司马迁.史记[M].北京：中华书局，1963：1365.

⑤ 陆费逵等.四部备要·史部[M].（宋）罗泌.路史[M].上海：上海中华书局，1936：P62.

⑥ 石伶亚，黄飞泽.试论土家族白虎图腾崇拜[J].民族论坛，2003(3)：59-60.

陈、魏、宋、楚之间，或谓之'李父'；江淮、南楚之间，谓之'李耳'，[①]或谓之於䖘[②]。"[③]现今土家族称公老虎为"李爸"，称母老虎为"你李卡"。单独称虎叫"利"。"李""利""廪"近音，所以"廪君"即是"李君""虎君"。[④]照这样的传说，伏羲与巴人是祖孙关系，属于虎图腾，为西方白虎。

毕兹是虎氏族的称呼，在鄂湘渝黔土家族集居地地名方面有较多的旁证。湖北东部麻城县有柏子山、大冶县有白雉山；湖北西部恩施市有百节峒、蛮王峒；鹤峰县城有北佳坪、房县有白石脊山；湖南桑植县有白抵城；重庆东南黔江有白碛山；重庆东北部有奉节县。在贵州贵定与惠水交界处元代曾置必际县，而现毕节县就是因为曾居住过"比跻人"而得名。以上地名，都系毕兹的转音或与毕兹有关。根据地名学、人类学研究显示，同一类别的人群初到一地开拓的那个地方，或者同一类人群在某个地方长久居住，必然会在其居住过的地方的山川泉石、溪流河谷、村砦聚落上，遗留下某些与这群人类名相同或相关的叫法来。

②白虎神灵——古代巴人首领廪君的化身。

古代巴人首领廪君是怎样成为古代巴人崇拜的神灵？又是怎样与白虎联系起来的呢？据《后汉书》载："巴郡南郡蛮，本有五姓：巴氏、樊氏、曋氏、相氏、郑氏。皆出于武落钟离山。其山有赤黑二穴，巴氏之子生于赤穴，四姓之子皆生黑穴。未有君长，俱事鬼神，乃共掷剑于石穴，约能中者，奉以为君。巴氏子务相乃独中之，众皆叹。又令各乘土船，约能浮者，当以为君。余姓悉沈[⑤]，唯务相独浮。因共立之，是为廪君。乃乘土船，从夷水至盐阳。[⑥]盐水有神女，谓廪君曰：'此地广大，鱼盐所出，愿留共居。'廪君不许。盐神暮辄来取宿，旦即化为虫，与诸虫群飞，掩蔽日光，天地晦冥。积十余日，廪君（思）

---

① 原注：虎食物值耳，即止以触其讳故。

② 原注：於音鸟，今江南山夷呼虎为䖘，音狗窦。

③ 杨雄. 方言·第八（木刻影印本）[Z]. 北京：直隶书局，1923.

④ 黄柏权. 白虎神话的源流及其文化价值 [J]. 贵州民族研究，1990(3)：49.

⑤ "沈"应为"沉"，笔者注。

⑥ 李贤注：荆州图（副）曰："'夷（陵）县西有温泉。古老相传，此泉元出盐，于今水有盐气。县西一独山有石穴，有二大石并立穴中，相去可一丈，俗名为阴阳石。阴石常湿，阳石常燥。'盛弘之荆州记曰：'昔廪君浮夷水，射盐神于阳石之上。案今施州清江县水一名盐水，源出清江县西都亭山。'水经云：'夷水（别出）巴郡鱼复县。'注云：'水色清，照十丈，分沙石。蜀人见澄清，因名清江也。'"（《后汉书》卷八十六·南蛮西南夷列传）

[伺]^① 其便，因射杀之，天乃开明。廪君于是君乎夷城^②，四姓皆臣之。廪君死，魂魄世为白虎。巴氏以虎饮人血，遂以人祠焉。"^③ 由此可以看出，古代巴人认为他们的部落首领廪君死后，其魂魄化成了白虎。也就是说，古代巴人氏族与白虎之间存在着一种极其特殊的亲缘关系，白虎就是古代巴人的祖先。因此，古代巴人对白虎的崇拜级别和普及性是相当高的。

③白虎图腾——古代巴人神秘的灵魂崇拜。

古代巴人不但认为白虎是他们祖先廪君的化身而崇拜白虎图腾，而且从灵魂观念上也充分体现出对白虎的崇拜。从某种意义上讲，增加了巴人白虎崇拜的神秘性。在远古时期，人们对人体构造及器官功能是无知的。对死亡、梦境等生理现象的困惑受到梦境中景象的影响。从而认为，人的思维、感觉不是身体的活动，而是寓于身体之中而且可以离开身体的一种特殊的精神活动体在活动。于是就产生了灵魂不死的观念。远古时期的先民认为，肉体死亡并不代表灵魂的灭绝。因此总是希望自己或者亲人死后，其生命仍然以另一种方式或者比照人间的方式存续下去，能够在另一个世界里彼此相互"重逢"；或者死者能够感悟到生者的需要，给予生者庇佑。因此，人们对墓地的选择、丧葬仪式以及随葬品等都是非常重视的，这也成为了生者拉近与死者之间距离的一种重要方式。

为了拉近亲情，体现生者对死者的感情依恋，古代巴人的丧葬仪式是非常隆重的。《华阳国志》载："汉时，县^④民朱辰，字元燕，为巴郡太守，甚著德惠。辰卒官，郡獠民北送及墓，獠蜑鼓刀辟踊，感动路人。于是葬所草木顷许皆偃之曲折。"^⑤ 这里记载了东汉时期巴郡獠蜑人为广都太守朱辰送丧举行舞蹈的情景。《蛮书·卷十》载："按《夔城图经》云：夷事道，蛮事鬼。初丧，击鼓以

---

① 原文如此。
② 古代夷城应在今湖北恩施清江流域一带。学界普遍认为廪君巴人最初的活动区域就在此区域。也有个别学者认为廪君的最初活动区域在其他地方。如重庆市博物馆副馆长杨铭先生在《巴子五姓晋南结盟考》[见《民族研究》1997（05）] 中认为巴子五姓结盟地在"晋南"。究竟廪君巴人的活动区域在什么地方，后面章节将作作门讨论。
③ 范晔.后汉书[M].北京：中华书局，1965：2840.
④ 县：指广都县，今四川省成都市双流区。
⑤ 常璩.华阳国志[M].林超民，等.西南稀见方志文献（第十卷）[Z].兰州：兰州大学出版社，2003：39.

为道哀，其歌必号，其众必跳。此乃盘瓠白虎之勇也。"同书又载："巴氏祭其祖，击鼓而祭，白虎之后也。"① 目前渝东地区民间丧葬仪式中仍然遗留有通过哭丧、跳丧和转丧的方式来歌颂死者的功德，表示对死者悼念的习俗。

根据前述分析，作者认为在历史传承中古代巴人的神灵崇拜进一步与白虎图腾相结合而形成了"白虎廪君"崇拜。古代巴人作为伏羲的后裔，白虎廪君自然而然就衍变成为了"白帝天王"。

④ 专祠人祭——古代巴人独特的祭祀仪式。

古代巴人对白虎廪君的崇拜还体现在另一种更为残酷的祭祀仪式——活人殉葬。《后汉书》载：巴人首领"廪君死，魂魄世为白虎。巴氏以虎饮人血，遂以人祠焉。"② 这与考古人员对重庆涪陵区小田溪、云阳县李家坝，四川宣汉县罗家坝墓地的考古发掘，尤其是李家坝遗址中有八座墓葬发现殉人墓的事实相吻合。

《虎荟》载："唐乾元初，吏部尚书张镐贬辰州③司户。……自是黔峡④往往建立虎媒之祠焉，今尚有存者。"⑤ 又载："有神巫能结坛召虎，人有疑罪，令登坛，有罪者虎伤，无罪者不顾，名虎筮。"⑥ 唐代时，在今重庆彭水、湖北宜昌一带巴人后裔土家族人聚居区不但广泛建有专用于祭虎神灵的祠堂，而且利用"虎筮"结坛辩罪。

唐"开元末，峡口多虎，往来舟船皆被伤害。自后但是有船将下峡之时，即预备一人充饲虎，方举船无患，不然则船中被害者众矣，自此成例。"⑦ "下峡"指穿越长江三峡从重庆奉节县瞿塘峡始，顺流而下到湖北宜昌西陵峡。在此路段就是今天的奉节、巫山、巴东、秭归等长江两岸高山峡谷地区。奉节瞿塘峡口为三峡起点，船行峡前"即预备一人充饲虎，方举船无患"，且"自此成例"。这说明当时人们视虎若"神灵"，不惜以人饲虎，也不灭虎，竟还成为了人人遵守的惯例。据考证，长江三峡和鄂西等地土家族人聚居区崇虎信仰、以

---

① 樊绰. 蛮书校注 [M]. 北京：中华书局，1962：260.
② 范晔. 后汉书 [M]. 北京：中华书局，1965：2840.
③ 辰州，今湖南沅陵县，秦时为黔中郡。为古代巴人后裔土家族聚集区。
④ 黔峡，黔州与峡州的合称。黔州，今重庆彭水；峡州，今湖北宜昌。
⑤ 陈继儒. 虎荟 [Z]. 北京：中华书局，1985：30-31.
⑥ 陈继儒. 虎荟 [Z]. 北京：中华书局，1985：40.
⑦ 陈继儒. 虎荟 [Z]. 北京：中华书局，1985：57.

人祭虎的观念和习俗一直保持到明代。^①这也说明虎崇拜在古代巴人日常生活中的重要地位和作用。

重庆工商大学白俊奎教授对土家族"人祀"习俗研究后认为："明代的三峡地带、荆州、辰州、黔州、富州都有崇虎、以人祠虎习俗，……当是巴人'人祀'之遗风。直到清代，土家族部分地区仍然残存杀人祭鬼习俗，《土家族简史》^②说：清代咸丰活龙坪田姓杀乞丐祭白虎，恩施大吉覃、田、向氏代代'还人头愿'都是对其先民廪君系巴人'人祀'习俗的继承和衍化。《黔江土家族苗族自治县简况》载：该地区解放前有敬白虎的巴人遗俗：'三王庙'供红、白、黑脸，与廪君系巴人赤、黑二穴有关；'山王庙'立于山中，祭虎神；人家堂屋祖先神位'香盒'中供奉木雕小虎。马刺乡万春山有'樊池寺'，很久以前每三年一大祭，杀童男女各一人，取其头供于庙。……贵州东北印江土家先民解放前盛行杀童男女各一人祭风神习俗，……德江县土家族也有'人祀'传说。黔东北是古代巴国南境，可知该区土家族继承了其先民之一——廪君系巴人'人祀'习俗。"^③

（3）夜郎"竹王"崇拜说

在鄂湘渝黔白帝天王信仰地区，也有将白帝天王称为"竹王"的。有关传说解释为白帝天王为夜郎竹王三子。

鄂湘渝黔多竹，其古人曾以竹为图腾，由竹图腾又引出了竹王神族崇拜。《后汉书》载："西南夷者，在蜀郡徼外。有夜郎国，……夜郎者，初有女子浣于遯水，有三节大竹流入足间，闻其中有号声，剖竹视之，得一男儿，归而养之。及长，有才武，自立为夜郎侯，以竹为姓。武帝元鼎六年（公元前111年），平南夷，为牂柯郡，夜郎侯迎降，天子赐其王印绶。后遂杀之。夷獠咸以竹王非血气所生，甚重之，求为立后。牂柯太守吴霸以闻，天子乃封其三子为侯。死，配食其父。今夜郎县有竹王三郎神是也。"^④

① 白俊奎.巴人廪君系先民及其部分后裔"人祀"习俗考论[J].西南民族学院学报(哲学社会科学版)，1998，19:128.
② 原注：湖南人民出版社，1986年4月.
③ 白俊奎.巴人廪君系先民及其部分后裔"人祀"习俗考论[J].西南民族学院学报(哲学社会科学版)，1998，19:128.
④ 范晔.后汉书[M].北京：中华书局，1965:2844.

《华阳国志》也有类似记载："有竹王者兴于遯水。有一女子浣于水滨，有三节大竹流入女子足间，推之不肯去。闻有儿声，取持归破之，得一男儿。长养有才武，遂雄夷狄，氏以竹为姓。捐所破竹于野，成竹林。今竹王祠竹林是也。"[①]

上述两种记载虽不尽相同，但说明在鄂湘渝黔地区的确存在竹王崇拜信仰。那么"白帝天王"与"竹王"传说之间有什么联系呢？湖南《乾州厅志》载："三王庙在厅东北鸦溪，旧名天王庙"[②]。中南民族大学向柏松教授认为竹王崇拜："至迟不会晚于春秋巴人入渝之前。……竹王族神崇拜川渝影响极大，竹王庙遍布各地。……夜郎侯三子竹王神是最有资格以西方地方神的身份而被称作白帝或白帝天王的。所以，川渝早期地域化的白帝天王就是竹王三神。"[③]有关夜郎侯竹王三神与奉节白帝庙的关系将在后面的章节中做进一步的考证。

2. 白帝天王廪君与奉节关系考证

通过前述文献分析，可以说白帝天王廪君崇拜就是古代巴人的族神崇拜。那么白帝天王廪君与奉节，或者进一步说与奉节白帝庙有什么联系呢？

考证这两者之间的联系，首先应当在概念上明确两点。

第一，应当明确"廪君"可能不是一个特定的人，而极有可能是古代巴人"首领"的称呼。

第二，应当通过古代巴人迁徙的时代、线路以及活动范围去寻找白帝天王廪君与白帝庙的关系。

（1）廪君时代考

关于廪君巴人的时代，典籍文献记载留下的悬念颇多，学术界争议也较大。在文献中甚至有"廪君种，不知何代"[④]的记载。学者们在考证、研究"廪君"出现及其推进到峡江地区的时代时，众说纷纭，仁者见仁，智者见智。归纳起来，具有代表性的观点如下。

①四川大学童恩正教授认为："关于廪君的时代，当然已不可详考。从'廪

---

① 常璩. 华阳国志 [M]. 林超民，等. 西南稀见方志文献（第十卷）[Z]. 兰州：兰州大学出版社，2003：49.

② 林书勋，张先达. 乾州厅志 [M]. 清光绪三年刻本（1877年）.

③ 向柏松. 巴土家族神崇拜的演变与历史文化的变迁 [J]. 中南民族学院学报（人文社会科学版），2001（6）：56.

④ 乐史. 太平寰宇记 [M]. 北京：中华书局，2007：3397.

君种，不知何代' 及 '未有君长，俱事鬼神' 等情况来看，可能当时巴人的社会发展阶段还停留在原始社会的后期。"①

②湖南民族学专家彭武一先生认为：廪君时代是 "由蒙昧时代的高级阶段进入野蛮时代的初级阶段" 时期。②

③林奇教授认为："古老的巴国，大约在新石器时代形成于鄂西南的清江，即古代夷水流域。后由夷水西入川东，先后在枳和江州建立都城，势力逐步发展到西北与蜀接壤，东北到陕南汉中，南边控制了湘西和贵州部分地区，与诸西南夷连成一片，幅员相当广大；到春秋时，一度兵力强盛，雄据西南。第二阶段，即战国中晚期，先进的诸侯国家有了长足的发展，而巴国仍然停留在奴隶制的落后地位上。这时候封建割据的国家争相扩张，特别是秦楚之间争夺剧烈。巴国的土地也不断被他们侵占。尤其是楚国，曾用战争迫使巴国放弃了东南的广大地区，并一再迁都。"③

④华中师范大学张正明教授认为："至少可以作出以下四点大致不误的判断。第一，早期的巴人是西部民族，属于藏缅语族。第二，巴人起源于羌人频繁出没乃至长久栖息的地区，即陕西西南部和甘肃东南部，可能还包括四川东北部和重庆西北部的少量边缘地带在内，从流域来说是汉水上游和嘉陵江上游。第三，巴人推进到峡江地带的年代不早于春秋中期。第四，巴人推进到清江流域的年代不早于春秋、战国之际。"④

⑤彭官章、朴永子先生认为："廪君是巴灭前后的人物，这也有一定的根据，因为巴务相大约是公元前 337 年左右的人物，巴灭于公元前 316 年，当时廪君可能还活着。……总之：廪君是巴人之后，巴人是伏羲之后，伏羲是古羌人之后，这就是廪君的家谱，这就是巴人的族谱。"⑤

⑥西南大学余云华教授认为："禹夏时期的虎巴所建巴国在湖北清江岸畔的长阳境内，并成为有夏属国；历经商代、西周，政治中心一直在清江之滨；周初进入王国时期，臣服于周；东周时期当属极盛阶段，离开长阳，扩张至鄂、

① 童恩正. 古代的巴蜀 [M]. 重庆：重庆出版社，1998:14.
② 彭武一. 古代巴人廪君时期的社会和宗教 [J]. 吉首大学学报（社会科学版），1982(2):72.
③ 林奇. 巴楚关系初探 [J]. 汉江论坛，1980(4):88.
④ 张正明. 巴人起源地综考 [J]. 华中师范大学学报（人文社会科学版），2004(6):10.
⑤ 彭官章，朴永子. 羌人·巴人·土家人 [J]. 吉首大学学报（社会科学版），1982(1):114.

豫接壤一带；战国时期，受挫后退居巴渝，最终在与楚、秦的战斗中败北，公元前316年毁祀，享国1700余年。”①

有关古代巴人廪君时代记载尚有很多，均散录于各类杂记、文献之中，现试做如下梳理。

①《世本·姓氏篇》载：“廪君之先，故出巫诞。巴郡南郡蛮，本有五姓：巴氏、樊氏、瞫氏、相氏、郑氏，皆出于五落钟离山。其山有赤、黑二穴，巴氏之子生于赤穴，四姓之子皆生黑穴。未有君长，俱事鬼神。廪君名曰务相，姓巴氏，与樊氏、瞫氏、相氏、郑氏凡五姓，俱出皆争神。乃共掷剑于石，约能中者，奉以为君。巴氏子务相，乃独中之，众皆叹。又各令乘土船②，雕文画之，而浮水中，约能浮者，当以为君。余姓悉沉，惟务相独浮。因共立之，是为廪君。乃乘土船从夷水至盐阳。盐水有神女，谓廪君曰：‘此地广大，鱼盐所出，愿留共居。’③廪君不许。盐神暮④辄来取宿，旦即化为飞虫，与诸虫群飞，掩蔽日光，天地晦冥。积十余日，廪君不知东西所向七日七夜。使人操青缕以遗盐神曰：‘缨此即相宜，云与女俱生，（弗）宜将去。’盐神受而缨之。廪君即立阳石上，应青缕而射之，中盐神。盐神死，天乃大开。廪君于是君乎夷城，四姓皆臣之。”⑤

②《太平寰宇记》“长阳县”条下载：“武落钟山⑥，一名难留山，在县西北七十八里。本廪君所出处也。世本云：‘廪君之先，故出巫蜑，……廪君曰务相，姓巴氏，与樊氏、瞫氏、相氏、郑氏五姓俱出，未有君长，皆争神，廪君五姓皆往登呼躧穴屋，以剑刺之，剑不能著，独廪君剑著而悬于穴屋，因立为君。……廪君乘土船，下及夷城。夷城山石险曲，其水亦曲，廪君望之而叹，山崖为崩。廪君登之，上有平石，方二丈五尺，因立城其傍而居之，四姓臣

---

① 余云华.定都于渝的白虎巴人寻踪[J].重庆工商大学学报（社会科学版），2007(1):154.
② 原注：校注：“土”原本作“上”，据御览改。
③ 原注：“共”原本作“其”，据御览改。
④ 原注：“暮”原本作“墓”，据御览改。
⑤ 秦嘉谟.世本八种·补本·氏姓篇[M].上海：商务印书馆，1957:333-335.
⑥ 原注：武落钟离山，“钟山”底本作“山中”，万本同，中大本、库本作“中山”，据宋版改。按《后汉书》（卷八十六）、《南蛮传》、《通典》（卷一百八十七）、《边防三》及本书卷一百七十八·四夷七皆作“武落钟离山”，《舆地纪胜·峡州》同，此脱“离”字。

之。后死，精魄亦化为白虎也。"①

③《华阳国志》载：禹"会诸侯于会稽，执玉帛者万国，巴蜀往焉。周武王伐纣，实得巴蜀之师"②。

④《山海经》载："夏后启之臣曰孟涂，是司神于巴，人请讼于孟涂之所，其衣有血者乃执之，是请生。居山上；在丹山西。丹山在丹阳南，丹阳居属也。"③

⑤《竹书纪年》载：帝启"八年，帝使孟涂如巴莅讼"④。

古代巴人廪君时代距今年代已久，几无正史记载可供考证。其事仅散见于各类杂记、文献之中，且含有神话传说的成分。究竟是否可以用于历史学考据之用，学术界对此也存众多争议。上述所引用的文献记载可信度几何？试做如下简析。

①《世本》是一部先秦时期由史官修撰的，主要记载上古帝王、诸侯和卿大夫家族世系传承的史籍。司马迁的《史记》、韦昭的《国语注》、杜预的《春秋经传集解》、司马贞的《史记索隐》、张守节的《史记正义》和郑樵的《通志》等都曾引用和参考书中内容。

②《太平寰宇记》撰于宋太宗太平兴国年间（公元976—984年）的地理总志。是书卷帙浩博，采摭繁富，考据精核，广泛引用了历代史书、地志、文集、碑刻、诗赋以至仙佛杂记，计约二百种，且多注明出处，保留了大量的珍贵资料，对后世地志影响较大。虽然遭后人诟病"人物琐事登载不遗"，但其以人文并结合地理的方式被后世奉为地志典范。该记还记载了我国少数民族聚居区的情况，有的还区分汉人与蕃人，甚至主户、客户数，对研究宋初少数民族的人口分布、边远地区的经济面貌，有较高的参考价值。

③《华阳国志》是一部专门记述古代中国西南地区地方历史、地理、人物等内容的方志著作，由东晋常璩撰写于晋穆帝永和四年至永和十年（公元348—354年）。常璩生于蜀、官于蜀，学识见闻广博。所著之《志》资料丰富，

① 乐史.太平寰宇记[M].北京：中华书局，2007：2864-2865.
② 常璩.华阳国志[M].林超民，等.西南稀见方志文献（第十卷）[Z].兰州：兰州大学出版社，2003：5-6.
③ 袁珂.山海经校注[M].上海：上海古籍出版社，1980：277.
④ 张玉春.竹书纪年译注[M].哈尔滨：黑龙江人民出版社，2003：112.

考证翔实，具有较高的史料价值，历来为史家所推崇，是我国现存最早而又基本完整的一部地方志，对以后历代地方志的编修影响极为深远。如：徐广的《晋纪》、范晔的《后汉书》、裴松之的《三国志注》、刘昭的《续汉志注》、崔鸿的《十六国春秋》、李膺的《益州记》、郦道元的《水经注》以及司马光的《资治通鉴》等，凡涉及西南史地者，亦大量采撷其文。宋代吕大防①谓"蜀记之可观，未有过于此者"；清代廖寅②则谓"后有修滇、蜀方志者，据以为典"。直到今天该书仍然是研究古代西南的重要典籍史料。

④《山海经》成书年代和作者具体无考，大多数学者认为应当成书于春秋末年到汉代初年之间（公元前4—3世纪间）。该书主要记述古代地理、动物、植物、矿产、神话、巫术、宗教等，也包括古史、医药、民俗等方面的内容，以及一些奇怪的事件。虽然学界对其部分内容争议较大，如司马迁在《史记》中直言其内容"山海经所有怪物，余不敢言之也"③，鲁迅也在其所著的《中国小说史略》中评价《山海经》是"盖古之巫书"。但现在也有很多学者认为《山海经》是一部早期有价值的地理著作，对研究中国南方，特别是西南地区古代史仍有重要的参考价值。

⑤《竹书纪年》是我国先秦战国时期魏国人所编写的一种编年体史书。该书在秦汉之时就已失传，直到西晋武帝太康二年（公元281年）在汲郡（今河南汲县）西南墓葬中发现，由晋代学者荀勖④、和峤⑤等人整理成书。据西南大学余云华教授考证其记载是可信的。"清人洪颐煊⑥《校正〈竹书纪年〉序》云：'今本颇信其非出于伪撰者。'该书与《山海经》可以互证。"⑦

---

① 吕大防（公元1027—1097年），今陕西蓝田人，北宋政治家、书法家。仁宗皇佑元年（公元1049年）进士，官至尚书左仆射兼门下侍郎，封汲郡公。卒后，南宋初追谥为正愍，追赠太师、宣国公。著有著名的《文献通考》等文献。

② 廖寅（公元1751—1824年），四川邻水人，乾隆四十四年（公元1779年）举人，官至布政使、按察使等职。

③ 司马迁. 史记 [M]. 北京：中华书局，1963:3179.

④ 荀勖（？—公元289年），字公曾，今河南许昌人。音律学家、文学家、藏书家。累官至光禄大夫、仪同三司、守尚书令。卒后获赠司徒，谥号"成"。

⑤ 和峤（？—公元292年），字长舆，今河南西平人。曹魏后期至西晋初大臣，累官至给事黄门侍郎、迁中书令。卒后，谥号"简"。

⑥ 洪颐煊（公元1765—1837年），字旌贤，今浙江临江人。嘉庆六年（公元1801年）拔贡生，官直隶州州判、广东新兴知县。著书颇丰。

⑦ 范晔. 后汉书 [M]. 北京：中华书局，1965:661-662.

綜上所述，可以认为：古代巴人的几个氏族部落最迟从禹夏时期，[1]或更早就开始在今湖北长阳清江畔的武落钟离山生活。他们通过"掷剑"和"赛土船"的方式，推举廪君为五姓部落联盟的首领。其后，他们在廪君带领下开始迁徙。战胜盐水女神部落后，称君夷城，且"巴国成立后成为夏王朝的属国"[2]。

（2）廪君巴人迁徙路线考

古代廪君巴人最初生活在湖北清江流域[3]，后来因诸多原因向外迁徙，关于迁徙的路线，目前学术界主要有以下三种有代表性的观点：

第一，廪君率族人先逆清江而上，走大溪河入长江，然后逆长江西上达到今重庆、川东等地；

第二，廪君及其族人从鄂西先顺清江而下，到达今湖北宜昌一带后再逆长江水道西上进入重庆、川东等地；

第三，廪君带领族人先是逆清江西上至其源头，然后顺郁水至今重庆彭水入乌江，后顺乌江入长江，拥有今重庆、川东之地。

也有学者认为，上述三条道路都有可能是早期廪君巴人迁徙入川的主要交通道路，三条道路沿线均有廪君巴人分布。廪君巴人究竟是沿何路线迁徙的呢？试做如下分析。

①武落钟离山——廪君巴人早期活动区域。

关于廪君最早的文献记载应该是《世本》，最早有确切年代记载巴人的文献应该是《山海经》和《华阳国志》。《世本》载："廪君之先，故出巫蜒……皆出于五落钟离山。"[4]其他文献记载的廪君所出大致与《世本》相同，均称出于"五落钟离山"或"武落钟离山"。"五""武"同音，疑为相通。那么，武落钟离山究竟在何处？

据考证，武落钟离山大致就在今湖北"长阳县西北的都镇湾东侧，西北临清江，东南靠南汉溪，三面环水，高峻突兀，面积广约2平方公里"。[5]《太

---

[1] 约公元前 21 世纪至公元前 17 世纪初左右。

[2] 余云华. 定都于渝的白虎巴人寻踪 [J]. 重庆工商大学学报（社会科学版），2007(1):152.

[3] 学术界普遍认为廪君巴人最初活动区域应该是在今湖北清江流域。但也有人认为廪君巴人的最初活动区域或在其他地方，如重庆市文物局研究员杨铭先生认为"巴子五姓结盟地"在"晋南"（见《民族研究》1997 年第 5 期《巴子五姓晋南结盟考》一文）。

[4] 秦嘉谟. 世本八种·补本·氏姓篇 [M]. 上海：商务印书馆，1957:333.

[5] 杨华. 对巴人起源于清江说若干问题的分析 [J]. 四川文物，2001(1):16.

平寰宇记》在"长阳县"条下载："武落钟离山，一名难留山，在县西北七十八里。"① 《水经注》载："夷水自沙渠入县，水流浅狭，裁得通船。东迳难留城南，城即山也。独立峻绝，西面上里余得石穴。"② 《水经注疏》引袁山松《宜都记》："自盐水西北行五十余里，有一山，独立峻绝，名为难留城。"③ 类似关于武落钟离山的记载还散见于其他文献之中，考其地缘均与《世本》《后汉书》中记载的廪君巴人出自武落钟离山之地 ④ 基本位置相符。因此，我们可以认为廪君之先的活动中心应在今湖北长阳县西都镇湾一带。

②盐阳、夷城——廪君射杀"盐水神女"和"立国"之地。

为了部落的生存与发展，出于政治、军事、经济等方面的原因，廪君带领部落离开武落钟离山开始了长途迁徙，在迁徙途中遇见"盐水神女"，并战胜了她，在"夷城"立国。对于此段迁徙经历有关文献记载如下。

《水经注》载："夷水自沙渠入县，……东迳难留城南，城即山也。……东北面又有石室，可容数百人，每乱，民入室避贼，无可攻理，因名难留城也。"又载：廪君"乃乘土舟从夷水下至盐阳，盐水有神女，谓廪君曰：此地广大，鱼盐所出，愿留共居。廪君不许，盐神暮辄来宿，旦化为虫，群飞蔽日，天地晦暝，积十余日。廪君因伺便射杀之，天乃开明。廪君乘土舟下及夷城，夷城石岸险曲，其水亦曲。廪君望之而叹，山崖为崩。廪君登之，上有平石方二丈五尺，因立城其傍而居之。……夷水又东与温泉三水合，大溪南北夹岸，有温泉对注，夏暖冬热，上常有雾气，疡疾百病，浴者多愈。父老传此泉先出盐，于今水有盐气。夷水有盐水之名，……夷水又东迳佷山县故城南，县即山名也。"⑤

《世本》载：廪君带领族人"乘土船从夷水至盐阳。……廪君于是君乎夷城，四姓皆臣之"⑥。

《太平寰宇记》"长阳县"条载："廪君乘土船，下及夷城。夷城山石险曲，

---

① 乐史.太平寰宇记 [M].北京：中华书局，2007：2864.县，指长阳县。
② 郦道元.水经注 [M].长春：时代文艺出版社，2001：278.沙渠县，即今湖北恩施。城即山也：指佷山，古佷山在今湖北长阳县以西现佷山村附近，属夷水下游。
③ 杨守敬，熊会贞.水经注疏 [M].南京：江苏古籍出版社，1989：3055-3056.盐水，古时称清江为盐水。
④ 即今佷山，或称难留城。
⑤ 郦道元.水经注 [M].长春：时代文艺出版社，2001：278-279.
⑥ 秦嘉谟.世本八种·补本·氏姓篇 [M].上海：商务印书馆，1957：334-335.

其水亦曲，廪君望之而叹，山崖为崩。廪君登之，上有平石，方二丈五尺，因立城其傍而居之，四姓皆臣之。"[①] 同记又载："初有巴、樊、曋、相、郑五姓，皆出于武落钟离山。[②]……未有君长，共立巴氏子务相，是为廪君。从夷水下至盐阳。[③] 廪君于是居乎夷城。"[④]

《后汉书》载：廪君"乃乘土船，从夷水至盐阳。……廪君于是君乎夷城，四姓皆臣之"[⑤]。

《后汉书集解》载：廪君"乃乘土船从夷水至盐阳"[⑥]。

《蛮书》载："巴中有大宗，廪君之后也。《汉书》巴郡本有四姓，巴氏、繁氏、陈氏、郑氏，皆出丁武落钟离山。[⑦]……巴氏之子，生于赤穴，繁、陈、郑三姓生于黑穴。未有君长，俱事鬼。乃共掷剑于石穴，约能中者，奉以为君。巴氏子务相独中之。又令乘土船下夷水到盐阳，约能浮者为君。务相独浮。因立务相为君也。[⑧]……廪君方定居于夷水[⑨]。"[⑩]

《通典》载："巴氏、樊氏、曋氏、相氏、郑氏五姓皆出于武落钟离山。[⑪]……未有君长，共立巴氏子务相，是为廪君，从夷水下至盐阳。[⑫] 廪君于是君乎夷城。"[⑬]

《太平广记》载：廪君"乘其土船，将其徒卒，当夷水而下，至于盐阳。……跪而射之，中盐神。盐神死，群神与俱飞者皆去，天乃开朗。廪君复乘土船，下及夷城。石岸曲，泉水亦曲。……岸上有平石，长五尺、方一丈。廪君休其

---

① 乐史.太平寰宇记[M].北京：中华书局，2007：2865.
② 原注：在今峡州巴山县。
③ 原注：今峡州巴山县清江水，一名夷水，一名盐水，其源出施州清江县西都亭山。
④ 乐史.太平寰宇记[M].北京：中华书局，2007：3397.
⑤ 范晔.后汉书[M].北京：中华书局，1965：2840.
⑥ 王先谦.后汉书集解[M].北京：中华书局，1984：994.
⑦ 原注：后汉书·卷一百十六·南蛮传：巴郡南郡蛮本有五姓，巴氏、樊氏、曋氏、相氏、郑氏，皆出于钟落武离山。云云。五姓此作四姓，脱去相氏。繁、樊音近。曋氏，章怀注谓音审，本篇作陈，亦缘音近，因有分歧耳。
⑧ 原注：水经云，夷水，巴郡鱼复县。
⑨ 原注：后汉书作夷城。
⑩ 樊绰.蛮书校注[M].北京：中华书局，1962：257-258.
⑪ 原注：在今夷陵郡巴山县。
⑫ 原注：今夷陵郡巴山县清江水，一名夷水，一名盐水，其源出清江郡清江县西都亭山。
⑬ 杜佑.通典[M].北京：中华书局，1988：5043.

上，投策计算，皆著石焉。因立城其旁，有而居之，其后种类遂繁"[1]。

《文献通考》载：廪君"从夷水下至盐阳[2]，廪君于是君乎夷城，四姓皆臣之"[3]。

《寰宇通志》载："廪君乘土舟在府城西南……清江一名夷水，自施州开蛮界流入。……（廪君）乃乘土舟从夷水下及夷城，因立城其傍而居之，今清江在长阳县。"[4]

上述文献所载廪君"乘土船"所去之处，归纳起来大约可以分为两类：一是直言廪君乘土船"从夷水下至盐阳""君乎夷城"，如《世本》《太平寰宇记》《后汉书》等；二是廪君"当夷水而下，至盐阳。……复乘土船，下及夷城"，如《水经注》《太平广记》等。无论那种说法之间都是不矛盾的，而且依据这些文献记载还可以这样认为，廪君及其部落迁徙方向不是"由东而西"逆清江而上"君乎夷城"的，而是乘土船沿清江顺流而下"从西向东、下及夷城"的。

那么廪君所至的盐阳、夷城究竟是什么地方？文献记载廪君"立国"之地多表述为"夷城"，仅有《蛮书》等少数文献表述为"夷水"。因此，只要考证了廪君"立国"之"夷城"或"夷水"今在何处，就可进一步厘清廪君巴人的迁徙路线。

《水经注》载：（夷水）"东迳难留城南，城即山也。……夷水又东与温泉三水合，大溪南北夹岸，有温泉对注，……父老传此泉先出盐，于今水有盐气。夷水有盐水之名，……夷水又东迳佷山县故城南，县即山名也"[5]。《水经注疏》载："佷山在今长阳县西北八十里。"[6] 按上述文献记载，结合历史地图[7]，从方位上分析佷山故城在盐水[8]之北，又有温泉。因此，有理由认为，佷山故城就是盐阳，佷山就在今长阳县西，就是廪君巴人迁徙的第一站，也就是廪君射杀盐水

① 李昉，等.太平广记[M].北京：中华书局，1961：3964.
② 原注：今夷陵郡巴山县清江水，一名夷水，一名盐水。其源出清江县西都亭山。
③ 马端临.文献通考[M].北京：中华书局，1986：2576.
④ 郑振铎.玄览堂丛书续集.第五十八分册（木刻影印本）[M].上海：1940.
⑤ 郦道元.水经注[M].长春：时代文艺出版社，2001：278—279.
⑥ 杨守敬，熊会贞.水经注疏[M].南京：江苏古籍出版社，1989：3058.
⑦ 参见谭其骧主编《中国历史地图集》（第二册）P22—23（西汉）荆州刺史部。中国地图出版社（1982）
⑧ 盐水即夷水，指清江。

神女之处。这种认为与《施州考古录校注》引《施州考古录》："（廪君）乃乘土船从夷水至盐阳 ①"。②《荆州图副》载："夷县 ③ 西有温泉，古老相传，此泉原出盐，于今水有盐气，县西一独山，有石穴，有二大石，并立穴中，相去可一丈，俗名为阴阳石。"④《荆州记》载："昔廪君浮夷水，射盐神于阳石之上。按：今施州清江县水，一名夷水，一名盐水，源出清江县西都亭山"⑤，以及《世本》所载的巴务相在武落钟离山为君后从夷水至盐阳，然后射杀盐水神女基本相吻合。

《太平广记》载：廪君在盐阳射杀"盐神"后"复乘土船，下及夷城"⑥。《十六国春秋辑补》载：射杀盐神后"廪君复乘土船，下及夷城"⑦。依此，可以认为："盐阳"和"夷城"不是一个地方。《汉书》"县令、长"条载：县"有蛮夷口道"⑧。汉代或者以前少数民族地区所设置的县称"道"。夷道就是巴人聚居区，因其临夷水，故称"夷道"。夷道，三国时属宜都郡，南朝析夷道县置宜都县，现为宜都市。"宜""夷"同音，城址相近，既有宜都当有夷城。都以城为基础，先为夷城后为宜都。据此，可以认为夷城应是宜都。廪君巴人从武落钟离山，即今长阳县西都镇湾一带迁徙到盐阳 ⑨，射杀了"盐水神女"后，再"下及夷城"，"立城其旁，有而居之"。至此，廪君巴人完成了在清江流域的迁徙，走到了长江之滨的夷道。

前面在考证廪君时代时对《世本》《太平寰宇记》《华阳国志》《山海经》和《竹书纪年》的参考价值进行了分析。在此，考证廪君巴人迁徙路线又引用了《水经注疏》《后汉书》《后汉书集解》《蛮书》《通典》《文献通考》和《寰宇通志》的相关记载，这些文献的参考价值又如何呢？试做如下分析。

---

① 参见《后汉书·卷八十六·南蛮西南夷列传》引荆州图副文。

② 郑永禧.施州考古录校注 [M].北京：新华出版社，2004:28.

③ 指夷道，今湖北宜都市。

④ 轶名.荆州图副 [M].周声溢.丽山精舍丛书.清光绪二十六年（公元 1900 年）湘西陈氏校刊木刻本.

⑤ 盛弘之.荆州图副 [M].周声溢.丽山精舍丛书.清光绪二十六年（公元 1900 年）湘西陈氏校刊木刻本.

⑥ 李昉，等.太平广记 [M].北京：中华书局，1961:3964.

⑦ 刘晓东，点校.二十五别史·十六国春秋辑补 [M].济南：齐鲁书社，2000:535.

⑧ 班固.汉书 [M].北京：中华书局，1964:742.

⑨ 今长阳县一带。

①明清两代学者，十分重视《水经注》的校理工作。明代朱谋㙔[①]著有《水经注笺》，清初顾炎武、顾祖禹、阎若璩、胡渭等人[②]又治《水经注》。在此基础上，乾隆年间更有全祖望、赵一清、戴震三人[③]全力以赴，各成专书。光绪年间，又有王先谦[④]汇列全、赵、戴三家校语，参考其他研究成果，撰成《合校水经注》。清末杨守敬[⑤]与门人熊会贞[⑥]历时数十年，博采群籍，相互参证，在吸取历代《水经注》研究成果基础上，对前人之失多所指正，并以朱谋㙔《水经注笺》为正文，考证精详，疏之有据，最终写成了《水经注疏》。

杨守敬《水经注疏》问世后，深受舆地学者的推崇，普遍认为《水经注疏》使中国沿革地理学达到高峰，是郦学史上的一座丰碑。它将郦学所引之书，皆注出典；所叙之水，皆详其迁流。集当时研究郦学及地理各家之长于一书，正误纠谬，旁征博引，疏图互证。它既是史地学的，也是水利学的、农学的、民俗学的和文学的巨著。汪辟疆[⑦]评价它"抉择精审，包孕宏富。前修是者，片长必录，非者必严加绳正，至于期当；其引而未申者，稽考不厌其详。故精语络绎，神智焕发，真集向来治郦《注》之大成也"。

---

① 朱谋㙔（公元 1564—1624 年），字明父，今江西南昌人。文学家、藏书家、金石学家。明万历二十二年（公元 1594 年）被推荐管理石城王府事务，主持王府三十余年。著作 112 种。
② 顾炎武（公元 1613—1682 年），字宁人，今江苏昆山人。明末清初杰出思想家、经学家、史地学家和音韵学家。崇祯十六年（公元 1643 年）成为国子监生。顾祖禹（公元 1631—1692 年），字复初，今江苏无锡人。毕生专攻史地，以沿革地理和军事地理的研究为精深。清初沿革地理学家和学者。阎若璩（公元 1638—1704 年），今山西太原人。清初著名学者，汉学（考据学）发轫之初最重要的代表人物之一。胡渭（公元 1633—1714 年），字朏明，今浙江德清人。清代经学家、地理学家。康熙二十九年（公元 1690 年）奉诏分纂《大清一统志》。
③ 全祖望（公元 1705—1755 年），字绍衣，今浙江宁波人。著名史学家、文学家，清代浙江学派的重要代表人物。赵一清（公元 1709—1764 年），字诚夫，今浙江杭州人。著有《东潜诗文稿》与《水经注释》40 卷，《水经注刊误》12 卷等。戴震（公元 1724—1777 年），字东原，今安徽黄山人。清代哲学家、思想家。
④ 王先谦（公元 1842—1917 年），字益吾，今湖南长沙人。著名的湘绅学者，有史学家、经学家、训古学家和实业家之称。
⑤ 杨守敬（公元 1839—1915 年），湖北省宜都市人。清末民初杰出的历史地理学家、金石文字学家、目录版本学家、书法艺术家、泉币学家、藏书家。
⑥ 熊会贞（公元 1859—1936 年），湖北枝江市人。历史地理学家和郦学家，地理学派创始人之一。师从宜都杨守敬。
⑦ 汪辟疆（公元 1887—1966 年），江西彭泽人。1909 年入北京京师大学堂，1912 年毕业，1918年任江西心远大学教授。1927 年起在南京第四中山大学、中央大学、南京大学任教授。其间曾任监察院委员、国史馆纂修。汪专经学、文学、目录学。

②《后汉书》，为二十四史正史之一，由南朝刘宋时期的历史学家范晔[①]编撰的记载东汉历史的纪传体史书。与《史记》《汉书》《三国志》合称"前四史"。《后汉书》再现了东汉的历史，保存了东汉一代的诸多史料。是研究东汉及其以前历史的重要文献资料。《后汉书集解》为清朝末年王先谦编撰。王先谦的学术成就最大的方面是史学。他治史的方法大体遵循乾嘉学风，注重校勘。《后汉书集解》旁采诸家之说，经多年研究，使疑难不解之处得以通晓，至今仍受国内外史学界推崇。

③《蛮书》，樊绰[②]撰，约成书于公元863年。该书记述了由唐朝进入云南的交通途程、云南的名山大川、六诏历史沿革、民族分布、首府区、主要城镇、物产、各民族风俗习惯、南诏政治制度，以及与南诏地方民族割据政权相毗邻的国家和民族等内容。唐咸通四年（公元863年）六月受命任夔州都督府长史，复访问黔、泾、巴、夏四邑民族情况，并参考《后汉书》《夔城图经》《广异记》等书。明《永乐大典》收入此书，题作《云南史记》，为明初以来仅有之本。清乾隆年间开四库馆修《四库全书》，自《永乐大典》辑出重录成书。所叙多系作者亲历，史料价值较高。

④《通典》，杜佑[③]撰，是汉民族历史上第一部体例完备的政书，记述唐天宝以前历代经济、政治、礼法、兵刑等典章制度及地志、民族的专书。该书从远古时代的黄帝起，到唐玄宗天宝末年止，对于历代典章制度，都详细地记述了它们的源流，有时不但列入前人有关的议论，而且用说、议、评、论的方式，提出自己的见解和主张。在古代汉族历史编纂学史上占有重要地位。

⑤《太平广记》，是古代第一部汉族文言小说总集，为宋人所编的一部大书。全书五百卷，目录十卷，取材于汉代至宋初的野史传说及道经、释藏等为主的杂著，属于类书。宋代李昉、扈蒙、李穆、徐铉、赵邻几、王克贞、

---

① 范晔（公元398—445年），字蔚宗，顺阳（今河南南阳淅川）人，南朝宋史学家、文学家。
② 樊绰，唐人，生卒年代不详。据史料记载，樊绰曾为安南（今越南河内）经略使蔡袭的幕僚。
③ 杜佑（公元735—812年），字君卿，唐京兆万年（今陕西西安）人，唐德宗贞元十九年（公元803年），门荫入仕，历顺宗、宪宗二朝，均以宰相兼度支盐铁使职。元和七年（公元812年）六月，始获准以光禄大夫、太保致仕之职，同年11月卒于家中，追赠太傅，谥号安简。

宋白、吕文仲等十二人 ① 奉宋太宗之命编纂。《太平广记》的编者把神仙、道术放在异僧、释证等类的前面，显然有尊崇民族宗教文化的意思。在我国上古时期的历史多以神话传说等方式流传下来，对后世研究上古历史文化有较高的参考价值。

⑥《文献通考》，是宋元时代著名学者马端临 ② 的重要著作。《文献通考》和《通典》《通志》三部政书都以贯通古今为主旨，又都以“通”字为书名，故后人合之称为“三通”，在中国古代史籍中占有非常重要的地位。

马端临编纂《文献通考》的目的，是为了续补杜佑《通典》天宝以后之事迹，弥补《通典》的不足。他认为“杜书纲领宏大，考订该洽，固无以议为”。但“时有今古，述有详略，则夫节目之间，未为明备，而去取之际，颇欠精审，不无遗憾”。因此，他以严肃的态度另行撰写。“凡叙事则本之经史而参以历代会要及百家传记之书，信而有证者从之，乖异传疑者不录”。“凡论事，则先取当时臣僚之奏疏，次及近代诸儒之评论，以至名流之燕谈，稗官之记录，凡一语一言，可以订典故之得失，证史传之是非者，则采而录之”。如果“载诸史传之纪录而可疑，稽诸先儒之论辩而未当者”，他就“研精覃思”，“窃以己意而附其后”。一方面要配补司马光的《资治通鉴》，略如纪传体史书中的纪和志。总起来说，是使“有志于经邦稽古者，或有考焉”③。这样，他就完成了一部既有翔实丰富的史料又有深思独到的观点的史学名著。

⑦《寰宇通志》，为明代官修地理总志。永乐十六年（公元 1418 年），夏原吉 ④ 等受命纂修《天下郡县志》，书未成。景泰五年（公元 1454 年）七月，为继

---

① 李昉（公元 925—996 年），字明远，深州饶阳（今河北饶阳县）人，进士，宋代著名学者。官至右拾遗、集贤殿直学士、翰林学士。扈蒙，字日用，今河北省廊坊市人，后晋进士。李穆，字孟雍，今河南省新乡市人，后周进士。徐铉，字鼎臣，今江苏省扬州市人，著有志怪笔记小说《稽神录》六卷。赵邻几，字亚之，今山东省泰安市人，后周进士。王克贞，字守节，今江西省吉安市人，南唐进士。宋白，字太素，今河北省邯郸市人，北宋进士。吕文仲，字子臧，今安徽省黄山市人，南唐进士。
② 马端临（公元 1254—1323 年），字贵舆，今江西乐平人。中国古代宋元之际著名的历史学家，著有《文献通考》《大学集注》《多识录》。
③ 马端临.文献通考 [M]. 北京：中华书局，1986：3.
④ 夏原吉（公元 1367—1430 年），明初重臣。字维喆，湖南省湘阴人。早年丧父，遂力学养母。以乡荐入太学，选入禁中书制诰。以诚笃干济为明太祖朱元璋所重。建文时任户部右侍郎，后充采访使。靖难之役后，明成祖即位，委夏原吉以重任，与蹇义并称于世。成祖后又相继辅佐仁、宣二宗，政绩卓越。明宣宗宣德五年卒，赠太师，谥“忠靖”。

承此业，少保兼太子太傅、户部尚书陈循等率其属纂修天下地理志。景泰七年（公元 1456 年）五月，书成。虽然长期以来学术界有学者认为《寰宇通志》所载内容可靠性不够高，但据近年一些学者对《寰宇通志》的成书历史背景、资料来源进行研究后，认为其所载内容也有一定的可靠性，是研究我国古代历史一部不可缺少的地理总志。

综上所述，由于我国史料文献中对民族上古史多以神话或传说的方式记载，因此历代文人或官吏编修的地理方志或史料文献中涉及上古历史部分大多沿袭此法。但是这些文人或官吏的治史态度是非常严谨负责的，在文献的编撰中所引用的资料基本都经过认真考证、推敲，并且文献资料间是可以相互印证的。因此说，这些地理方志或史料文献是基本可靠的，对于考证上古史具有重要的参考价值。

（3）廪君置捍关据以拒楚时代考

廪君在"夷城"立国之后或因政治、军事、经济等方面的原因与楚发生战争而不断向西迁徙，在迁徙过程中曾置捍关据以拒楚。但据历史文献记载，在西南巴楚之地有两个捍关。廪君所置捍关位于何处？与奉节白帝庙又有何关系呢？

《史记》载："肃王四年（公元前 377 年），蜀伐楚，取兹方[①]。于是楚为捍关以距[②]之。"[③]《后汉书》引注："史记曰：楚肃王为扞关以拒蜀，故基在今硖州巴山县。"[④]《太平寰宇记》"长阳县"条载："废巴山县，在县南七十里。本佷山县地，即古捍关，楚肃王拒蜀之处"[⑤]。从以上文献记载中不难看出，无疑在清江流域确有一楚国拒蜀的捍关，但不是廪君所置。

《史记》载："（张仪）秦西有巴蜀，大船积粟，起于汶山[⑥]，浮江而下……

---

① 原注：地名，今阙。《正义》：古今地名云："荆州松滋县古鸠兹地，即楚兹方是也。"即今湖北松兹县，位于宜都市东南。

② 距，应为拒。

③ 司马迁.史记[M].北京：中华书局，1963：1720.原注：《集解》："李熊说公孙述曰：'东守巴郡，距扞关之口。'"《索引》："按：郡国志巴郡鱼复有扞关。"

④ 范晔.后汉书[M].北京：中华书局，1965：536.

⑤ 乐史.太平寰宇记[M].北京：中华书局，2007：2865.

⑥ 原注：《正义》汶音泯。

不至十日而距扞关矣①，扞关惊，则从境以东尽城守矣，黔中、巫郡非王之有。……秦兵之攻楚也，危难在三月之内，而楚待诸侯之救，在半岁之外，此其势不相及也。"②《后汉书》"巴郡鱼复"条载："扞水有扞关。"③《舆地纪胜》"古扞关"条载："寰宇记云：在长阳县南七十里，本佷山县地，即古扞关，楚肃王拒蜀之处。按：夔州亦有扞关，与此不同。"④依据以上文献记载，应该可以说明除清江流域有楚肃王拒蜀之扞关外，在夔州鱼复⑤也有扞关。

《资治通鉴》在"扞关"下引注："徐广曰：巴郡鱼复县有扞关。"并载："扞关惊则从境以东尽城守矣。"⑥《史记索隐》"扞关"条下引注："按《郡国志》：巴郡鱼复县有扞关。"⑦《水经注》载："昔廪君浮土舟于夷水，据捍关而王巴，是以法孝直有言，鱼复捍关临江据水，实益州祸福之门。"⑧该书还载："捍关，廪君浮夷水所置也。……昔巴、楚数相攻伐，藉险置关，以相防捍。"⑨《华阳国志》载："巴楚数相攻伐，故置扞关、阳关及沔关。"⑩以上文献记载表明巴郡鱼复县不但有捍关，而且此捍关为廪君拒楚所置。

廪君巴人置鱼复捍关的时代，《华阳国志》载："哀公十八年，巴人伐楚败于鄾。"⑪哀公十八年为公元前477年。《史记》载："肃王四年（公元前377年），蜀伐楚，取兹方。⑫于是楚为捍关以距⑬之。"⑭（秦）"孝公元年（公元前361

---

① 原注：《集解》徐广曰："巴郡鱼复县有扞水关。"《索引》扞关在楚之西界。复音伏。按地理志巴郡有鱼复县。

② 司马迁.史记[M].北京：中华书局，1963：2290-2291.

③ 范晔.后汉书[M].北京：中华书局.1965：3507.

④ 王象之.舆地纪胜[M].北京：中华书局，1992：2440.

⑤ 夔州、鱼复，即今重庆奉节。

⑥ 司马光.资治通鉴[M].北京：中华书局，1956：94-95.原注：境，楚境也。扞关，楚之西境；从境以东，谓扞关以东也。

⑦ 景印文渊阁国库全书（第246册）[M].（唐）司马贞.史记索隐.台北：商务印书馆，1984：532.

⑧ 郦道元.水经注[M].长春：时代文艺出版社，2001：278.

⑨ 郦道元.水经注[M].长春：时代文艺出版社，2001：257.

⑩ 常璩.华阳国志[M].林超民，等.西南稀见方志文献（第十卷）[Z].兰州：兰州大学出版社，2003：12.

⑪ 常璩.华阳国志[M].西南稀见方志文献（第十卷）[Z].林超民，等.兰州：兰州大学出版社，2003：6.

⑫ 兹方，今湖北松兹县，位于宜都市东南。

⑬ 距，应为拒。

⑭ 司马迁.史记[M].北京：中华书局，1963：1720.

年），……楚自汉中，南有巴、黔中。"① "始楚威王时（公元前 339—前 329 年），使将军庄蹻将兵循江上，略巴、蜀、黔中以西。"② 从以上文献记载中不难看出，廪君巴人在奉节置捍关与楚国发生战争的时期大约是在公元前 377 年以后至公元前 329 年左右。

（4）廪君巴人灭国时代考

春秋战国之际，巴国被强盛的楚国攻伐，疆域不断向西萎缩。《华阳国志》载："巴子时虽都江州，或治垫江，或治平都，后治阆中。其先王陵墓，多在枳。其畜牧在沮，今东突峡下畜沮是也。又立市于龟亭北岸，今新市里是也。"③ "秦惠义王与巴、蜀为好。蜀王弟苴私亲于巴，巴蜀此战争。周慎王五年（公元前 316 年），蜀王伐苴，苴侯奔巴，巴为求救于秦。秦惠文王遣张仪、司马错救苴、巴，遂伐蜀，灭之。仪贪巴道之富，因取巴，执王以归。置巴、蜀及汉中郡。分其地为（三十）一县。仪城江州。司马错自巴涪水，取楚商于地为黔中郡。"④

春秋战国之时，进入峡江地区的廪君巴人与东面毗邻的强楚为争夺疆土而多次发生战争。巴人在战争中处于劣势，国都被迫西迁。在江州（今重庆渝中）、垫江（今合川）、平都（今丰都）等地都曾建都立国。在枳（今涪陵）建先王陵墓，在沮（今丰都平都山下丰民洲，三峡库区蓄水后已淹没）建立畜牧场。后来，江州、平都和垫江等被楚国占领，巴人再迁都阆中。公元前 316 年，秦惠王应巴国的请求，使张仪、司马错率大军南下灭了蜀国。但紧接着背信弃义顺道向东灭了巴国，在江州设立巴郡，成为秦始皇 36 郡之一。巴王朝灭亡后，一部分巴人留在了川渝，一部分迁徙进入了湘西和黔东北地区，与当地的"土族"融合衍变为现在的土家族。

3. 夜郎竹王、竹枝词与奉节白帝庙关系考证

公元前 316 年，古代巴国被秦国所灭，巴族五子流入湘黔五溪，各为一溪之长，现生活在鄂湘渝黔地区的土家族人即为廪君巴人的后裔。结合前面对廪

---

① 司马迁. 史记 [M]. 北京：中华书局，1963:202.

② 司马迁. 史记 [M]. 北京：中华书局，1963:2993.

③ 常璩. 华阳国志 [M]. 林超民，等. 西南稀见方志文献（第十卷）[Z]. 兰州：兰州大学出版社，2003:12

④ 常璩. 华阳国志 [M]. 林超民，等. 西南稀见方志文献（第十卷）[Z]. 兰州：兰州大学出版社，2003:7.

君巴人最初活动区域及迁徙路线的考证，可以将廪君巴人迁徙的历程大致划分为三个阶段，即：早期清江流域阶段、立国兴盛渝地阶段、衰败流入湘黔阶段。在不同的历史阶段，古代巴人虽然都视廪君白帝天王为自己的族神，但随着时间的推移和地域的变化，特别是在第三阶段，受到当地土著居民信仰的影响和渗透，因而产生了差异性。流入黔地夜郎地区[①]后所产生的竹王信仰就是典型一例，且在祭祀仪式上对渝地白帝天王信仰产生了较大的影响。

夜郎竹王崇拜影响较为广泛，在西南地区广大区域大都有竹王庙，形成了一个以古夜郎国竹王庙为中心向四周辐射，范围涉及今贵州、四川、重庆、湖北、湖南、云南、广西等省（市、自治区）广大地域。在以古夜郎国为中心的竹王传说辐射区域内，以竹王传说来解释白帝天王的来历，不仅导致了白帝天王崇拜对象的改变，由一神变为三神，而且也导致了祭祀仪式的变化。祭祀竹王的仪式在一定程度上替代了祭祀白帝天王所用的仪式。大凡以竹王传说解释白帝天王来历的地区，都用竹王祭祀仪式。这种祭祀的显著标志就是唱竹枝歌。后来渝地巴人的竹枝词，就是由此而来的。[②]

据考证，流行于以奉节为核心的三峡地区的竹枝词原来并不是一般的普通民歌，而是举行一定的宗教仪式时所唱的祭祀歌。《旧唐书》载："禹锡在郎州[③]十年，唯以文章吟咏，陶冶情性。蛮俗好巫，每淫祠鼓舞，必歌俚辞。禹锡或从事于其间，乃依骚人之作，为新辞以教巫祝。故武陵溪洞间夷歌，率多禹锡之辞也。"[④]《新唐书》又载："禹锡贬连州[⑤]刺史，未至，斥郎州司马。州接夜郎诸夷，风俗陋甚，家喜巫鬼，每祠，歌竹枝，鼓吹裴回，其声伧伫。禹锡谓屈原居沅、湘作九歌，使楚人以迎送神，乃倚其声，作竹枝词十余篇。于是武陵夷俚悉歌之。"[⑥]

---

① 夜郎，又称夜郎国。是汉代西南夷中的一个国家。对于夜郎的中心位置，学术界分歧很大，至今尚无确切定论。有学者认为应当位于今贵州六盘水、毕节一带。关于夜郎国的记载主要见于《史记·西南夷列传》。根据考古发现，一般普遍认为在战国时代已经存在，六盘水和毕节赫章可乐遗址区域被认为是夜郎古国所在地。湖南新晃侗族自治县曾于唐贞观八年（公元 634 年）设夜郎县。

② 向柏松.土家族白帝天王传说的多样性与多元文化的融合 [J].民族文学研究，2007(3):129-130.

③ 郎州，在今湖南常德东。

④ 刘昫.旧唐书 [M].北京：中华书局，1975:4210.

⑤ 连州，今广东连州市。

⑥ 欧阳修，宋祁.新唐书 [M].北京：中华书局，1975:5129.

　　刘禹锡在接近夜郎的朗州做了十年司马，用写文章诗歌陶冶性情。当地的"蛮人"风俗喜好巫术，每次祭祀，敲着鼓跳舞，一定唱竹枝词。刘禹锡有时参与这些活动，并将竹枝词比作屈原根据楚地祭祀歌而创作的九歌，认为竹枝词也为迎神送神的祭祀歌，因此比照楚人的歌写了十余篇新词。所以武陵溪洞之间的夷人唱的歌，大都是刘禹锡写的歌词。刘禹锡对竹枝词情有独钟的原因在于竹枝词像屈原根据楚地祭祀歌创作的九歌一样，是一种感人至深、如诉如泣的祭祀悲歌。长庆二年（公元822年）刘禹锡任夔州刺史，至长庆四年（公元824年）在夔州奉节两年多的时间里写下了许多脍炙人口的竹枝词，可惜现在流传下来的只有十余首。其中"杨柳青青江水平，闻郎江上唱歌声。东边日出西边雨，道是无晴却有晴"，成为千古绝唱。

　　竹枝词是一种祭祀时唱的歌，与白帝天王又有什么关系呢？向柏松教授认为："竹枝词尽管后来被广泛用于巴渝多种神灵的祭祀仪式，但是，其最初的祭祀对象只能是竹王三神白帝天王。竹枝词取名'竹枝'，有两个原因，一是唱竹枝词时，要以'竹枝'作为合声。……以'竹枝'作为合声，是因为所祭神灵竹王三神之父诞生于竹，'竹枝'合声，当是歌颂竹王三神白帝天王非凡出身的颂词；二是唱竹枝词时要用短笛伴奏，短笛为竹枝所做，故所唱祭祀歌称作竹枝词。用短笛伴奏唱祭祀歌，也与竹王三神白帝天王有关。以竹奏乐，意在纪念。"①

　　综上所述：竹枝词最初是祭祀竹王三神白帝天王的祭祀歌，是白帝天王崇拜的派生物。在唐代经顾况、刘禹锡、白居易等人挖掘、传扬、逐渐流传开来，形成一种诗歌体式。竹枝词之所以能够流行于三峡地区，特别是奉节，正是因为奉节是古代巴人信仰白帝天王的中心。奉节有白帝山，有白帝城，有白帝庙、白帝寺、白帝楼，可谓一系列以白帝命名的山、城、庙、寺、楼，且在白帝庙里供奉着白帝天王。竹枝词顺应了当地的信仰崇拜，无论是当地民众或是旅居奉节的文人墨客，他们在感情上是容易接受的。而且白居易创作的竹枝词与奉节白帝庙有着更为直接的联系，如："瞿塘峡口冷烟低，白帝城头月向西。唱到竹枝声咽处，寒猿晴鸟一时啼。"又："白帝城头春草生，白盐山下蜀

①　向柏松．巴土家族神崇拜的演变与历史文化的变迁[J]．中南民族学院学报（人文社会科学版），2001(6):56.

江清。南人上来歌一曲，北人陌上动乡情。"①

（三）白帝庙是古代巴人祭祀族神白帝天王的专祠

《荆州记·卷一》"鱼复县"条下引《北堂书钞》卷一百三十八载："鱼复县，瞿塘滩上有神庙，极灵验，经过者皆不得鸣鼓角，商旅恐触石有声，乃以布裹篙足。"②廪君巴人进入渝地建都立国，在廪君死后，巴人后裔将廪君视为自己的族神供奉，逐渐形成和衍化成了白帝天王族神信仰崇拜。巴国疆土"东至鱼复"，即今重庆奉节。"鱼复"是廪君巴人抵御楚人侵犯的边防重镇，又是最邻近廪君巴人发源地湖北长阳的地方。为了维护统治者的利益，无论是从统一意识形态角度，或是从维护本民族宗教信仰习俗习惯角度，统治者必然会推行本民族的族神崇拜来统一民众宗教观念。因此，处于古代巴人曾经立国的鱼复就自然成为了白帝天王崇拜的中心。③因此，奉节有了以白帝为标志的白帝山，山上有白帝寺、白帝庙、白帝祠、白帝城与白帝楼等等。

综上所述，可以认为：

第一，从统治阶级的意识形态上分析，白帝庙不是为祭祀公孙述而建。首先，汉灭成家给川渝人民带来了深重灾难，从感情上讲人民是不会祭祀他的。其次，东汉王朝建立后，当政者决不可能允许百姓去祭祀"前朝"政敌。如为祭祀公孙述，则与中国的传统思想观念是相悖的。秦灭巴，皇权易主，巴人族神崇拜的中心必遭宗教观念的洗劫。随着时代的更迭，前事湮没，后人作种种妄说也是必然。至于后来最早在明正德八年（公元1513年）改祭蜀主刘备，应当为统治阶级政治需要而有所改变。

第二，从古巴人迁徙的路线、历程和立国的历史中分析，白帝庙为古代巴人祭祀自己族神的专祠。奉节为古代巴人活动的中心和重点区域之一。廪君在奉节置捍关后，"廪君死，魂魄世为白虎。巴氏以虎饮人血，遂以人祠焉"④。因

---

① 曾秀翘，等.奉节县志（清光绪十九年版）[M].奉节：四川省奉节县志编纂委员会，1985：333.

② 盛弘之.荆州记[M].周声溢.丽山精舍丛书.清光绪二十六年（公元1900年）湘西陈氏校刊木刻本.

③ 向柏松.巴人竹枝词的起源与文化生态[J].湖北民族学院学报（哲学社会科学版），2004(1)：15-17.

④ 范晔.后汉书[M].北京：中华书局，1965：2840.

此，祭祀廪君白帝天王的第一座专祠就可能出现在奉节①，而且有可能就是今天白帝庙的前身。

第三，从廪君巴人在鱼复一带活动的时间上分析，奉节白帝山作为祭祀白帝天王的场所最迟应当在廪君巴人在奉节置捍关（公元前377年以后，公元前329年左右）前后。照这样推算，其作为祭祀场所（暂且这样认为）距东汉初年建祠流行说法相差400余年。也就是说，白帝庙的历史将比始建于东汉初年的流行说法提前了400余年。

第四，奉节地区竹枝词流行千余年经久不衰，其原因在于竹枝词是秦灭巴以后巴人后裔创造的一种祭祀族神白帝天王的祭祀歌。留在奉节的巴人后裔从信仰和感情上都是很容易接受的，加之经历代文人墨客传诵、推广，使之在奉节流行。因此说，竹枝词的流行也与白帝天王有着密切的联系。

因此，可以推定今天的奉节白帝庙就是古代巴人祭祀族神廪君白帝天王的专祠，其始建应当比东汉初年的流行说法早400余年。

---

① 当时，也可能没有祭祀建筑，但至少应有一个举行祭祀仪式的场所，建筑物也可能是后来修建的。

三 白帝庙建筑沿革与历代修缮

　　白帝庙的建筑历史，文献记载甚少，散见于地方志和庙存碑刻上的记载也是只言片语，且不成系统，给白帝庙建筑历史沿革研究带来了极大的困难。在研究中也只能尽最大努力收集仅存的少量关于建筑的记载，现以时间先后为序，对白帝庙建筑历史脉络梳理如下。

（一）隋、唐时期的白帝庙

　　据传，隋代越国公杨素出峡作战，扫平江南，为隋文帝杨坚统一天下（公元581年）立下了汗马功劳。他曾在现白帝庙内西南角修建有越公堂。唐代夔州刺史李贻孙在《夔州都督府记》中写道："又有越公堂，在庙[①]南而少西，隋越公素所为也。奇构隆敞，内无撑柱，尤视中脊，邈不可度，五逾甲子，无土木隙。"[②]明正德八年（公元1513年）《夔州府志》载："越公堂，在府治东瞿唐关[③]内，隋越公杨素建，少陵有诗。"[④]《蜀中名胜记》引《方舆胜览》云："'越公堂，在瞿唐关城内。隋杨素所建也。'杜甫《宴越公堂》诗：'此堂存古制，城上俯江郊。落构垂云雨，荒阶蔓草茅。柱穿蜂溜蜜，栈缺燕添巢。……'"又引《入蜀记》云："白帝庙，气象甚古，……又有越公堂，隋杨素所创，少陵为赋诗

---

① 庙，指白帝庙。

② 董浩.全唐文[M].北京：中华书局，1983：5515.

③ 光绪十七年补刊《夔州府志》卷十二·关梁志载："瞿唐关在瞿唐峡口。……《图经》云瞿唐关即古白帝城。"

④ 奉节县县志编纂委员会办公室.天一阁藏明代方志选刊：夔州府志[M].北京：中华书局，2009：115.

者已毁。今堂近岁所筑，亦甚宏伟。"① 张愈 ② 在其诗中形容越公堂建筑为："'越公作隋藩，烈烈耀威武。驻马白帝城，营堂 ③ 压巴楚。俯瞰万里流，徘徊览千古。鬼工役精魂，梓制衔刀斧。四柯无栾栌，大厦惟柱础。峥嵘露节角，廖豁转檐庑。丹漆久磨灭，风云尚吞吐。'自注云：堂奇构宏敞，内无撑柱，迥视中脊。邈不可度也。"④ 白帝山上越公堂经历了隋、唐两朝达三百年之久。

唐代大诗人杜甫，流徙蜀中近十年。唐德宗大历元年（公元 766 年）春夏之交，为实现他"即从巴峡穿巫峡，便下襄阳向洛阳"之梦想，经两年多的辗转，由成都迁居到了夔州。"爱其山川不忍去"，客寓夔州一年零九个月，作诗四百三十余首。在这些传世佳作中，不少是咏赞夔州地方风物民情的，为后人研究和考证古夔州历史留下了十分珍贵的材料。他有《上白帝城》诗二首，其二说："……白帝空祠庙，孤云自往来。……后人将酒肉，虚殿日尘埃。"杜诗可证，唐时夔州白帝城内，已有白帝祠庙。这一祠庙，是在"孤云自往来"的山上。夔州作为川东重镇、巴楚边关、名州大府、军政指挥权力机关所在地，又是在崇尚佛教的有唐一代，城内有众多的庵、堂、寺、观等宗教祭祀场所。当时的铁瓦寺（又名报恩寺）、武侯祠等，都很知名。因此，仅凭杜诗中的"空祠庙"，也难以断定今存白帝山上的白帝庙就是杜诗中所指的白帝空祠庙。不过，将杜诗所描写的"孤云自往来"与唐李贻孙《夔州都督府记》所描述的州城"东南斗上二百七十步，得白帝庙"相参证，显然杜、李二人所指的"空祠庙"就是今存白帝庙的前身了。由此推断，今存白帝庙主体的始建时间，最晚也在唐代以前。⑤

《旧唐书》载："（萧遘）咸通五年（公元 864 年）……，贬为播州司马。途经三峡，……过峡州，经白帝祠，即所睹之神人也。"⑥

《新唐书》载："咸通中，……摭遘罪，繇起居舍人斥播州司马，道三

---

① 曹学佺 . 蜀中名胜记 [M]. 重庆：重庆出版社，1984：309

② 张俞，字少愚，生卒年代不详，北宋文学家。今四川成都郫都区人，屡举不第。宋仁宗宝元初（公元 1038 年），上书言边事，因荐除试授秘书省校书郎，愿以官授其父张显忠，自隐于家，乐游山水，闭门著书。

③ 堂，指越公堂。营堂，建造越公堂。

④ 曹学佺 . 蜀中名胜记 [M]. 重庆：重庆出版社，1984：309-310.

⑤ 陈剑 . 白帝寺始建时代及现存文物概述 [J]. 四川文物，1996(2)：26.

⑥ 刘昫 . 旧唐书 [M]. 北京：中华书局，1975：4645.

峡……，俄谒白帝祠，见帝貌类所向睹，异之。"①

《蜀中名胜记》载："城②中有白帝庙。《入蜀记》云：'白帝庙，气象甚古，松柏皆百年物。有数碑，皆孟蜀时立。庭中石笋，有黄鲁直建中靖国元年（公元 1101 年）题字。'……《碑目》云：'关城《白帝庙碑》凡三：其一，元和元年（公元 806 年）；其二，长兴二年（公元 931 年）；其三，广政元年（公元 938 年）。庙有砍残柏柱，大可十围，高二十丈余，乃公孙述时楼柱。所砍之处，忽生枝而不朽。又有石笋三，王十朋诗云：白帝祠前石笋三，根连滟滪立相参。不知此石能言否，往事应同老柏谈。'"③可惜的是，唐、五代石碑和有黄庭坚题字的石笋以及柏柱，不知毁于何时，今已无处寻觅。石碑所刻内容，更是无从得知了。

《蜀中名胜记》又载："《志》云：'先主庙，旧在永安宫南，今移白帝城内。'杜甫《谒先主庙》诗：'……旧俗存祠庙，空山泣鬼神。虚檐交鸟道，枯木半龙鳞。'"④

光绪十九年《奉节县志》载："最高楼：在县东白帝城上，唐杜甫有诗。""白帝楼：在县东故白帝城上，唐杜甫有诗。"⑤

嘉庆二十年（公元 1815 年）《四川总志》载："最高楼，在县东白帝城。""白帝楼，在县东故白帝城。"⑥现存白帝庙位于奉节县东瞿塘峡口白帝山顶。《四川总志》既记"最高楼"，那么可以推定其应该就是在现在白帝庙的位置，最高楼应当属于白帝山顶或白帝祠庙建筑群中的一部分。

综上所述：有隋一代，在白帝山上就建有越公堂，至迟在唐时白帝山上就有了最高楼、白帝楼、白帝庙、白帝祠和先主庙等建筑。它们是否是同一建筑或同在一建筑群内，现无从查考。但根据上述分析，可以这样认为，文献所记载的在隋唐时期白帝庙和白帝祠或为同一建筑，或同在一建筑群，只是使用了不同的称呼而已。

---

① 欧阳修，宋祁. 新唐书 [M]. 北京：中华书局，1975：3960-3961.

② 城，指白帝城。

③ 曹学佺. 蜀中名胜记 [M]. 重庆：重庆出版社，1984：309.

④ 曹学佺. 蜀中名胜记 [M]. 重庆：重庆出版社，1984：300.

⑤ 曾秀翘，等. 奉节县志（清光绪十九年版）[M]. 奉节：四川省奉节县志编纂委员会，1985：228.

⑥ 清常明，修；杨芳灿，纂. 四川通志 [M]. 嘉庆二十年（公元 1815 年）木刻本.

（二）宋、元时期的白帝庙

南宋诗人陆游由浙江绍兴溯长江，经三峡，到西南夔州做通判[①]，他在《入蜀记》中记道："……入关[②]，谒白帝庙，气象甚古，松柏皆数百年物。有数碑，皆孟蜀时所立。庭中石笋，有黄鲁直建中靖国元年（公元 1101 年）题字。又有越公堂，隋杨素所创。少陵为赋诗者，已毁。今堂近岁所筑，亦甚宏壮。"[③] 陆游看到的越公堂已非隋杨素所建越公堂，而是"近岁"所筑之堂。宋乾道七年（公元 1171 年），夔州知州张珖赞扬公孙述"誓死不降，其志可谓。……珖敬以汉隶法大书其榜曰'公孙帝之祠'"。[④] 陆游到夔州与张珖大书"公孙帝之祠"相距一年，所见之堂、祠应为同一建筑。

《蜀中名胜记》载："城隅有堂，曰三峡堂，规模甚敞，松柏皆古。"[⑤] 明正德八年（公元 1513 年）《夔州府志》载："三峡堂，在府治东瞿塘关，宋肇记。"[⑥] 光绪十七年（公元 1891 年）补刊《夔州府志》载："三峡堂，在县治东瞿唐关。宋元祐间运判宋肇改锁江亭为三峡堂。《吕商隐行记》：'商隐被命赴阙，大卿李先生实帅夔门，作三峡堂，成而未考也。因相率置酒作乐其上，同来者商隐及部僚张说之、陈子长、员仲文、谢邦彦。堂据峡口，俯瞰洪流，震摇滟滪，真为伟观。岁淳熙已亥（公元 1179 年）八月二十三日成都吕商隐。'"[⑦]

《吴船录》载："……同行皆往瞿唐祀白帝，登三峡堂及游高斋，皆在关[⑧]上。高斋虽未必是杜子美所赋，然下临滟滪，亦奇观也。"[⑨]

---

① 据中华书局 1961 年版《陆游年谱》载：陆游于乾道六年（公元 1170 年）"入瞿唐，登白帝庙。十月二十七日到夔州"，并写有《入瞿唐登白帝庙》："……参差层巅屋，邦人祀公孙。力战死社稷，宜享庙貌尊。"

② 关，指瞿塘关。光绪十七年补刊《夔州府志》卷十二·关梁志载："瞿唐关在瞿唐峡口。……《图经》云：瞿唐关即古白帝城。"

③ 陆游. 入蜀记 [M]. 王云五，主编. 丛书集成初编. 上海：商务印书馆，1936：58.

④ 白诚瑞. 夔州府志 [M]. 光绪十七年补刊（公元 1891 年）木刻本.

⑤ 曹学佺. 蜀中名胜记 [M]. 重庆：重庆出版社，1984：310.

⑥ 奉节县县志编纂委员会办公室. 天一阁藏明代方志选刊：夔州府志 [M]. 北京：中华书局，2009：116.

⑦ 白诚瑞. 夔州府志 [M]. 光绪十七年补刊（公元 1891 年）木刻本.

⑧ 关，指瞿塘关.

⑨ 范成大. 吴船录 [M]. 范成大，著；孔凡礼，点校. 唐宋史料笔记丛刊：范成大笔记六种. 北京：中华书局，2002：217.

宋夔州路转运判官宋肇在《重葺三峡堂记》中载："余以元祐八年（公元1093年）五月，持节本道。同使张塾家父，一日相与访峡中古迹，而得旧锁江亭于故城南隅。其岿然独存者，但颓垣废址而已。因语夔守赵仲逵平父，既广昔构而又易新名。其曰三峡堂者，西峡、巫峡、归峡是也。"①

据上述文献记载可知，三峡堂于宋元祐年间经转运判官宋肇由锁江亭改建而成。但其具体位置记载不详，难以判断。而近年考古发掘也没有发现踪迹。所以说，三峡堂有可能未建在白帝山上，也有可能建在白帝山上，不排除已层压在白帝庙等现有建筑群下的可能性。

光绪十七年（公元1891年）补刊《夔州府志》载："朝山堂：在县东白帝城，今废。宋晁公朔有赋。"②嘉庆二十年（公元1815年）《四川总志》卷五十三·古迹中亦有相同记载。

到了元代，旧夔州城已被严重破坏，难于修复使用。路、州、府、县治被迫迁瀼西，去白帝庙已在十华里之外。加上蒙古人与汉人的正统的思想观念大不相同，历代王朝谁家主政，对于蒙古人来讲都无所谓。其重视的是只要汉人不反对、不造反、不举旗推翻大元统治就行。白帝城虽毁，但白帝祠庙并未被元朝政府拆毁。白帝庙作为地方文化胜迹和民间祭祀场所得以留存，不但地方百姓照常祠祭，而且还多一个游踪去处。同时，由于外族侵入和残暴统治，特别尖锐化的民族矛盾的存在。因此，公孙述在地方汉族百姓中的地位，也就比历史上任何时期都高。百姓们想方设法暗中筹资对白帝庙进行维修。③

综上所述：在宋代白帝山上形成了以古白帝庙为主体，加上"近岁"所建越公堂、朝山堂、三峡堂等在内的建筑而构成白帝庙建筑群。方志文献等对元代白帝庙几乎没有记载，也有可能在元代白帝庙没有什么大的变化。

（三）有明一代的白帝庙

到有明一代，白帝庙几度兴废，但香火一直很旺。明正德五年（公元1510

① 曾秀翘，等.奉节县志（清光绪十九年版）[M].奉节：四川省奉节县志编纂委员会，1985：252.
② 白诚瑞.夔州府志[M].光绪十七年补刊（公元1891年）木刻本.
③ 陈剑.白帝寺始建时代及现存文物概述[J].四川文物，1996，(2)：28.

年），时任四川巡抚林俊①，率大军入川镇压蓝廷瑞、鄢本恕所领导的川东、川东北盐民大起义。这次起义的发源地，就在夔州所属大宁监②盐场，距夔州白帝城约五十多千米。此次盐民起义声势浩大，横扫了川东、川东北许多州县、城镇广大区域。起义虽然最终被明将林俊镇压，但其影响却及于有明一代。因此，明王朝统治者对其深恶痛绝，恨之入骨，并迁怒到曾割据自立、称雄一方的公孙述身上。当林俊来到白帝山上，看到白帝庙内祠祀有异姓称帝的公孙述塑像，联想到蓝、鄢二人不忍欺压剥削，率盐民起义一事，马上大发雷霆，怒斥公孙述"僭窃"越轨，振怒高呼："越矣哉，非鬼之祭也！"③急忙唤来部属，"既命毁其像，易其额"④，改庙名曰"三功祠"，并在庙内改塑"土神、江神，而伏波⑤亦与焉。"⑥林俊"毁像易额"之举势必要彻底消除公孙述在蜀人，特别是在以夔州为中心的三峡地区民众中的影响。至此，延续千余年的这一古文化胜迹，就此庙毁像亡，遭致了毁灭性的破坏。从东汉初至明正德五年（公元 1510 年），一千四百余年来白帝庙都是供祀公孙述的，即使中间有所改变，白帝庙与公孙述都有密不可分的联系，从来没有出现过"白帝庙内无'白帝'"的现象。

明嘉靖十一年（公元 1532 年），四川另一巡抚朱庭立⑦和按察副使张俭⑧等人一行，从夔州路过，并游历了白帝山。由于他们都十分崇敬三国蜀汉人物，故又废去"三功祠"，改名"义正祠"，于祠内新塑祀刘备、诸葛亮像，并由张俭撰写《义正祠碑记》勒石。从此开始了"白帝庙祀刘先主"的历史。

光绪十七年（公元 1891 年）补刊《夔州府志》载四川按察使司副使张俭所

---

① 林俊（公元 1452—1527 年），字待用，今莆田市荔城区人。成化十四年（公元 1478 年）进士，历任云南按察副使，南京右金都御史兼督操江，湖广、四川巡抚，工部尚书，刑部尚书等职，嘉靖元年（公元 1522 年）加太子太保。隆庆元年（公元 1567 年），追赠为少保，谥贞肃。

② 今重庆市巫溪县。

③ 曾秀翘，等.奉节县志（清光绪十九年版）[M].奉节：四川省奉节县志编纂委员会，1985:262.

④ 曾秀翘，等.奉节县志（清光绪十九年版）[M].奉节：四川省奉节县志编纂委员会，1985:262.

⑤ 伏波，即马援（公元前 14—公元 49 年），字文渊。扶风茂陵人（今陕西兴平市窦马村），东汉开国功臣之一。原为陇右军阀隗嚣的属下。后归顺光武帝刘秀，立下赫赫战功，封新息侯。

⑥ 曾秀翘，等.奉节县志（清光绪十九年版）[M].奉节：四川省奉节县志编纂委员会，1985:263.

⑦ 朱庭立，生卒年不详，字子礼，号两崖，湖北通山通羊镇人。幼年受学于王守仁。嘉靖二年（公元 1523 年）进士，曾任四川巡抚，后任都察院右都御史、工部左侍郎、礼部右侍郎等职。

⑧ 张俭，生卒年不详，字存礼，号圭山，浙江仙居人。正德九年（公元 1514 年）进士，初任工部都水司主事，寻改南京刑部，稍迁员外郎。出为江西按察使司佥事，调福建按察使司佥事，升四川按察使司副使，擢福建参政，未几，罢归。

撰《义正祠记》曰："嘉靖壬辰（公元 1532 年）之秋，予与泸滨子竣事于夔，放舟中流……驻白帝城，……问守者曰：'此何祠？'曰：'古白帝庙公孙述祠也。'正德庚午（公元 1510 年）总制林公撤其像，为'三功祠'，以祀土神、江神、马伏波之神。雄文炳炳，在石可考也。时有操木，因问曰：'谁所为？'曰：'僧净柱。''奚所构？'曰：'作观音阁。'予叹曰：'殆造物留以属予二人者邪？'乃诏僧激以大义，僧曰：'唯命。'乃以白于大巡两厓，朱公曰：'可。'遂因其材，度其规制。予二人者佐其费，以委千户王凤董其役，堂庑门垣，不逾时而告成。榜曰：'义正。'益巍然焕然，成一方之大观。……述以汉贼窃南面于土者千余年，至总制林公始克黜，观音阁之材苟完矣，不遇两厓，公安能成今日之明良殿之便耶？……兹祠也，一变于三功，再变于明良。"[1]该记碑刻现存于白帝庙明良殿内。（见图 3-1）

从上述记载得知，明代明良殿（义正祠）的规制，仍很狭小。为强制地方接受更改，明朝政府还派专人和兵丁保护。白帝山上另建有"观音阁"，由僧人住持。这二庙并存的情况，一直保存到清朝初年。

明嘉靖三十六年（公元 1557 年），四川巡抚段锦[3]来到白帝山。将义正祠"改曰：'明良殿'。"[4]

明万历中，夔州通判何宇度在其所撰的《益都谈资》中写道："白帝城，离夔东五里，崇山巍然，另作一城状。……城上旧建公孙述庙，后改汉先帝庙，以武侯、关、张配享，绰楔

图 3-1 张俭《义正祠记》碑刻[2]

① 曾秀翘，等.奉节县志（清光绪十九年版）[M].奉节：四川省奉节县志编纂委员会，1985:263-264.
② 本书所有图片、照片除注明者外，均为作者自绘、自摄。
③ 生平不详。
④ 魏靖宇.白帝城历代碑刻选[Z].北京：中国三峡出版社，1996:28.

题曰：'汉代明良.'庙后复有僧寺一区。"① 雍正十三年（公元 1735 年）《四川通志》和嘉庆二十年（公元 1815 年）《四川通志》均载："白帝寺，在明良殿后。"②因此，可以推定《益都谈资》中所述的"庙后"是指明良殿后，其"僧寺"应当为白帝寺。

明正德八年（公元 1513 年）《夔州府志》卷七·宫室载："清风阁，在白帝城中，即今醮楼。"③

综上所述：有明一代白帝庙几度兴废、几度变迁，形成了以白帝庙为主体，包括白帝寺、白帝楼、最高楼、三峡堂、清风阁、观音阁在内的建筑群。在明正德八年（公元 1513 年）改"白帝庙"为"三功祠"，结束了公孙述配食白帝庙的千年历史。明嘉靖十一年（公元 1532 年）废去"三功祠"，改名"义正祠"，开始了"白帝庙祀刘先主"的历史。明嘉靖三十六年（公元 1557 年），再改为"明良殿"，并复建了"观音阁"。在白帝山上出现了二庙并存的局面，且"观音阁"由僧人住持，应当是佛教进入白帝山的首次文字记载。

（四）有清一代的白帝庙

根据现存方志、文献和碑刻记载，白帝庙在有清一代进行过四次修缮。

白帝庙第一次修缮是在康熙十年（公元 1671 年），由川湖总督蔡毓荣④首倡募资修缮。此次重修"仍沿旧额"，曰"汉代明良"，川湖总督蔡毓荣亲自手书"汉代明良"匾额，悬挂在白帝庙的明良殿中。（见图 3-2）据光绪十七年（公元 1891 年）补刊《夔州府志》载："考《旧志》：白帝城昭烈帝、武侯、关、张皆各有庙。……兵燹以来，殿宇颓圮，像设仅存，风雨摧剥。余⑤持节入川，经过其地，瞻拜嘘欷，捐资首倡，藩臬郡县各劝助。鸠工庀材，葺而新之。中构

---

① 何宇度. 益部谈资 [M]. 王云五. 丛书集成初编. 上海：商务印书馆，1936:24.

② 黄廷桂，等，监修；张晋生，等，编纂. 四川通志 [M]. 景印文渊阁四库全书（第 560 册）. 台北：商务印书馆，1984:564。参见（明）清常明修，杨芳灿纂，嘉庆二十年（公元 1815 年）《四川通志》卷四十·寺观.

③ 奉节县县志编纂委员会办公室. 天一阁藏明代方选刊：夔州府志 [M]. 北京：中华书局，2009:116.

④ 蔡毓荣（公元 1633—1699 年），字仁庵，辽宁省锦州市人。官至湖广四川总督、湖广总督、云贵总督。率绿旗兵征讨"三藩之乱"，领衔绥远将军，总统绿营.

⑤ 指川湖总督蔡毓荣。其撰有《白帝城重修昭烈殿记》一文，载于光绪十七年（公元 1891 年）补刊《夔州府志》卷三十六。

大殿，上祀昭烈，南面弁冕，东列诸葛武侯，西列关壮缪、张桓侯相左右焉。前构拜殿，旁置两庑，肇工于三月之吉，落成于九月中。"[1]并刻有碑刻，现存于白帝庙明良殿。（见图3-3）白帝庙总体布局为"中构大殿……前构拜殿，旁置两庑"。纵考有关白帝庙的历史文献，此乃第一次出现对白帝庙建筑

图3-2 "汉代明良"匾额

布局的记载。"大殿"应为现存的明良殿。"拜殿"应为现存的前殿。"两庑"应为现存的东、西厢房。此次葺新后的白帝庙内各主体建筑，虽然最大限度地保存了有明时期的布局和建筑风格，但是已非原物。[2]

白帝庙第二次修缮是在清道光二十五年（公元1845年），据现存于白帝庙明良殿内的《重修昭烈正殿碑记》（见图3-4）载："灵济寺[3]者古名刹也，宋、元俱祀公孙述，名白帝庙。……十六年冬始住持于此[4]，……（昭烈正殿）迩年来久未修理，檐楹倾颓，金碧剥落，甚非所以妥神佑而肃灵威也。吁！斯亦住持之责矣。□托钵于文武宪绅耆客商，皆解囊乐捐，增其旧制，正殿三楹，阅三载而落成。"白帝寺僧人顺应民情，住持三悦和尚找文武官员、乡绅客商化缘修缮。"增[5]其旧制，正殿三楹，阅三载而落成"。将明良殿予以扩建，并将白帝寺合并其中。这是有清以降白帝庙的第二次修缮，也是目前为止发现的唯一一次民间修缮。此外，从碑文中得知，白帝庙也叫灵济寺。灵济寺住持三悦和尚主持了此次维修。可以推测三悦主持灵济寺时，白帝山上"寺殿合一，不伦不类"。

① 白诚瑞.夔州府志[M].光绪十七年补刊（公元1891年）木刻本.
② 陈剑.白帝寺始建时代及现存文物概述[J].四川文物，1996(2):30.
③ 灵济寺，即白帝庙。
④ 住持三悦和尚于道光十六年（公元1836年）末到白帝山，时为灵济寺住持。
⑤ 增，应为"遵"。遵其旧制，照原来的规制。

图 3-3　蔡毓荣《白帝城重修昭烈
殿记》碑刻

图 3-4　清道光二十五年《重修昭烈
正殿碑记》碑刻

白帝庙第三次修缮是在咸丰二年（公元 1852年），由时任夔州知府蒙古族人恩成[1]重修。现存于白帝庙内的碑刻《重修蜀汉昭烈帝明良殿碑记》载："咸丰元年冬，成以礼臣来守是邦，徘徊凭吊，缅想霸图，因风雨渗漏，鸠工葺而新之。……大清咸丰壬子（即咸丰二年，公元 1852年）知夔州府事蒙古恩成敬立。"[2]（见图 3-5）

第四次修缮是在同治十一年（公元 1872年）。光绪十九年《奉节县志》载《重修白帝寺碑》曰："同治九年（公元 1870年）春，康[3]来守夔。九月，吕扉青司马权奉节事。张济堂通守约同登是城[4]，见栋宇摧落，心愀然。时承大水后，救灾拯患之弗暇，且郡城内祠宇之就圮者，不可胜计。次年，始捐资

图 3-5　恩成《重修蜀汉昭
烈帝明良殿碑记》碑刻

① 生平不详。

② 李江. 白帝城历代碑刻选 [M]. 天津：天津古籍出版社，2011：39-40.

③ 康，指鲍康（公元 1810—1881 年），字子年，今安徽歙县人。道光间举人，官至夔州知府。

④ 城，指白帝城。

以次修复，并北山之莲花寺亦重修葺焉。皆落成，独是祠①未筹及者，非敢缓也，亦其势有难焉者。兹祠距城十有余里，界高山中，一木一石悉费人力。扉青莅任伊始，即创少陵书院，兼新其旁武侯祠。康喜其同志，今年春以兹事相属，扉青毅然任之。郡中诸绅咸乐从，康亟输金以为倡。祠左仍肖诸佛、江神像，后复为明良殿。其西偏添建三楹，以其中为武侯寝殿。山之下，旧有文昌寺，亦屺于水，乃迁之上。其右则祀杜少陵、李太白、范石湖、陆放翁诸诗人。更于隙地构长廊，筑危亭，一览江山之胜，与郡人士作小憩地。其东偏则为禅室，缔方外交，而白帝城自此改观矣。"②夔州知府鲍康见白帝庙"栋宇摧落"于是"始捐资以次修复"。在明良殿西添建武侯祠，再右建房"祀杜少陵、

李太白、范石湖、陆放翁诸诗人"。此应为现西配殿。明良殿东建禅室"缔方外交"，这里所说之禅室应为现东配殿。并在隙地构长廊，筑危亭。"长廊"现已不存，不知毁于何时；"危亭"应是现存的观星亭。"白帝城自此改观矣"。鲍康撰《重修白帝寺碑》勒石碑刻现存于白帝庙内。（见图3-6）参与此次白帝庙重修的奉节县知县吕辉写下了"重修白帝城，昭烈庙落成……江声流浩浩，庙貌复堂堂"③的诗句。同时，吕辉还在《夜宿三峡堂》一诗中写道："茫茫烟雨暗深秋，卧听更严白帝楼。"④其碑刻现存白帝庙内。（见图3-7和图3-8）此次重修基本奠定了白帝庙现在的格局。

图3-6 鲍康《重修白帝寺碑》碑刻

① 祠，指白帝祠，即今白帝庙。
② 曾秀翘等.奉节县志（清光绪十九年版）[M].奉节：四川省奉节县志编纂委员会，1985:280-281.
③ 李江.白帝城历代碑刻选[M].天津：天津古籍出版社，2011:47.
④ 李江.白帝城历代碑刻选[M].天津：天津古籍出版社，2011:48.

图 3-7　吕辉《重修白帝庙诗碑》碑刻　　　图 3-8　吕辉《夜宿三峡堂诗碑》碑刻

　　另据光绪十七年（公元 1891 年）补刊《夔州府志》载，由王士禛[1]撰写的《义正祠记》中描述："羊肠数转，始达绝顶[2]，正俯瞿塘两崖，滟滪石在其西，孤峙江面。南向为昭烈庙，规制宏丽。明良殿凡五楹，中祀昭烈皇帝，以武侯、关、张配食，像设古雅。"[3]

　　综上所述：有清一代对白帝庙的修缮文献记载较为明细，特别是对修缮性质、资金来源和建筑布局记载较为翔实。清道光二十五年由住持僧人三悦主持的募捐修缮是有记载以来的唯一一次非官方人士倡导主持的修缮，且在碑刻中记载了"正殿三楹"，应是指明良殿为三开间建筑。而王士禛的《义正祠记》详细描述了白帝庙的朝向和明良殿为五开间建筑，比道光二十五年记载的三开间加建了两个开间。而且其记载的总体布局与白帝庙现存建筑布局相吻合。从其翔实记载白帝庙总体布局的状况分析，明良殿由道光二十五年的三开间扩建为五开间应当是在清道光以后。同时，将现存建筑布局与同治十一年（公元 1872 年）知府鲍康撰写的《重修白帝寺碑碑记》对比，可以推定白帝庙现存建筑总体布局保持了同治十一年（公元 1872 年）时的状态。

（五）民国时期的白帝庙

　　民国时期，在白帝庙西院西边新建了西式二层楼房一幢，称为白楼。白楼

---

①　王士禛（公元 1634—1711 年），清初诗人、文学家。

②　指白帝山顶。

③　白诚瑞. 夔州府志 [M]. 光绪十七年补刊（公元 1891 年）木刻本 .

的始建者系民国秦军师长张钫。张钫[①],1913 年,任秦军第二师师长,奉袁世凯之命,率部入川"平乱"。张钫驻防奉节期间,开始修建白楼,尚未修好,就被调往他地。1918 年,反袁护法战争打响。第二年,靖国联军豫军第一路司令李魁元[②]驻军奉节,司令部设于白帝庙内。李魁元继续修建白楼,此楼为三层西式建筑,外墙涂为白色,故称之为白楼,并由少校参谋白云峰[③]撰写了《重修白帝城新楼碑记》,以为纪念。至此最终形成了白帝庙现在的格局。

(六)新中国成立后的历次修缮[④]

新中国成立后,因历史原因,一直未对白帝庙进行修缮、维护。直到"文化大革命"结束后的 1977 年 8 月 5 日,奉节县革命委员会以奉革发〔1977〕字第 55 号文批准成立"奉节县白帝城文物管理所",对白帝城进行专职保护和管理,并决定对外开放。

1987 年 5 月,四川省文化厅拨款人民币 5 万元,修缮白帝庙东院危房。

1987 年 11 月,原四川省万县地区行政公署拨款人民币 19 万元,修缮加固观星亭、怀古堂等文物建筑,并拆除庙外危房,建成今博物馆仿古建筑群。

1992 年 1 月,原白帝城文物管理所对前殿进行修缮。

1998 年,原白帝城文物管理所对前殿进行修缮。

2003 年,原白帝城文物管理所对白帝庙内地面用青砖进行了全面铺装,耗资人民币 10 余万元。

2005 年 1 月,原白帝城文物管理所对白帝庙进行了一次全面修缮,耗资人民币 5 万元。现屋面、墙体遗存彩绘便是此次修缮时所绘。

2011 年 3 月至 2013 年 12 月,重庆长江三峡旅游开发有限公司投资人民币

---

① 张钫(公元 1886—1966 年),字伯英,河南新安县人。1904 年后入陕西陆军小学堂、保定陆军速成学堂炮科学习,加入中国同盟会。1909 年春毕业后入军旅,成为陕西新军中主要领导。历任秦陇复汉军东路征讨大都督,陕军第二镇统制、师长,国民党第 20 路军总指挥兼河南代理主席,第一战区预备总指挥,军事参议院副院长、院长,解放战争后期任鄂豫陕绥靖区主任。后毅然弃暗投明,任全国政协委员,1966 年病逝。
② 生平不详。
③ 生平不详。
④ 新中国成立后历次修缮资料由奉节夔州博物馆雷庭军提供。

2000多万元，对白帝庙进行了全面修缮（山门、前殿和明良殿彩绘未进行修缮），并重新调整了庙内布展。此次为新中国成立以来规模最大的一次全面维修。

（七）白帝庙建筑沿革综述

综上所述：现存白帝庙在历史上有白帝祠、白帝寺、灵济寺、先主庙、三功祠、义正祠、昭烈殿、明良殿等名称。其始建之因和具体时间虽无据可考，但是，从杜甫客居夔州时在《上白帝城》中写下"白帝空祠庙"的诗句中可以推测，在唐代约公元766—767年白帝山上已经有了称为"白帝祠"或"白帝庙"的建筑。而在更早的隋开皇九年（公元589年）左右，越国公杨素在今白帝庙内观星亭附近建有越公堂。按《全唐文》载李贻孙《夔州都督府记》："越公堂在庙南而少西。"[①] 即已说明在杨素时代白帝庙已经存在于白帝山上。按《蜀中名胜记》和杜甫《谒先主庙》诗，先主庙从永安宫移建到了白帝城内，形成了蜀汉先主与公孙述同祀一处的状态。[②] 到宋代，"公孙述之祠"、越公堂、朝山堂等建筑共存于白帝山上，或者其实际为一建筑组群。蒙古人入主四川，州县治所弃城而迁瀼西，白帝废城之中仍保留有白帝庙等建筑。明正德八年（公元1513年）四川巡抚林俊更名"三功祠"，改祀土神、江神及马援。嘉靖十一年（公元1532年）四川另一巡抚朱庭立又废"三功祠"，改称"义正祠"，复祀蜀汉先主刘备，并在现明良殿后另建"观音阁"，佛教开始进入白帝山。据现存文献、碑刻记载，有清一代白帝庙建筑格局变化较大。康熙十年（公元1671年）川湖总督蔡毓荣在昭烈、武侯、关、张各庙"殿宇颓圮"的情况下，倡募重修，形成了现在白帝庙中路院落"中构大殿，前构拜殿，旁置两庑"的建筑格局。到同治十一年（公元1872年）近二百年间白帝庙还经历了有记载的道光二十五年（公元1845年）僧人三悦、咸丰二年（公元1852年）夔州知府恩成的两次修缮。同治十一年（公元1872年）鲍康在明良殿西新建了武侯祠和西配殿，在明良殿东新建了"禅室"，即东配殿。形成了现在以明良殿为主体的横轴线上的全部建筑，并在原庙门东侧新建了"危亭"，即现在的观星亭，基本造就了现存白帝庙建筑的总体格局的原形。白帝庙建筑历史沿革汇总情况详见表3-1。

---

① 董浩.全唐文[M].北京：中华书局，1983:5515.

② 据查，没有文献、碑刻关于有唐一代和宋元时期在白帝庙取消祭祀公孙述的记载。

表 3-1　白帝庙主要建筑历史沿革汇总统计

序号	建筑名称	建筑面积（m²）	用　途	始建年代及历年重建或维修
1	前殿	185	早年供奉观音。① 现为过厅，或称明良殿前厅（拜殿）。	始建年代不详。 最迟于康熙十年（公元 1671 年）修建。 道光二十五年（公元 1845 年）重修。 咸丰二年（公元 1852 年）和同治十一年（公元 1872 年）两次维修。
2	明良殿	263	据现存文献记载，早年祭祀公孙述。 正德五年（公元 1510 年）改祀土神、江神、马援，改名"三功祠"。 嘉靖十一年（公元 1532 年）改名"义正祠"，祀刘备，诸葛亮、关、张配食。 嘉靖三十六年（公元 1557 年）改曰"明良殿"，仍祀刘备、诸葛亮及关、张至今。	始建年代不详。 最迟不晚于乾道七年（公元 1171 年）。 嘉靖十一年（公元 1532 年）重建。 康熙十年（公元 1671 年）重建。 道光二十五年（公元 1845 年）重修，面阔三楹。 咸丰二年（公元 1852 年）和同治十一年（公元 1872 年）两次维修。
3	东厢房	72	旧为佛堂，供祀如来、弥勒。②	始建年代不详。 最迟于康熙十年（公元 1671 年）修建。
4	西厢房	77	同上。	同上。
5	东配殿	99	初为禅室③，后为罗汉堂。④	最迟于同治十一年（公元 1872 年）修建。
6	武侯祠	86	祀武侯诸葛亮，其子瞻、孙尚配食。	同上。
7	西配殿	100	初祀杜少陵、李太白、范石湖、陆放翁诸诗人。⑤ 后为罗汉堂。⑥	同上。
8	东院厢房	118	无考。	始建时间无考，历年应有修缮。
9	东耳房	105	同上。	同上。
10	西耳房	91	同上。	同上。
11	观星亭	38	当地传说诸葛亮曾在此观星象，但不足为信。	疑为同治十一年（公元 1872 年）鲍康所建。
12	白楼	298	民国军阀李魁元别墅。	1919 年军阀张钫和李魁元兴建。

---

① 陈剑 . 白帝寺始建时代及现存文物概述 [J]. 四川文物，1996(02):30.
② 陈剑 . 白帝寺始建时代及现存文物概述 [J]. 四川文物，1996(02):30.
③ 曾秀翘，等 . 奉节县志（清光绪十九年版）[M]. 奉节：四川省奉节县志编纂委员会，1985:281.
④ 陈剑 . 白帝寺始建时代及现存文物概述 [J]. 四川文物，1996(02):30.
⑤ 曾秀翘，等 . 奉节县志（清光绪十九年版）[M]. 奉节：四川省奉节县志编纂委员会，1985:281.
⑥ 陈剑 . 白帝寺始建时代及现存文物概述 [J]. 四川文物，1996(02):30.

四　白帝庙总平面

　　白帝城距重庆市奉节县新县城约 18 千米，位于举世闻名的长江三峡起点——瞿塘峡西口，面对著名的天下第一门——夔门。其地理坐标为北纬31°02′35″，东经109°34′12″，海拔高度245米。在三峡水库蓄水以后白帝城所在的白帝山成为一个四面环水的孤岛，与鸡公山由2008年建成的混凝土仿古廊桥连接。（见图4-1）登上280余步台阶后便到白帝城景区大门。白帝庙位于白帝城景区内山顶处，坐北朝南，偏东约53°。东西长约100米，南北进深约58米，用约264余米红棕色砖砌围墙围合而成，呈不规则形状，其占地面积4950平方米，庙内建筑总面积2086平方米，其中文物古建筑1255平方米，近代民国建筑298平方米，现代文物管理部门临时加建的管理用房533平方米。从建筑总体布局上讲，由南面进山门后，东西向并列东、中、西三个院落。如前所述，现存白帝庙平面布置大体保留了明代时期的总体布局，主体建筑为清代所建。以白帝庙为核心的白帝城遗址被国务院批准列入第六批全国重点文物保护单位。（见图4-2）

图 4-1　白帝城区位图

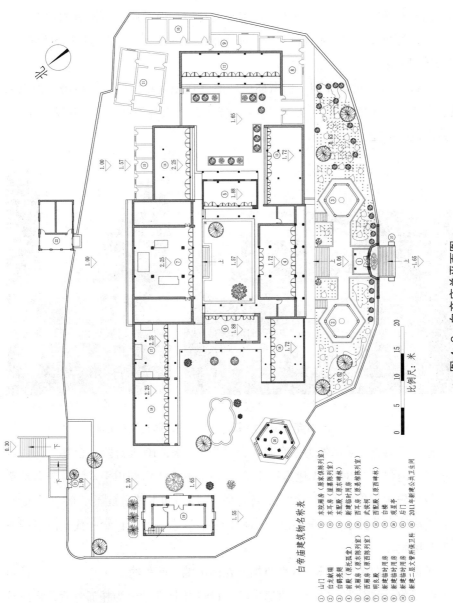

图 4-2　白帝庙总平面图

比例尺：米

白帝庙建筑物名称表

① 山门
② 白先献祠
③ 白鹤先观
④ 前殿（原末陈列室）
⑤ 末耳房（原西陈列室）
⑥ 西厢房（原末陈列房）
⑦ 明良殿
⑧ 新建临时用房
⑨ 新建临时用房
⑩ 新建临时用房
⑪ 新建临时用房

⑫ 末院厢房（原家俱陈列室）
⑬ 末耳房（建筑陈列室）
⑭ 末配殿（原末阁）
⑮ 新建临时用房
⑯ 西耳房（原悬棺陈列室）
⑰ 武侯祠
⑱ 西配殿（原西碑林）
⑲ 白楼
⑳ 观星亭
㉑ 后门
㉒ 2011年新建公共卫生间

白帝庙山门位于庙院南北中轴线南面 1.65 米高的台基上，台阶共 11 级。台基下台阶两旁放置本地峡石雕刻的石狮一对。进山门是一东西横向狭长的花园，面积约 60 平方米。院中为通往前殿的通道。通道两旁分别有六角形水池各一个，为 20 世纪 80 年代修建的消防水池，池内分别塑有"白龙献瑞"和"白鹤亮翅"雕塑。

据白帝城博物馆介绍，白帝庙山门原建在现观星亭西边、白楼南侧围墙处，具体始建年代无考。（见图 4-3）1958 年后（具体时间无考）拆除原山门，改建在现山门处。①

（a）原庙门正面　　　　　　　　（b）原庙门后厦间

图 4-3　20 世纪 70 年代前的白帝庙山门（夔州博物馆雷庭军提供）

进山门往北 7.2 米处为一台基，台基高 1.6 米，10 级台阶。台基上为白帝庙前殿，前殿于 1984 年改建为托孤堂，陈列 1984 年由四川美术学院著名雕塑家赵树同先生创作的大型彩塑《刘备托孤》，栩栩如生地重现了 1700 多年前发生在重庆市奉节县永安宫蜀先主刘备将国事、家事一并托付给一代良臣诸葛亮的悲壮场面。

前殿后为白帝庙主体建筑明良殿所在的中院，面积约 160 平方米。在 1984 年修缮以前，前殿为一穿堂，直通中院。1984 年将穿堂改为托孤堂后，将前殿

---

① 陈剑.白帝寺始建时代及现存文物概述 [J]. 四川文物，1996(2)：30.

后檐隔扇门拆除，加砌墙体封闭，行人改走与前殿并列的东、西耳房两侧，进入东、西侧院后，再从明良殿前檐两侧进入中院。本次修缮^①将前殿内刘备托孤塑像移出，将前殿恢复为穿堂直通中院。中院北上4级台阶为清康熙十年（公元1671年）川湖总督蔡毓荣重修的明良殿。重修时"仍沿旧额"曰"汉代明良"，其匾额至今仍悬挂在明良殿上。殿内供奉有刘备、诸葛亮、关羽、张飞塑像。中院内左、右两旁分别为东、西厢房，即此次修缮前的东、西陈列室，室内分别陈列三峡地区的出土文物。此次修缮后改陈为文臣厅和武将厅，分别塑有蜀国文臣、武将仿青铜像各十尊。（见图4-4）

明良殿东边紧邻并列的为东配殿，即修缮前的东碑林。此次修缮后布置为八阵厅。其东侧与东厢房后檐相对的为东院厢房，即修缮前的家具陈列室。此次修缮后布置为伐吴堂。院南与东配殿相对的为东耳房，即修缮前的崖墓陈列室。此次修缮布置为蜀汉堂。上述建筑与东厢房后檐围合成东院。（见图4-5）

明良殿西边紧邻并列的为武侯祠和西配殿，西配殿即修缮前的西碑林。此次修缮后将西配殿布置为托孤堂，新塑《刘备托孤》群塑。其西为民国时期军阀张钫、李魁元修建的三层砖混结构的别墅"白楼"。其南与西配殿相对的为西耳房，即修缮前的悬棺陈列室。此次修缮后布置为忠武堂。西耳房西边并列的为观星亭。上述建筑与中院的西厢房后檐围合成为西院。西配殿西侧往北即为白帝庙后门。（见图4-6）

从东至西并排的东配殿、明良殿、武侯祠、西配殿、白楼，其与后门围墙围合成为后院。

东、西配殿在此次修缮前陈列有从隋代至民国初期的石碑70余通。碑文字体有大篆、秦篆、汉书、楷书、行书、草书，展现了中国书法艺术的多种风格和不同流派。西院南面正对西配殿的观星亭，传说是诸葛亮率领大军入川时曾在此观测夜星象、制定作战谋略的地方，故曰"观星亭"。但考证方志文献，此说不足以信。现亭内上悬古钟一口，钟下置清同治年间雕制的石桌、石凳。东院厢房内陈列有太平天国时的八大天王座椅"珠光宝气紫檀木椅"等明清家具。

在东院北边、东边，当地文物管理部门临时加建有部分管理用房。（见图4-7）

---

① 即2011年3月至2013年12月的修缮，下同。

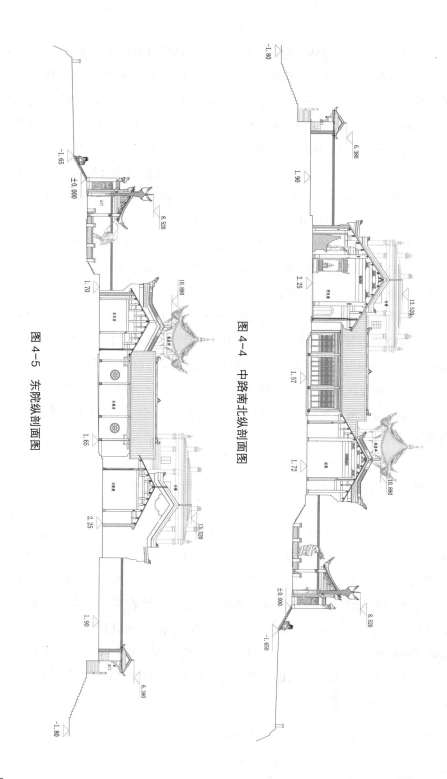

图 4-4　中路南北纵剖面图

图 4-5　东院纵剖面图

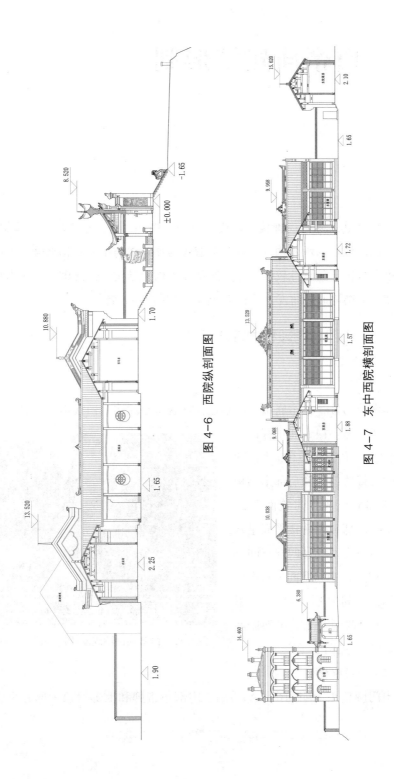

图 4-6 西院纵剖面图

图 4-7 东中西院横剖面图

五　白帝庙建筑形制

　　白帝庙建筑除山门牌楼和近代所建的白楼外，其余建筑均为木构架结构，辅以砖砌山墙作为承重构件。木结构形式为穿斗式与抬梁式相结合。木构架结构尺度无规律，随意性较强。尽间边贴无木构架结构，以砖砌山墙作为承重构件。就整个结构形式而言，具有典型的峡江民居建筑特征。

（一）山门、前殿和中院建筑

1. 山门

　　据调查考证，白帝庙山门原本建在现观星亭西边、白楼南侧围墙处，具体始建年代无考。白帝庙现存山门为1958年后仿原貌重建。[①] 由前部砖砌牌楼式门楼和后部木结构抱厦两部分组成。建筑面积21平方米。前部砖砌牌楼平面呈八字形，为一高两低、四柱三间三楼式"牌楼"，中间明间为青石拱券门洞，次间为"垛窄墙"，"垛窄墙"东、西两旁为砖砌斜影墙和平影墙。（见图5-1）

图5-1　白帝庙山门现状（牌楼此次未修缮）

　　（1）山门牌楼

　　山门牌楼正面明间由下部门洞、中部华带牌和上部屋顶三部分组成。牌

---

① 陈剑. 白帝寺始建时代及现存文物概述 [J]. 四川文物，1996(2)：30.

楼明间总高 8.52 米，宽 3.2 米（含柱）。明间两方柱夹一青石拱券门。方柱 0.5 米 × 0.5 米、高 6.143 米，柱顶端灰塑狮头。券门宽 2.2 米，拱券石宽 0.26 米、深 0.32 米，门洞净高 2.95 米、净宽 1.68 米，门下设青石门槛，门槛高 0.15 米、厚 0.18 米。拱券正上方雕刻一弥勒，较为奇特。（见图 5-2 和图 5-3）

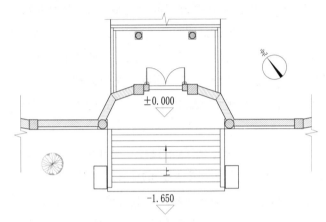

图 5-2　山门平面图复原图

图 5-3　山门正立面图复原图

门洞上方置上、下方，上下方之间为华带牌，华带牌两边为方柱，方柱尺寸仍为 0.5 米 × 0.5 米，下方下皮至上方上皮 2.913 米，下方高 0.49 米、上方高 0.3 米。上方彩绘具有典型"峡江风格"。华带牌高 2.56 米、宽 1.99 米，四周为深浮雕重彩五龙祥云，牌内浮雕"白帝庙"三个大字并镶青瓷片。

顶部砖砌屋檐，略有伸出。檐子用砖叠砌线条，上覆庑殿式屋顶，檐角向上极度上挑，垂脊与正脊鱼吻同高，已属独特。屋顶正脊两端翘起，中间向下凹进，曲线优美。中堆灰塑五层祥云抱太阳，正吻鳌鱼造型独特。具有典型的峡江地方特色。

两次间"垛窄墙"由上至下也由三部分组成。上部为屋顶，形制同明间。中部仍置上、下方，下方高 0.28 米，上方高 0.23 米。下方灰塑织锦纹图案，上方灰塑卷草纹，左、右分别灰塑鹿、牛图案，均施重彩。上下方之间留出高 0.91 米的空间，左、右分塑"渔""耕"图案，充分体现了三峡地区传统古代巴人的"渔耕文化"思想。下部两窄墙高 3.65 米，宽 0.95 米，墙面灰塑宝瓶，并用青瓷片贴面。

次间两边为八字形斜影墙，墙高 4.22 米，宽 1.07 米。一端与"垛窄墙"连接，另一端为圆柱并接平影墙，圆柱高 4.76 米，柱径 0.45 米，圆柱高出斜影墙 0.54 米。柱顶灰塑坐狮，目瞪口裂，面似人像，实为奇特。东斜影墙灰塑"降龙"，西斜影墙灰塑"瑞气"，有附和白帝山出现异象"白龙献瑞"，公孙述蜀中称帝之意。照壁东、西两旁墙面涂为棕红色，墙面上各绘矩形织锦纹黑白图案壁心，其形制甚似古朴。

（2）山门抱厦

牌楼背面为抱厦，其木构架结构较为简捷。抱厦面阔、进深各为一间，单坡歇山顶，黄、绿、黑三种琉璃瓦混合屋面。（见图 5-4）三架梁后端嵌入牌楼砖墙内，前端由檐柱支承。三架梁上承双步梁、单步梁与蜀柱。梁架之间用穿斗式结构连接。除挑檐檩使用随檩方外，其他各檩均无随檩方。桷板略有曲折，屋面中部略向下凹，檐口微微向上起翘。值得注意的是，抱厦梁架使用了叉手结构，似有唐宋遗风。这也是白帝庙建筑中唯一使用叉手的建筑。（见图 5-5 和图 5-6）木构件尺寸见表 5-1。

图 5-4　白帝庙山门后抱厦（2011 年）

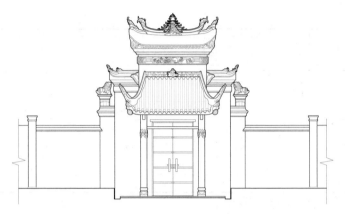

图 5-5　山门背立面复原图

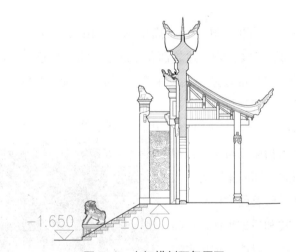

图 5-6　山门横剖面复原图

表 5-1　山门主要构件尺寸

单位：mm

构件名称	直径	断面		总高／长	构件名称	直径	断面		总高／长
		宽／厚	高／长				宽／厚	高／长	
牌楼方柱		490	500	6495	檐方		100	100	
牌楼圆柱	450			4760	下金方		42	82	
抱殿檐柱	330			4080	上金方		80	120	
下金蜀柱	100				大梁		120	260	
上金、金、脊蜀柱	115				挑檐方		120	260	

续表

构件名称	直径	断面		总高/长	构件名称	直径	断面		总高/长
		宽/厚	高/长				宽/厚	高/长	
抱厦檐柱础		360	360	400	下金单步川		60	100	
挑檐檩	130				金步川		60	100	
下金檩	130				脊步川		60	100	
金檩	130				下金步叉手		60	60	
上金檩	130				金步叉手		60	60	
脊檩	130				脊步叉手		60	60	
挑檐檩随檩方		50	70						

注：本表数据由作者根据测绘图整理。

2. 前殿

前殿又名前厅、拜殿。建于白帝庙中轴线，山门后约 9 米处的台基之上，台基高 1.66 米，共 10 级台阶。建筑面积 185 平方米。始建年代不详，现存建筑应为清代所建，最近的建造年代应在康熙十年（公元 1671 年），历年有所改造、修缮。虽然人为扰乱较大，但基本保留了原建筑风格。前檐面阔四柱两山墙共 5 间，为抬梁式与穿斗式相结合的木构架形式。明间正贴为木构架结构。次间边贴仅有前檐柱和前檐步柱，而无后檐柱和后檐步柱，尽间一样无木构架结构，以墙体替代木构架作为承重结构直接承接檩条。单檐硬山屋顶，青瓦屋面，屋面斜直，无曲折。（见图 5-7）

图 5-7　前殿（修缮前）

（1）平面布置

前殿面阔五间，进深内六界带前檐双步后檐三步廊，与明良殿、武侯祠梁架结构大致相同。通面阔 20.79 米[①]，其中：明间面阔 5.45 米，次间面阔 4.1 米，尽间面阔 3.57 米。通进深 8.4 米，其中：内六界深 4.8 米，前檐廊深 1.5 米，后

---

① 面宽、进深均以轴线距离计算，下同。

檐廊深 2.1 米。前后檐廊和内六界各界呈不均匀分布。（见图 5-8）

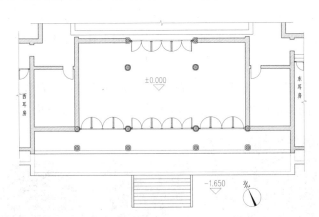

图 5-8　前殿平面复原图

（2）梁架结构

前檐柱高 5.14 米^①，后檐柱高 4.8 米，前檐柱高于后檐柱 0.34 米，前后步柱高 6.01 米^②，脊檩距室内地坪高 7.4 米^②。

前檐明间正贴和次间边贴步柱与前檐柱间穿双步川，双步川穿过前檐檐柱向前挑出，形成挑檐方承托檐檩。双步川上立下步蜀柱直接承托下步檩。下步蜀柱与步柱间穿单步川。双步川下前檐步柱与前檐柱间穿双步夹底。（见图 5-9 和图 5-10）

图 5-9　前殿前檐结构（修缮前）

图 5-10　前殿明间正贴复原图

---

① 柱高均以地面起，算至檩上皮。下同。
② 以室内地坪起，算至脊檩上皮。下同。

后檐明间正贴步柱与后檐柱间穿三步川，三步川上立下步蜀柱1，并在下步蜀柱1与后檐步柱间穿双步川，双步川上又立下步蜀柱2，下步蜀柱2与后檐步柱间穿单步川。后檐下步蜀柱1、2上分别承托下步檩1、2。后檐三步川下檐柱与步柱间穿三步夹底。（见图5-10和图5-11）

前檐下步檩和后檐下步檩2无随檩方。前后檐内其他各檩均安装随檩方。次间边贴和尽间屋面檩条直接穿入山墙墙体之内，因此无檐内木构架结构。

图5-11　前殿后檐结构（修缮前）　　　图5-12　前殿内六界结构（修缮前）

明间正贴内六界梁架木结构为抬梁式与穿斗式相结合的木构架结构。前后步柱上穿六界梁和六界梁随梁方，六界梁和其随梁方之间中部置一托墩。六界梁上两端置托墩承托四界梁。四界梁两端直接承托随檩方，随檩方承托金檩。随檩方两侧安装角背。四界梁中部置两托墩承托山界梁，山界梁两端直接承托上金檩，山界梁中间一置托墩承托脊檩。步檩及下金檩下安装随檩方。上金檩及脊檩下安装附檩，上金附檩镶入山界梁内。（见图5-10和图5-12）

次间、尽间边贴因檩条直接穿入墙体内承托屋面，而无木构架结构，但有后檐步方横向联系各步柱。檩条、附檩及随檩方设置与明间正贴一致。（见图5-13和图5-14）木构件尺寸见表5-2。

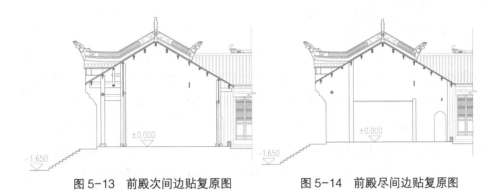

图 5-13 前殿次间边贴复原图　　　图 5-14 前殿尽间边贴复原图

表 5-2 前殿主要构件尺寸

单位：mm

构件名称	直径	断面		总高/长	构件名称	直径	断面		总高/长
		宽/厚	高/长				宽/厚	高/长	
前檐柱	300			5138	大梁上托墩		120	360	720
前檐步柱	380			6000	山界梁上托墩		120	480	700
后檐步柱	380			6000	（各）檩	150	70	155	
后檐柱	300			4800	前檐步檩随檩方				
蜀柱	150				后檐檩随檩方		60	120	
柱础		460	460	215	（其他）随檩方		60	145	
前檐双步川		80	420		脊附檩		130	160	
前檐双步夹底		80	430		上金附檩		130	160	
前檐步川		80	150		前檐檐方	220			
前檐挑檐方		80	420		前檐步方		70	220	
后檐三步川		80	250		前檐上槛		70	145	
后檐双步川		80	150		前檐下槛		70	160	
后檐步川		80	150		后檐次、梢间步方		50	400	
后檐挑檐方		80	250		后檐上槛		70	220	
内四界川方		180	300		后檐下槛		70	160	
内四界随梁方		260	340		前檐明间隔扇门		60	810	3395
大梁		180	260		前檐次间隔扇门		60	880	3395
山界梁		160	240		后檐明间隔扇门		60	810	2735
川方上托墩		80	400	1430	前檐边梃		70	165	
随梁方上托墩		120	435	1090	后檐边梃		70	205	

注：本表数据由作者根据测绘图整理。

（3）屋顶与装修

前殿屋顶为两坡人字青瓦屋面，陡板正脊，硬山屋顶。在檩条之上铺钉椽板，椽板上直接铺盖仰合青瓦。檐口部位用封檐板封护椽板端头。前檐山墙做成墀头，后檐山墙与东、西厢房屋面相交。两山博风灰塑织锦等图案。正脊、垂脊下半部砖砌抹灰并灰塑图案，上半部砖砌"十"字空格。正脊两端灰塑鳌鱼，正中灰塑"丹凤朝阳"中堆。垂脊下部端头灰塑"织锦祥云"。两山墀头、博风、正脊、垂脊均施以彩绘。正脊两端与山墙垂脊之间留有距离而不相交。

前殿室内为彻上明造，无天花。修缮前前檐明、次间为全开敞式，未安装门窗，作栏杆与室内《刘备托孤》塑像隔离，供游人参观。两尽间用砖墙隔离作为管理用房。后檐全部用砖砌墙体封闭。此次修缮将《刘备托孤》移出，复建为"穿堂"。前檐明、次间在前檐步柱处安装隔扇门；后檐明间在檐柱处安装隔扇门。室内安置屏风。柱下为本地黄砂石打制成"上圆下六角型"柱础。（见图5-15和图5-16）

图5-15　前殿室内（修缮后）

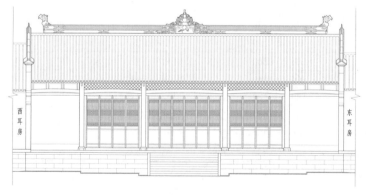

图5-16　前殿正立面复原图

3. 明良殿

明良殿为白帝庙的主要
建筑，位于白帝庙中轴线中
院北端台基上，台基高 0.61
米，共 4 级台阶。其嵯峨高
大，庄严肃穆。明良殿始建
年代不详，最近的建造年代
应在康熙十年（公元 1671
年），历年均有改造、修缮。
保留较为完整，整体真实性

图 5-17　明良殿（修缮前）

较高。明良殿明间正贴为抬梁式与穿斗式相结合的木构架形式。次间边贴和尽
间边贴以砖砌墙体代替木构架结构承托屋面结构。殿内置有神龛三座，神龛内
供奉刘备南面弁冕和诸葛亮、关羽、张飞等人坐像。像高丈余，彩绘贴金，人
物造型生动，衣褶飘带鲜明。单檐硬山屋顶，青瓦屋面，屋面斜直，无曲折。
建筑面积 263 平方米。（见图 5-17 和图 5-18）

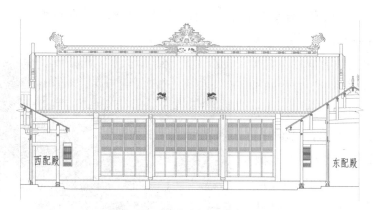

图 5-18　明良殿正立面复原图

（1）平面布置

明良殿面阔两柱四墙共五间，进深内六界带前檐双步后檐四步廊。通面
阔 22.62 米，其中：明间面阔 5.29 米，次间面阔 4 米，左尽间面阔 4.69 米，右
尽间面阔 4.64 米，左右尽间呈非对称布置。通进深 10.92 米，其中：内六界深

5.76 米，前檐廊深 1.87 米，后檐廊深 3.29 米。前后檐廊和内六界各界呈不均匀分布。后檐墙砌筑在后檐柱之外未包裹后檐柱。（见图 5-19）

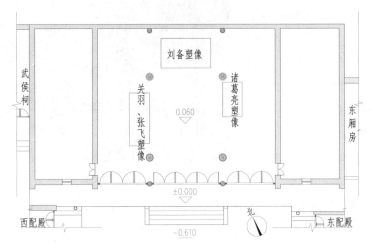

图 5-19　明良殿平面复原图

（2）梁架结构

前檐柱高 5.65 米，后檐柱高 4.73 米，前檐柱高于后檐柱 0.92 米；前檐步柱高 6.96 米，后檐步柱高 7.02 米，前檐步柱低于后檐步柱 0.06 米；脊檩上皮距地坪高 8.92 米。

明间正贴前檐柱与前檐步柱间穿双步川，双步川穿过前檐柱向前出挑，形成挑檐方承托挑檐檩。双步川上立下步蜀柱直接承托下步檩。下步蜀柱与步柱间穿单步川。双步川下前檐步柱与前檐柱间穿双步夹底。在挑檐方上皮用薄木板做成天花板，掩盖屋面椽板和屋面瓦。（见图 5-20 和图 5-21）

图 5-20　明良殿前檐结构（修缮前）

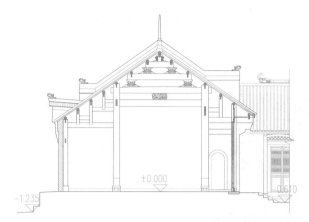

图 5-21 明良殿明间正贴复原图

　　明间正贴后檐柱与后檐步柱间为四步架。后檐柱与后檐步柱间穿四步川，在下步檩 1 和下步檩 2 位置上立下步蜀柱 1 和下步蜀柱 2 承托下步檩 1 和下步檩 2，并在下步檩 1 与下步檩 2 间穿单步川。在下步蜀柱 2 与后檐步柱间再穿双步川，双步川上立下步蜀柱 3 承托下步檩 3，并在下步蜀柱 3 与后檐步柱间穿单步川。前后檐廊各步架檩条均有随檩方。（见图 5-21 和图 5-22）

　　明间正贴内六界梁架为抬梁式与穿斗式相结合的木构架结构。前后步柱上穿六界梁和六界梁随梁方，在六界梁和其随梁方中间置一托墩，六界梁两端置托墩承托四界梁；四界梁两端直接承托下金檩，随檩方镶入四界梁内，四界梁中端两侧再置托墩承托山界梁；山界梁两端直接承托上金檩和上金附檩，上金附檩镶入山界梁内，中部置托墩承托脊檩和脊附檩。除前后檐上金檩和脊檩为附檩外，其余各檩均置随檩方。（见图 5-21 至图 5-23）

图 5-22 明良殿后檐结构（修缮前）

图 5-23 明良殿内六界结构（修缮前）

　　两次间边贴和两尽间边贴无木构架结构，檩条直接穿入砖砌墙体以内，以墙体替代木构架作为承重结构构件承托屋面结构。（见图5-24和图5-25）木构件尺寸见表5-3。

图5-24　明良殿尽间屋架(修缮前)

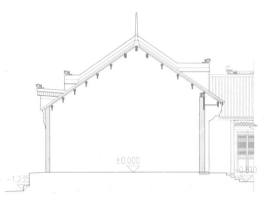

图5-25　明良殿尽间边贴复原图

表5-3　明良殿主要构件尺寸

单位：mm

构件名称	直径	断面		总高/长	构件名称	直径	断面		总高/长
		宽/厚	高/长				宽/厚	高/长	
前檐明间檐柱	300			5655	山界梁		280	340	
前檐明间步柱	480			6900	随梁方上托墩		120	965	420
后檐明间步柱	420			6955	六界梁上托墩		120	1150	485
后檐明间檐柱	300			4725	四界梁上托墩		120	1150	485
前檐蜀柱	210				山界梁上托墩		120	900	495
后檐蜀柱	165				（各）檩	175			
脊蜀柱	235				脊附檩	175			
前檐明间檐柱础	370			180	上金檩附檩	170			
前后檐明间步柱础	550			845	随檩方		60	200	
后檐明间檐柱础		395	395	350	前檐上槛		100	200	
前檐双步川		100	340		前檐下槛		100	240	
前檐双步夹底		100	320		前檐夹堂板		40		620
前檐单步川		100	280		前檐步方		100	572	
后檐四步川		100	315		后檐檐方		60	270	
后檐三步川		100	250		后檐步方		100	400	
后檐双步川		100	250		前檐明间隔扇门		60	818	4150
后檐单步川		100	200		前檐次间隔扇门		60	883	4150

续表

构件名称	直径	断面		总高/长	构件名称	直径	断面		总高/长
		宽/厚	高/长				宽/厚	高/长	
六界梁随梁方		100	430		前檐边梃		100	150	
六界梁		300	360		前檐梢间窗		60	660	1700
四界梁		300	360						

注：本表数据由作者根据测绘图整理。

（3）屋顶与装修

明良殿屋顶为两坡人字青瓦屋面，陡板正脊，硬山屋顶。在檩条之上铺钉桷板，桷板上直接铺盖仰合青瓦。檐口部位用封檐板封护桷板端头，前后檐山墙做成墀头。次间边贴室内墙面绘制有精美彩绘，独具特色。（见图5-23）尽间前檐廊外墙墙面抹白灰。后檐廊外墙墙面抹红灰，檐口下绘制彩绘。山墙外墙面灰塑彩绘图案。屋面正脊为花脊，分为上下两部分，上部为砖雕镂空"十"字格花脊，脊座用灰塑、彩绘装饰。正脊中央灰塑云龙纹中堆。硬山山墙垂脊上部砖雕几何花格，脊座灰塑卷草纹和动物图案。正脊鱼吻口吐祥云，屋面明间奔堆为瑞兽狮子。以上灰塑均施以重彩。明良殿屋脊灰塑、彩绘题材生动，造型丰富，具有强烈的装饰效果和浓郁的峡江地方特色。

在前檐挑檐方上皮用薄木板做成天花将檐内桷板与屋面瓦封闭。此为白帝庙建筑中唯一一处做有天花装饰的地方。室内为彻上明造，无天花。

前檐明间檐柱处安装六扇隔扇门，次间安装四扇隔扇门，尽间为砖砌墙体封闭，墙上开矩形窗，紧靠后檐柱砌筑墙体。两次间边贴无木构架结构，砌筑墙体承托屋面结构。因此，明、次间形成一个较大的祭祀空间，而两尽间则形成独立房间。

室内四根步柱柱础采用本地青峡石打制，分为上下两个部分，下部为八角形鼓石，与通常柱础无异；而上部则为与步柱同径、高0.5米的石柱。前后檐柱柱础用本地黄砂石打制，仍为上鼓下方传统形式，风化较为严重。

4. 东厢房

东厢房，即维修前的东陈列室，室内陈列三峡库区奉节县的出土文物。东厢房位于白帝庙中轴线中院东面，其北为明良殿，南为前殿，建筑面积72平方米。据对《白帝城重修昭烈殿记》碑考证，东厢房应始建于清康熙十年（公元

1671 年），曾供奉文殊菩萨，也曾改作过"怀古堂"，陈列隋唐以来到过夔州的历代诗人著作抄件或诗作版本，室内还有李白、杜甫木刻画像。[①] 现存建筑虽然近代历年有所改造、修缮，但基本保留了原建时的建筑风格。明间正贴为抬梁式与穿斗式相结合的木构架结构，两次间边贴仅有前后檐柱而无步柱，以砖砌墙体替代木构架作为承重结构。悬山屋顶，青瓦屋面，屋面斜直，无曲折。北侧屋顶在明良殿前檐之下，南侧屋顶与前殿相连接。（见图 5-26）

（1）平面布置

东厢房面阔三间，进深内六界带前后檐双步廊。通面阔 10.3 米，其中：明间面阔 4 米，左次间面阔 2.8 米，左山墙向外偏移轴线 0.65 米，右次间面阔 2.85 米。通进深 8.25 米，其中：内六界深 4.48 米，前檐廊深 1.9 米，后檐廊深 1.87 米。前后檐廊和内六界各步架呈不均匀分布。前檐廊地坪低于室内地坪 0.14 米，后檐廊地坪与室内地坪持平。此次修缮在前檐步柱处恢复安装隔扇门，使前檐隔扇门与前檐柱之间形成前檐廊道。紧靠后檐步柱砌筑墙体，与两山墙及前檐隔扇门形成围合作为房间，后墙与后檐柱之间形成后檐廊道。（见图5-27）

图 5-26　东厢房外立面（修缮前）

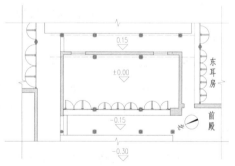

图 5-27　东厢房平面复原图

（2）梁架结构

前檐柱高 4.78 米（含前檐廊地坪低于室内地坪 0.14 米），后檐柱高 4.6 米。以室内地坪为基点，前后檐柱基本等高。前檐步柱高 5.95 米，后檐步柱高 5.65 米，前檐步柱高于后檐步柱 0.3 米。脊檩上皮距室内地坪 7.1 米。

---

① 陈剑.白帝寺始建时代及现存文物概述 [J]. 四川文物，1996(2)：30.

　　前后檐廊均为双步廊，檐柱与步柱间穿双步川和双步夹底，双步川穿过前后檐柱向前出挑，形成挑檐方承托前后挑檐檩。双步川上立下步蜀柱承托下步檩。下步蜀柱与步柱间穿单步川相连接。（见图 5-28 至图 5-30）[①]

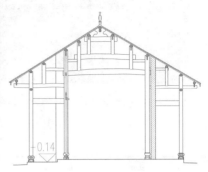

图 5-28　东厢房前　　图 5-29　东厢房后　　图 5-30　东厢房明间正贴复原图
　　檐廊（修缮前）　　　檐廊（修缮前）

　　明间正贴内六界梁架为抬梁式与穿斗式相结合的木构架结构。前后步柱间穿六界梁，且穿过前后步柱留梁头。六界梁上立下金蜀柱承托下金檩，在下金蜀柱上再穿四界梁，且四界梁穿过下金蜀柱留梁头。下金蜀柱与前后步柱之间穿单步川连接。在四架梁上立上金蜀柱承托上金檩；又在上金蜀柱上穿山界梁，山界梁仍然穿过上金蜀柱留梁头。山界梁上以覆云状托墩承接脊檩和脊附檩。（见图 5-30 和图 5-31）

　　明间正贴前后檐步檩、前后檐上下金檩均有随檩方，脊檩安装附檩，前后檐下步檩和前后檐檩无随檩方。次间脊檩和挑檐檩安装随檩方外，其余各檩无随檩方。

　　次间边贴除前后檐柱外无其他木构架结构，檩条直接穿入墙体内承托屋面结构。（见图 5-32）木构件尺寸见表 5-4。

---

① 因次间边贴无步柱单步川、双步川和双步夹底均插入墙体内，见图 5-32。

图 5-31 东厢房内六界结构（修缮中）

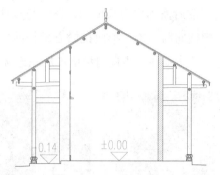

图 5-32 东厢房次间边贴复原图

表 5-4 东厢房主要构件尺寸

单位：mm

构件名称	直径	断面 宽/厚	断面 高/长	总高/长	构件名称	直径	断面 宽/厚	断面 高/长	总高/长
前檐明间檐柱	210			4775	六界梁		250	280	
前檐次间檐柱	180			4775	四界梁		200	260	
前檐明间步柱	220			5940	山界梁		180	200	
后檐明间步柱	260			5635	山界梁上托墩		100	790	545
后檐明间檐柱	220			4585	前檐挑、檐、下步檩	140			
后檐次间步柱	170			4585	前檐步、上、下金檩	150			
柱础	360			340	后檐挑檐檩	150			
前檐下步蜀柱	140				后檐檐、下步、步檩	140			
前檐下金蜀柱	190				后檐上、下金檩	150			
前檐上金蜀柱	180				脊檩	150			
后檐下步蜀柱	140				脊附檩		120	120	
后檐下金蜀柱	190				挑檐檩随檩方		50	150	
后檐上金蜀柱	180				步檩、上下金檩随檩方		50	150	
前檐双步川		150	150		前檐步方		50	185	
前檐双步夹底		40	270		前檐上槛		50	120	
前檐挑檐方		150	150		前檐下槛		70	285	
前檐单步川		40	150		前檐横批窗		20		
后檐双步川		150	150		封檐板		35	135	
后檐双步夹底		50	270		前檐明间隔扇门		50	573	2915
后檐挑檐方		150	150		前檐次间隔扇门		50	753/707	2915
后檐单步川		40	150		抱框		50	180	
前后檐下金单步川		50	130						

注：本表数据由作者根据测绘图整理。

（3）屋顶与装修

东厢房屋顶为两坡人字青瓦屋面，陡板正脊，悬山屋顶。在檩条之上铺钉桷板，桷板上直接铺盖仰合青瓦。檐口部位用封檐板封护桷板端头。屋脊中堆灰塑城门楼和三国人物，脊吻为仙鹤回首造型，正脊彩绘动物、花卉等。

图 5-33 东厢房外立面（修缮后）

修缮前前檐隔扇门被拆除，在前檐步柱外加砌砖砌墙体，面饰白灰。明间开圆洞门，两次间开矩形窗，前檐次间檐柱间做成矮凳。室内布置为文物陈列室。后檐步柱处仍为砖砌墙体，在两次间开圆窗。此次修缮根据前檐步柱上遗留的卯眼，将墙体拆除，恢复安装隔扇门，室内为彻上明造，无天花。两山墙和后檐墙仍保留原有形态。（见图 5-33 和图 5-34）

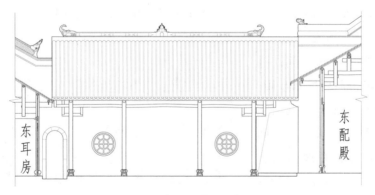

图 5-34 东厢房背立面复原图

东厢房柱础式样使用繁杂，据统计有三种式样，但均为上圆下方石鼓式青石打制，具有较典型的明清峡江地方特征。之所以式样不一，疑为后期修缮时利用旧有柱础造成。较为独特的柱础为后檐廊明间两步柱柱础石，虽然仍用上圆下方石鼓式柱础，除与其他柱础一样雕有纹饰外，其特别之处在于其圆鼓上雕一龙，龙头仰出柱础许多，龙身围缠柱础石鼓上沿，承托后檐廊步柱。

5. 西厢房

西厢房，即修缮前的西陈列室，陈列三峡库区奉节县的出土文物。位于白帝庙中轴线中院西面，其北为明良殿，南为前殿，建筑面积77平方米。北侧屋顶在明良殿前檐之下，南侧屋顶与前殿相连接。据对《白帝城重修昭烈殿记》碑考证，西厢房应始建于清康熙十年（公元1671年），曾供奉普

图 5-35　西厢房背立面（修缮前）

贤菩萨，也曾改作过"怀古堂"，陈列隋唐以来到过夔州的历代诗人著作抄件或诗作版本，室内还有李白、杜甫木刻画像。[1] 现存建筑虽然近代历年有所改造、修缮，但基本保留了原建时的建筑风格。明间正贴为抬梁式与穿斗式相结合的木构架结构。两次间边贴仅有前后檐柱而无步柱，以砖砌墙体替代木构架作为承重结构。悬山屋顶，小青瓦屋面，屋面斜直，无曲折。（见图5-35）

（1）平面布置

西厢房面阔三间，进深内六界带前后檐双步廊。通面阔10.52米，其中：明间面阔3.97米，左次间面阔3.28米，右次间面阔2.76米，右边山墙向外偏移轴线0.51米。通进深8.41米，其中：内六界深4.47米，前檐廊深1.96米，后檐廊深1.98米。各步架呈

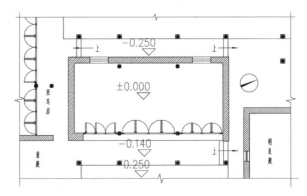

图 5-36　西厢房平面复原图

不均匀分布。前檐廊地坪低于室内地坪0.14米，后檐廊地坪低于室内地坪0.25

---

[1]　陈剑. 白帝寺始建时代及现存文物概述 [J]. 四川文物，1996(2):30.

米。此次修缮在前檐步柱处恢复安装隔扇门，前檐柱与隔扇门之间形成前檐廊道。后檐墙未直接包砌后檐步柱，而是紧贴后檐廊步柱砌筑，与两山墙及前檐隔扇门形成围合房间，后墙与后檐柱之间形成后檐廊道。（见图5-36）

（2）梁架结构

前檐柱高4.68米（含前檐廊地坪低于室内地坪0.14米在内）。后檐柱高4.73米（含后檐柱础下皮低于室内地坪0.25米在内）。如以室内地坪为基点，前檐柱低于后檐柱0.05米。前檐步柱高5.51米，后檐步柱高5.26米。前檐步柱高于后檐步柱0.25米。脊檩上皮距地坪6.335米。

前后檐廊均为双步廊，檐柱与步柱间穿双步川和双步夹底，双步川穿过前后檐柱向前出挑，形成挑檐方承托前后挑檐檩。双步川上立下步蜀柱承接下步檩，下步蜀柱与步柱间穿单步川相连接。（见图5-37、图5-38、图5-40）

图5-37 西厢房前檐结构（修缮前）

图5-38 西厢房后檐结构（修缮前）

明间正贴内六界梁架为抬梁式与穿斗式相结合的木构架结构。前后步柱之间穿六界梁，在六界梁上立下金蜀柱承托下金檩，再在前后下金蜀柱上穿四界梁，并穿过下金蜀柱留梁头。前后下金蜀柱与前后步柱之间穿单步川连接，四架梁上立前后上金蜀柱承托上金檩。在前后上金蜀柱之间穿山界梁，并穿过上金蜀柱留梁头，山界梁上以覆云状托墩承接脊檩。六界梁下前檐步柱上穿有"丁头拱"承托六界梁头，以分散梁头对前檐步柱的剪力。此为梁头加固措施，以解决柱径较小、受力不够的问题。此种做法在白帝庙建筑中也仅有此例。

明间正贴前檐步檩、前后檐上下金檩均有随檩方，脊檩安装附檩，后檐步檩、下步檩和后檐檩均无随檩方。次间随脊檩和挑檐檩安装随檩方外，其余各檩无随檩方。（见图5-39和图5-40）

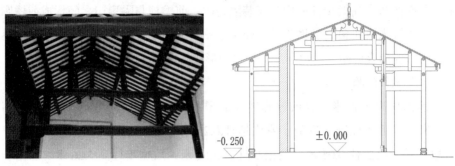

图 5-39　西厢房内六界结构（修缮后）　　　　图 5-40　西厢房明间正贴复原图

次间边贴檩条直接穿入墙体内承托屋面结构，除前后檐柱外无其他木构架结构。（见图 5-41）木结构尺寸见表 5-5。

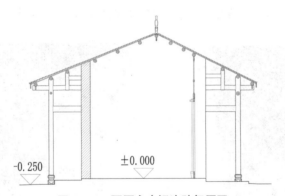

图 5-41　西厢房次间边贴复原图

表 5-5　西厢房主要构件尺寸

单位：mm

构件名称	直径	断面		总高/长	构件名称	直径	断面		总高/长
		宽/厚	高/长				宽/厚	高/长	
前檐檐柱	200			4680	六界梁		220	230	
前檐步柱	220			5510	四界梁		210	250	
后檐步柱	220			5255	山界梁		180	180	
后檐檐柱	200			4730	山界梁上托墩		120	845	520
前后檐下步蜀柱	160				脊檩	140			
前后檐下金蜀柱	200				脊附檩	140			
前后檐上金蜀柱	180				（各）檩	150			

续表

构件名称	直径	断面		总高／长	构件名称	直径	断面		总高／长
		宽／厚	高／长				宽／厚	高／长	
前檐明、左次间檐柱础		300	300	310	前后檐挑檐檩随檩方		45	140	
前檐右次间檐柱础		300	300	360	前后檐上下金随檩方		45	150	
前后檐步柱础		300	300	310	前檐步檩随檩方		50	150	
后檐檐柱础		300	300	310	前檐檐方	120			
前檐双步川		100	200		后檐檐方	95			
前檐双步夹底		50	260		前檐步方		70	220	
前檐挑檐方		100	200		前檐上槛		70	120	
前檐单步川		50	180		前檐下槛		70	300	
后檐双步川		110	200		封檐板		35	200	
后檐双步夹底		50	260		前檐边框		70	155	
后檐挑檐方		110	200		前檐明间隔扇门		50	580	3080
后檐单步川		50	165		前檐次间隔扇门		50	680	3080
前檐下金川		50	180		前檐横批窗		26	1465	

注：本表数据由作者根据测绘图整理。

（3）屋顶与装修

西厢房屋顶为两坡人字青瓦屋面，陡板正脊，悬山屋顶。在檩条之上铺钉椽板，椽板上直接铺盖仰合青瓦。屋面檐口部位用封檐板封护椽板端头。屋脊中堆灰塑城门楼。正脊为花脊，灰塑祥云分画心，画心彩绘桃、莲蓬、梨、枇杷等图案。与东厢房相比较，中堆灰塑和正脊彩绘更为简单。

修缮前前檐隔扇门被拆除，在前檐步柱处加砌为砖墙体，面饰白灰，明间开圆洞门，两次间开矩形窗。室内布置为文物陈列室。后檐仍为砖砌墙体，在两次间开圆窗。此次修缮根据前檐步柱上遗留的卯眼，将墙体拆除，在前檐步柱处恢复安装隔扇门，室内仍为彻上明造，无天花。两山墙和后檐墙仍保留原有形态。（见图5-42）

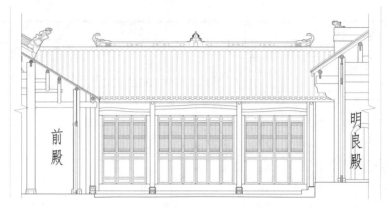

图 5-42　西厢房正立面复原图

柱础为本地青石打制，分上下两段，均为方形，下段柱础雕为方巾承接上部，具有一定的艺术价值。

（二）东院建筑

1. 东配殿

东配殿，位于白帝庙中轴线以东的东侧院北端、中院明良殿东侧，并共用明良殿东山墙，建筑面积 99 平方米。旧为东罗汉堂[①]，修缮前称东碑林，存有隋唐至明清时珍贵名碑数十通，供游人参观。东配殿始建年代不详，现存建筑应建于清代，具体年代无考。虽然近代历年改造、修缮扰乱较大，但其建筑结构基本保留原建时的建筑风格。明间正贴为抬梁式与穿斗式相结合的木构架形式，无后檐柱和前檐步柱。后檐双步川直接穿入后檐墙内。次间边贴以砖砌墙体代替木构架结构承托屋面结构。硬山屋顶，小青瓦屋面，屋面斜直，无曲折。（见图 5-43）

（1）平面布置

东配殿面阔三间，进深内七界带后檐双步廊，通面阔 13.69 米，其中：明间面阔 5.15 米，左次间面阔 4.2 米，右次间面阔 4.34 米。通进深 6.87 米，其中：内七界深 5.07 米。[②]内七界平均分布，后檐廊深 1.8 米，双步架，不均等分

---

① 陈剑. 白帝寺始建时代及现存文物概述 [J]. 四川文物，1996(2)：30.

② 前檐三界深 2.17 米，后檐四界深 2.9 米。

布。两边山墙与后檐墙围合成房间。修缮前前檐全部开敞，无门窗。室内地坪高于东院地坪 0.3 米。（见图 5-44）

图 5-43　东配殿（修缮前）

图 5-44　东配殿平面复原图

（2）梁架结构

前檐柱高 5.47 米，后檐檩上皮距地坪 4.25 米，前檐檩上皮距地比后檐檩上皮距地高 1.22 米。无前檐步柱，后檐步柱高 5.08 米，脊檩上皮距地坪 6.62 米。

明间正贴梁架为内七界带后檐双步廊，无前檐廊，抬梁式与穿斗式相结合的木构架结构。前檐柱与后步柱间穿七界梁，在七界梁上位于后檐下金檩、金檩和前檐下金檩处立蜀柱承托檩条。后檐下金蜀柱与金蜀柱、前檐下金蜀柱与前檐柱间穿单步川，并穿过蜀（檐）柱留川头。后檐金蜀柱与前檐下金蜀柱间穿四界梁，并穿过蜀柱留梁头，其上立蜀柱承接前后檐上金檩，并在前后檐上金蜀柱间穿山界梁，并穿过上金蜀柱留梁头。山界梁上安装覆云式托峰承接脊檩和脊附檩。

前檐下金蜀柱与前檐檐柱间穿眉川，并穿过前檐柱向前出挑，形成挑檐方承接挑檐檩。后檐墙与后檐步柱间穿双步川，在双步川上分别立蜀柱承接后檐檩和后檐下步檩。后檐下步蜀柱与后檐步柱间再穿单步川连接。次间边贴无木构梁架，

图 5-45　东配殿梁架结构（修缮前）

屋面檩条直接插于山墙墙体之中。

　　明间脊檩和上金檩下有附檩，其余各檩下均为随檩方；次间脊檩下为附檩外，其余各檩下均为随檩方。（见图5-45至图5-47）本构件尺寸见表5-6。

 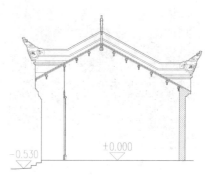

图 5-46　东配殿明间正贴复原图　　　　　图 5-47　东配殿次间边贴复原图

表 5-6　东配殿主要构件尺寸

单位：mm

构件名称	直径	断面		总高/长	构件名称	直径	断面		总高/长
		宽/厚	高/长				宽/厚	高/长	
前檐明间檐柱	220			5465	四界梁		180	200	
后檐明间步柱	220			5080	山界梁		160	180	
柱础		260	260	160	山界梁上托墩		120	1030	700
前檐上、下金蜀柱	180				（各）檩	200			
后檐檐蜀柱	125				上金、脊檩附檩		160	160	
后檐下步蜀柱	150				随檩方		50	125	
后檐上、中、下金蜀柱	180				前檐檐方		70	330	
前檐下金单步川		50	150		后檐步方		70	250	
前檐下金单步夹底		60	125		前檐下槛		70	300	
前檐挑檐方		75	240		前檐夹堂板		20	1275	
后檐双步川		60	200		前檐封檐板		20	135	
后檐单步川		50	150		明间隔扇门		50	780	

构件名称	直径	断　面		总高/长	构件名称	直径	断　面		总高/长
		宽/厚	高/长				宽/厚	高/长	
后檐金步单步川		50	150		次间隔扇门		50	915（945）	
七界梁		200	210						

注：本表数据由作者根据测绘图整理。

（3）屋顶与装修

东配殿屋顶为两坡人字青瓦屋面，陡板正脊，硬山屋顶。在檩条之上铺钉椽板，椽板上直接铺盖仰合青瓦。屋面檐口部位用封檐板封护椽板端头。屋面正脊为花脊，上脊为砖雕镂空"十"字格，下脊灰塑祥云分画心，画心内灰塑彩绘动物图案，并施重彩。中堆灰塑喜雀、梅花，寓意"喜雀闹梅"，具有较高的艺术价值。脊吻灰塑凤尾图形，相对较为简单。山墙硬山垂脊仍为花脊，上脊与正脊相同，为砖雕镂空"十"字格，下脊灰塑祥云分画心，画心彩绘花卉图案。山墙外墙面顶部沿垂脊亦有彩绘。（见图5-49和图5-50）

修缮前前檐无门窗，在两次间做成矮凳，明间开敞。在此次修缮中根据前檐额方和柱上留有的卯口分析，设计恢复前檐三个开间隔扇门和前檐额方以上的木装板墙壁，但因布展需要而在维修时未安装，再次形成前檐全部敞开。室内为砌上明造，无任何装饰。（见图5-48和图5-49）

图5-48　东配殿（修缮后）

东配殿柱础石极为简陋，为本地黄砂石斫方即用。

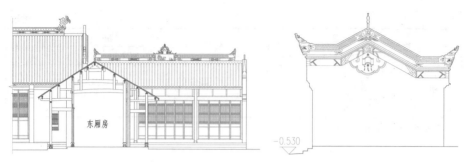

图 5-49 东配殿正立面复原图   图 5-50 东配殿东立面复原图

2. 东耳房

东耳房,位于白帝庙中轴线以东,共用前殿东山墙[1],建筑面积 105 平方米。修缮前为崖墓陈列室,主要陈列三峡库区奉节县著名的崖墓文物。东耳房始建年代不详,现存建筑应建于清代,具体年代无考。虽然近代历年改造、修缮扰乱较大,但基本遗留原建时的建筑风格。硬山屋顶,小青瓦屋面,屋面斜直,无曲折。(见图 5-51)

(1)平面布置

东耳房面阔三间,进深内四界带前檐三步、后檐双步廊,后檐步柱不落地做成步蜀柱。通面阔 14.65 米,其中:明间面阔 5.1 米,左次间面阔 5.05 米,右次间面阔 4.5 米。通进深 6.22 米,其中内四界深 2.75 米,前檐廊深 2.1 米,后檐廊深 1.37 米。各步架呈不均匀分布。左侧山墙借用前殿东山墙,右侧山墙连接后期加建的东院侧门。后檐墙未直接包砌后檐廊柱,而是向外砌筑在距后檐柱 0.57 米处。[2]两山山墙与后檐墙及前檐隔扇门围合成房间。室内地坪高于东院地坪 0.15 米。(见图 5-52)

---

① 疑为先建前殿,后建西耳房时共用了山墙。

② 后檐墙为后期所加,后檐柱上原木围护墙结构卯口尚存。

图 5-51　东耳房（修缮前）

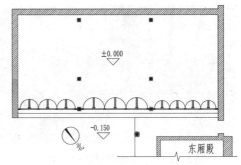

图 5-52　东耳房平面复原图

（2）梁架结构

前檐柱高 4.27 米，后檐柱高 4.7 米，前檐柱低于后檐柱 0.43 米。前檐步柱高 5.5 米，后檐步蜀柱距地坪 5.5 米。脊檩上皮距地坪 6.28 米。

明间梁架虽然也采用抬梁式与穿斗式相结合的木构架结构，但与白帝庙其他建筑相比较，木构架结构具有其特殊之处。

第一，使用减柱法使后檐步柱不落地，而立在六界梁上。减柱法的使用加大了室内空间。

第二，无四界梁，而采用川方承托金蜀柱。

第三，无山界梁，脊蜀柱直接落在六界梁上，三界梁的位置使用单步川连接脊蜀柱与金蜀柱。

前檐步柱与后檐柱间穿六界梁，六界梁上立脊蜀柱和后檐步蜀柱分别承托脊檩和后檐步檩。在后檐步蜀柱与后檐柱间穿双步川，并穿过后檐柱出挑，形成挑檐方承接挑檐檩。后檐双步川上立下步蜀柱直接承托下步檩，并在下步蜀柱与后檐步蜀柱间穿单步川。在后檐步蜀柱与脊蜀柱、前檐步柱与脊蜀柱间穿双步川，双步川上再立金蜀柱直接承托金檩，并在金蜀柱与脊柱间穿单步川。在前檐柱与前檐步柱间穿三步川，三步川上立下步蜀柱 1 承托下步檩 1。在下步蜀柱 1 与前檐柱间穿单步川，并穿过前檐柱出挑，形成挑檐方承托挑檐檩。在下步蜀柱 1 与前檐步柱间穿双步川，双步川上再立前檐下步蜀柱 2 承接前檐下步檩 2，并在下步蜀柱 2 与前檐步柱间穿单步川。

明间前后挑檐檩、前后檐檩和前檐步檩下安装随檩方。脊檩下安装附檩，其余各檩条均无随檩方。（见图 5-53 和图 5-54）

 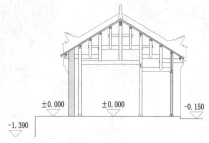

图 5-53　东耳房梁架结构（维修中）　　　图 5-54　东耳房明间正贴复原图

　　两次间无木构架结构，屋面檩条直接插入山墙墙体之中，承托屋面结构。（见图 5-55）木构件尺寸见表 5-7。

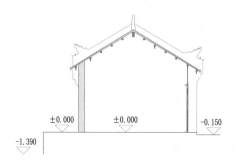

图 5-55　东耳房次间正贴复原图

表 5-7　东耳房主要构件尺寸

单位：mm

构件名称	直径	断面		总高/长	构件名称	直径	断面		总高/长
		宽/厚	高/长				宽/厚	高/长	
前檐明间左檐柱	170			4265	前檐明间第三步架单步川		30	135	
前檐明间右檐柱	220			4265					
前檐明间左步柱	190			5500	内四界带后檐六界梁		200	250	
前檐明间右步柱	200			5500	后檐双步川		50	265	
后檐明间左檐柱	200			4695	后檐第二步架单步川		40	135	
后檐明间右檐柱	195			4695	内四界川方		40	265	
前檐明间廊蜀柱	170				山界川方		40	135	

续表

构件名称	直径	断面		总高/长	构件名称	直径	断面		总高/长
		宽/厚	高/长				宽/厚	高/长	
前檐明间金蜀柱	150				脊檩		150	150	
后檐明间下步蜀柱	170				脊附檩		150	150	
后檐明间步蜀柱	200				前后檩前步檩随檩方		40	140	
后檐明间金蜀柱	150				前檐檐方		70	220	
脊蜀柱	200				前檐下槛		70	160	
柱础		250	250	100	前檐明间步方		50	240	
前檐明间三步川		40	270		前檐横批窗		26	945	
前檐明间第一步架单步川		50	260		封檐板		20	110	
前檐挑檐方		50	260		前檐明间隔扇门		50	764	2700
前檐明间第二、三步双步川		50	265		前檐次间隔扇门		50	556 □645□	2700
（各）檩	120				前檐抱框		70	160	

注：本表数据由作者根据测绘图整理。

（3）屋顶与装修

东耳房屋顶为两坡人字青瓦屋面，陡板正脊，硬山屋顶。在檩条之上铺钉椽板，椽板上直接铺盖仰合青瓦。屋面檐口部位用封檐板封护椽板端头。正脊为花脊，灰塑祥云分画心，画心内彩绘山水、吉祥图案。中堆为灰塑宝瓶，脊吻为拐子纹图案，较为简洁。山墙垂脊仍然采用灰塑祥云分画心，画心绘制彩绘图案。东山墙外墙面沿垂脊也绘有彩绘。室内为彻上明造，无任何装饰。

后期改造时将前檐用砖砌墙体封闭，开双开门，墙面抹白灰。此次修缮根据前檐柱上遗留的檐方、

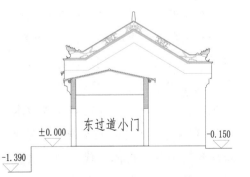

图 5-56 东耳房东立面复原图

地槛等处的卯口，恢复隔扇门。后墙仍然保留原墙体和圆形漏窗。（见图5-56至图5-58）

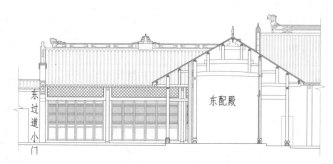

图 5-57　东耳房正立面复原图

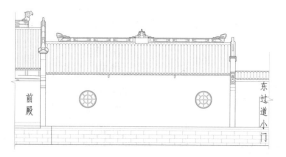

图 5-58　东耳房背立面复原图

柱础为本地红砂石斫方即用，甚为简陋。从此也可看出东耳房在整个白帝庙建筑中的地位属于级别较低的配房。

3. 东院厢房

东院厢房，位于白帝庙中轴线以东的东院东端，建筑面积118平方米。修缮前布置为家具陈列室，陈列有数套清式红木家具，最为珍贵的为太平天国时代的八大王"珠光宝气紫檀木椅"。东院厢房始建时间不详，现存建筑应建于清代，具体年代无考。虽然近代历年改造、修缮扰乱较大，但基

图 5-59　东院厢房（修缮前）

本遗留有原建时的建筑风格。东院厢房面阔 5 间，硬山屋顶，小青瓦屋面，屋面斜直，无曲折。（见图 5-59）

（1）平面布置

东院厢房面阔五间，进深内六界带前檐双步廊，采用减柱法使后檐步柱不落地做成步蜀柱。前后檐各步架呈非对称布置。通面阔 19.11 米，其中：明间面阔 5 米，左次间面阔 3.21 米，右次间面阔 3.5 米，左右尽间面阔均为 3.7 米。通进深 5.53 米，其中：内六界深 4.16 米，前檐廊深 1.37 米。后檐墙未直接包砌后檐柱，而是紧靠后檐柱砌筑。①室内地坪高于东院地坪 0.45 米。（见图 5-60）

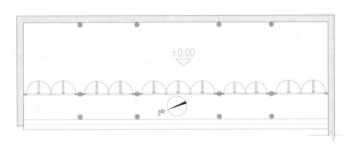

图 5-60　东院厢房平面复原图

（2）梁架结构

前檐柱高 4.83 米，后檐柱高 4.55 米，前檐柱比后檐柱高 0.28 米。前檐步柱高 5.6 米，后檐步檩上皮距地坪 5.42 米。脊檩上皮距地面 6.37 米。

东院厢房虽然也采用抬梁式与穿斗式相结合的木构架结构，但与白帝庙其他建筑相比较，木构架结构具有其特殊之处。

第一，与东院耳房做法一样，使用减柱法使后檐步柱做成蜀柱而不落地，以加大室内空间。

第二，明间正贴后檐步蜀柱立在前檐步柱与后檐墙间的六界梁上。

第三，次间边贴后檐步蜀柱落在后檐下步蜀柱与后檐金蜀柱之间的双步川上。

第四，后檐柱不直接承托后檐檩条，而是在后檐柱头上置替木，替木承托六界梁，六界梁头插入后檐墙体之内，六界梁上再立后檐蜀柱承托后檐檩。这

---

① 后期改造、修缮时将前、后檐柱均改为砖柱，此次修缮恢复为木柱。

种做法近似于五代时期北方建筑的"替木式短栱"[①]做法。在白帝庙众多的建筑之中也仅此一例。

第五，明间正贴无脊蜀柱，用托墩承托脊檩；而次间边贴则是用脊蜀柱承托脊檩。

第六，次间边贴结构较为凌乱。除使用六界梁外，纵向未使用梁作为承重构件，而是使用穿方作为承重构件。穿斗式结构特征较为突出。

据文献记载，东院厢房始建年代应晚于中院明良殿等主体建筑，那为什么东院厢房木构架结构如此特殊，且结构式样较为原始古老，是一个值得进一步深入研究的问题。

①明间正贴木构架结构

如前所述，东院厢房明间正贴梁架结构形式为内六界带前后檐双步廊[②]，采用减柱法使后檐步柱不落地。在前檐步柱与后檐墙间穿六界梁，六界梁上于后檐檩、后檐下步檩、步檩处立蜀柱承檩，后檐下步蜀柱与后檐步蜀柱间穿单步川并穿过蜀柱留川头。在前檐步柱与后檐步蜀柱间穿四界梁，并穿过前檐步柱和后檐步蜀柱留梁头。四界梁两端立前后檐金蜀柱承托前后金檩，两蜀柱间穿山界梁，并穿过金蜀柱留梁头。山界梁上安装覆云式托峰，承托脊檩和脊附檩。明间前檐柱与前檐步柱间穿双步川和双步夹底，双步川穿过前檐柱向前出挑，形成挑檐方承托挑檐檩。双步川上立下步蜀柱承托前檐下步檩，前檐下步蜀柱与前檐步柱间以单步川相连接。除脊檩和金檩下有附檩外，其余各檩下均为随檩方。（见图5-61和图5-63）

②次间边贴木构架结构

次间边贴内六界贴式与明间正贴内六界贴式的柱间结构构件有着明显的区别，其主要特征在于除六界梁外，其余连接柱间的结构构件均使用穿方而未使

---

① "替木式短栱"最早由梁思成、刘敦桢先生于1933年对大同古建筑进行第一次调查后，在其《调查报告》中提出。这种做法最早见于五代建筑平顺龙门寺西配殿。宋、辽时期不仅出现在辽地，在宋地晋中南地区也存在。至元代流行且集中在晋中汾州（今汾阳）区域。明清时期，普及于晋西南、晋中吕梁山以西和陕北绥德地区、晋北和河北张家口地区。"替木式短栱"最初仅在低等级建筑中使用。在宋、辽、金建筑实例中，也多用于民间建筑，或置于高等级建筑的配殿或副阶。至明清时期，已完全没有了等级界限，不仅广泛应用于民间建筑，在大型的官式建筑中也普遍使用。见彭明浩.试析"替木式短栱"[J].中国建筑史论汇刊，2014(9).
② 内六界中前檐二界，后檐四界，呈非对称结构。

用梁。具体地讲：在前檐步柱与后檐墙间穿六界梁，在六界梁上于后檐檩、后檐下步檩、后檐金檩处立蜀柱承托后檐檩、后檐下步檩和后檐金檩，并在后檐下步蜀柱与后檐金蜀柱间穿双步川，双步川上立后檐步蜀柱承托后檐步檩。在后檐金蜀柱与前檐步柱间穿三步川，三步川上立前檐金蜀柱承托前檐金檩，前后檐金蜀柱间穿双步川，川上立脊蜀柱承托脊檩及脊附檩，并在前檐金蜀柱与前檐步柱间穿单步川连接两柱，各川均穿过柱头留有川头。次间边贴前檐廊构架形式与明间正贴相同，除脊檩外其余各檩均有随檩。（见图5-62和图5-64）

图5-61　东院厢房明间正贴结构（修缮前）　图5-62　东院厢房次间边贴结构（修缮后）

图 5-63　东院厢房明　　图 5-64　东院厢房次间　　图 5-65　东院厢房尽间
间正贴复原图　　　　　　边贴复原图　　　　　　　边贴复原图

③尽间边贴木构架结构

尽间边贴无木构架结构，屋面檩条直接插入山墙之内承托屋面结构。除前檐步檩和前檐挑檐檩有随檩方外，其余各檩均无随檩方。（见图5-62和图5-65）木构件尺寸见表5-8。

（3）屋顶与装饰

东院厢房屋顶为两坡人字青瓦屋面，陡板正脊，硬山屋顶。在檩条之上铺钉桷板，桷板上直接铺盖仰合青瓦。屋檐口用封檐板封护桷板端头。正脊为花脊，灰塑祥云分画心，画心内彩绘人物故事，中堆为拐子纹图案，刹下正脊处灰塑人物故事。脊吻灰塑祥云和动物。

图 5-66　东院厢房（修缮后）

东院厢房两山及背后檐墙面均为砖砌墙体抹白灰。此次修缮前室内加建简易吊顶，并于次间边贴处砌筑墙体，将两尽间隔为单独的展室。前檐也砌筑墙体抹白灰，开双开门进出。此次修缮根据檐方和前檐步柱上的卯口，修缮设计应在前檐步柱处安装隔扇门，但因布展需要而未安装，形成前檐全部敞开。室内为彻上明造，无任何装饰。（见图 5-66 和图 5-67）

柱础为本地青石打制，上圆下方石鼓式，打制较为简单，未雕饰任何图案。

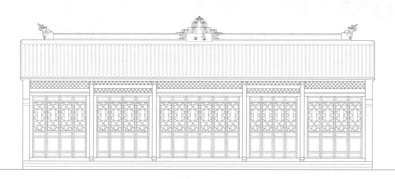

图 5-67　东院厢房正立面复原图

表 5-8　东院厢房主要构件尺寸

单位：mm

构件名称	直径	断面		总高/长	构件名称	直径	断面		总高/长
		宽/厚	高/长				宽/厚	高/长	
前檐檐柱	220			4850	前檐次间双步川		90	195	
前檐步柱	220			5600	明间山界梁上托墩		120	970	775

构件名称	直径	断面		总高/长	构件名称	直径	断面		总高/长
		宽/厚	高/长				宽/厚	高/长	
后檐檐柱	220			4545	前檐次间第二步架单步川	45		140	
前檐明间下步蜀柱	140				次间内四界带后檐廊六界梁		200	200	
前檐明间金蜀柱	160				后檐次间第二、三步架双步川		50	220	
后檐明间下步蜀柱	160				前后檐脊步双步川		50	210	
后檐明间步蜀柱	160				前檐明、次间挑檐方		90	195	
后檐明间金蜀柱	160				（各）檩	150			
前檐次间下步蜀柱	140				前檐各间步檩随檩方		60	150	
前檐次间金蜀柱	200				明、次间各檩随檩方		50	140	
后檐次间下步蜀柱	200				明间脊、金檩附檩		150	150	
后檐次间步蜀柱	200				前檐梢间檐檩随檩方		50	150	
后檐次间金蜀柱	200				次间脊檩附檩		150	150	
次间脊蜀柱	200				前檐檐方		80	180	
柱础	300			230	前檐步方		80	180	
前檐明间双步川		90	195		前檐下槛		80	180	
前檐明间双步夹底		60	325		前檐横批窗		60	1585	
前后檐明间第二步架单步川		45	140		封檐板		20	125	
明间内四界带后檐廊六界梁		200	200		前檐明间隔扇门		60	738	3375

续表

构件名称	直径	断面		总高/长	构件名称	直径	断面		总高/长
		宽/厚	高/长				宽/厚	高/长	
明间四界梁		200	220		前檐次间隔扇门	60	661（733）	3375
明间山界梁		190	210		前檐梢间隔扇门	60	759	3375
前檐明间金步架单步川		40	135		前檐抱框	80	175	

注：本表数据由作者根据测绘图整理。

（三）西院建筑

1. 武侯祠

武侯祠，位于白帝庙中轴线以西的西侧院，东邻明良殿，且共用明良殿西山墙；西与西配殿共墙相邻。祠内祭祀诸葛祖孙三代，正堂中端坐诸葛武侯塑像，羽扇纶巾。两边分别是他的儿子诸葛瞻和孙子诸葛尚的塑像。现存建筑应为清代重修，具体年代无考。历代均有改造、修缮，但基本保存了原建时的建筑风格。武侯祠面阔三间，硬山屋顶，青瓦屋面，屋面斜直，无曲折。建筑面积86平方米。（见图5-68）

图5-68　武侯祠（修缮前）

（1）平面布置

武侯祠面阔三间，进深内六界带前檐双步后檐三步廊。通面阔10.09米，其中：明间面阔4.08米，左次间面阔3.1米，右次间2.91米。通进深7.36米，其中内六界深4.16米，前檐廊深1.4米，后檐廊深1.8米，各界非均匀分布。后檐墙未包砌后檐廊柱，而是砌筑在后檐柱之外0.08米处。东面共用明良殿西山墙，西面共用西配殿东山墙。正面东侧一个半开间被西厢房挡住。（见图5-69）

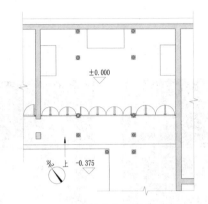

图5-69 武侯祠平面复原图

（2）梁架结构

前檐柱高4.68米，后檐柱高4.37米，前檐柱高于后檐柱0.31米。前檐步柱高5.27米，后檐步柱高5.35米，前檐步柱低于后檐步柱0.08米。脊檩上皮距地坪高7.42米。

明间正贴为抬梁式与穿斗式相结合的木构架结构。前檐步柱与前檐柱间穿双步川，双步川穿过前檐柱向前出挑，形成挑檐方承托檐檩。双步川下穿双步夹底。双步川上立下步蜀柱承托下步檩，下步蜀柱与步柱间再穿单步川。后檐柱与后檐步柱间穿三步川，三步川下穿三步夹底。三步川上分别立下步蜀柱1、2承托下步檩1、2，在下步蜀柱间和下步蜀柱2与后檐步柱间穿单步川。

前后步柱间穿六界梁，梁的两端置覆云式托墩承托四界梁，四界梁的两端头承托下金檩和随檩方，随檩方两侧安装角背。紧靠角背内侧分别再置覆云式托墩承托山界梁，山界梁两端梁头承托上金檩，上金附檩穿入山界梁内。山界梁中置覆云式托墩承托脊檩，脊附檩穿入托墩中。武侯祠内六界梁架结构与白帝庙其他建筑相比较，其抬梁式特征更为明显。

次间边贴无木构架，屋面檩条直接插入两山墙内承托屋顶结构。（见图5-70至图5-73）木构件尺寸见表5-9。

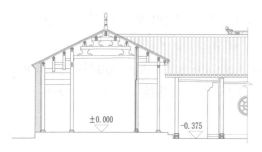
图 5-70 武侯祠明间正贴图复原图

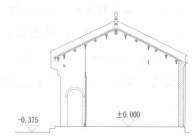
图 5-71 武侯祠次间边贴图复原图

图 5-72 武侯祠前檐结构（修缮前）

图 5-73 武侯祠室内结构（修缮前）

表 5-9 武侯祠主要构件尺寸

单位：mm

构件名称	直径	断 面		总高／长	构件名称	直径	断 面		总高／长
		宽／厚	高／长				宽／厚	高／长	
前檐明间左檐柱	190			4680	明间山界梁		200	200	
前檐明间右檐柱	200			4680	明间六界梁上托墩		80	400	920
前檐明间左步柱	200			5350	明间四界梁上角背		80	230	280
前檐明间右步柱	230			5350	明间四界梁上托墩		80	400	920
后檐明间左步柱	200			5270	明间山界梁上托墩		80	400	920
后檐明间右步柱	220			5270	脊檩	150			
后檐明间檐柱	200			4370	（各）檩	140			

续表

构件名称	直径	断面		总高/长	构件名称	直径	断面		总高/长
		宽/厚	高/长				宽/厚	高/长	
前檐明间下步蜀柱	150				前后檐上金檩附檩		160	160	
后檐明间下步蜀柱1	150				脊檩附檩		180	180	
后檐明间下步蜀柱2	150				前檐明间挑檐方		160	190	
柱础		300	300	140	前檐檐方		150	150	
前檐明间双步川		160	190		前檐步方		50	140	
前檐明间双步夹底		50	290		后檐步方		50	280	
前檐明间第二步架单步川		50	140		前檐上槛		50	140	
后檐明间三步川		40	270		前檐下槛		100	230	
后檐明间三步夹底		50	320		前檐夹堂板		20	1540	
后檐明间第二步架单步川		50	150		封檐板		20	185	
后檐明间第三步架单步川		40	135		前檐明间隔扇门		40	620	3020
明间四界梁		160	160		前檐次间隔扇门		40	710（620）	3020
明间六界梁		160	160		抱框		50	80	

注：本表数据由作者根据测绘图整理。

（3）屋顶与装饰

武侯祠屋顶为硬山屋顶，青瓦屋面，陡板正脊。自身无独立山墙，与明良殿、西配殿共用山墙。正脊以灰塑祥云分画心，画心彩绘山水风景图案；脊座彩绘祥云。中堆灰塑城门楼。脊上灰塑均施以重彩，地方特色鲜明。在前檐步柱处安

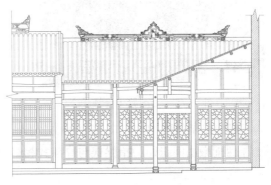

图5-74　武侯祠正立面复原图

装冰纹隔扇门，前檐柱与步柱间形成前檐廊。修缮前在与西配殿共用山墙上开券门洞相通，此次修缮将此门洞封闭。室内为彻上明造，无任何装饰。修缮前地面为青砖铺地，此次修缮改为青石板地面。（见图 5-74）

武侯祠前檐廊柱柱础石为本地青石打制，较为精美。而步柱和后檐柱柱础石用本地黄砂石打成鼓形，较为简单。

2. 西配殿

西配殿，位于白帝庙中轴线以西的西侧院北端，东面与武侯祠相邻并共用山墙，建筑面积 100 平方米，旧为西罗汉堂，修缮前称西碑林，存有隋唐至明清时珍贵名碑数十通。[①] 西配殿始建年代不详，现存建筑应建于清代，具体年代无考。虽然近代历年改造、修缮扰乱较大，但其建筑结构基本遗留有原建时的建筑风格。硬山屋顶，青瓦屋面，屋面斜直，无曲折。（见图 5-75）

（1）平面布置

西配殿面阔三间，进深内六界带前双步后三步廊。通面阔 12.18 米，其中：明间面阔 5.05 米，左次间面阔 3.58 米，右次间面阔 3.55 米。通进深 7.52 米，其中：内六界深 4.16 米，前檐廊深 1.4 米，后檐廊深 1.96 米。后檐墙未包砌后檐柱，而是砌筑在后檐柱外 0.05 米处。（见图 5-76）

图 5-75　西配殿（修缮前）

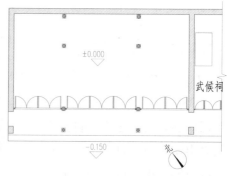

图 5-76　西配殿平面复原图

（2）梁架结构

西配殿明间正贴为抬梁式与穿斗式相结合的木构架结构，次间边贴无木构

---

① 陈剑. 白帝寺始建时代及现存文物概述 [J]. 四川文物，1996(2):30.

架，屋面檩条直接插入山墙内承托屋顶结构。其梁架结构形制与武侯祠完全相同，以此可以推定西配殿的建造时期应该与武侯祠为同一时期。

前檐柱高 5.1 米，后檐柱高 4.75 米，前檐柱高于后檐柱 0.35 米。前檐步柱高 5.75 米，后檐步柱高 5.7 米，前檐步柱高于后檐步柱 0.05 米。脊檩上皮距地坪 6.72 米。

前檐柱与步柱间穿双步川，双步川穿过前檐柱向前出挑，形成挑檐方承托挑檐檩。双步川上立下步蜀柱承托下步檩。双步川下穿双步夹底。下步蜀柱与步柱间穿单步川。后檐柱与后檐步柱间穿三步川，三步川下穿三步夹底。三步川上分别置下步蜀柱 1、2 承接下步檩 1、2，并在下步蜀柱间和后檐步柱间穿单步川。与东配殿不同的是，在后檐廊柱三步川下置蒲鞋头承托三步川。[①] 次间山墙无木构架，屋面檩条直接插于山墙墙体之中。

明间正贴内六界为穿斗式与抬梁式相结合的混合结构。前后步柱上穿六界梁，六界梁上置覆云状托峰承托四界梁。四界梁两端直接承托下金檩及随檩方，随檩方两侧安装角背，四界梁中端再置两个覆云状托峰承托山界梁。山界梁两端直接承托上金檩，上金附檩穿入山界梁内。中端仍然置覆云状托峰承托脊檩和附檩。

两次间无木构架，檩条直接插入两山墙内承托屋顶结构。（见图 5-77 至图 5-79）木构件尺寸见表 5-10。

 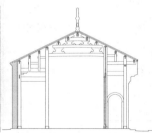 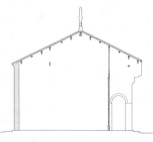

图 5-77　西配殿梁架结构 （修缮中）　　图 5-78　西配殿明间 正贴复原图　　图 5-79　西配殿次间 边贴复原图

① 西配殿后檐柱上的蒲鞋头形制不似真正的蒲鞋头，比蒲鞋头造型更为简单，但其功用应与蒲鞋头或丁头栱相似，暂称之为"蒲鞋头"。

表 5-10　西配殿主要构件尺寸

单位：mm

构件名称	直径	断面宽/厚	断面高/长	总高/长	构件名称	直径	断面宽/厚	断面高/长	总高/长
前檐明间檐柱	190			5100	明间六界梁上托墩		80	950	270
前檐明间步柱	230			5765	明间四界梁上角背		80	250	185
后檐明间步柱	220			5690	明间四界梁上托墩		80	950	270
后檐明间檐柱	220			4755	明间山界梁上托墩		80	950	395
前檐明间下步蜀柱	130				各檩	120			
后檐明间下步蜀柱1	130				各随檩方		50	120	
后檐明间下步蜀柱2	130				明间上金檩附檩		150	150	
柱础		260	260	160	明次间脊檩附檩		180	180	
前檐明间双步川		180	200		前檐檐方		120	120	
前檐明间双步夹底		50	300		前檐步方		50	260	
前檐明间挑檐方		180	200		后檐明间檐方		50	240	
前檐明间第二步架单步川		50	135		后檐次间步方		50	260	
后檐明间三步川		45	260		前檐上槛		80	300	
后檐明间三步夹底		40	320		前檐下槛		80	300	
后檐明间第二步架单步川		50	150		前檐夹堂板封檐板		20		1420
后檐明间第三步架单步川		50	135		前檐明间隔扇门		60	770	3250
明间六界梁		200	200		前檐次间隔扇门		60	780（762）	3250

续表

构件名称	直径	断面		总高/长	构件名称	直径	断面		总高/长
		宽/厚	高/长				宽/厚	高/长	
明间四界梁		180	180		抱框		80	115	
明间山界梁		220	220						

注：本表数据由作者根据测绘图整理。

（3）屋顶与装修

西配殿屋顶为硬山屋顶，青瓦屋面，陡板正脊。上脊为砖雕镂空"十"字格，下脊为灰塑绶带分画心，画心彩绘吉祥图案，并施重彩。中堆为凤凰、祥云、宝瓶组合图案。中堆下当勾处灰塑桃园三结义（正面），图案奇特精美。脊吻灰塑山、亭、鹿。屋面瓦直接铺到山墙之上，无垂脊。

修缮前前檐无门窗，在两次间做成矮凳，明间开敞。此次修缮中根据前檐额方和柱上留有的卯口分析，设计恢复前檐三个开间隔扇门和前檐额方以上的木装板墙壁，但因布展需要而未安装，形成前檐全部敞开。室内为彻上明造，无任何装饰。（见图5-80）

西山墙墙面上部绘制有精美彩绘。

西配殿前檐柱础石在材质和式样上均与武侯祠一致，但其步柱和后檐柱柱础石材质上虽然与武侯祠一样采用本地黄砂石，但打制极为简单，仅将其斩方即用。

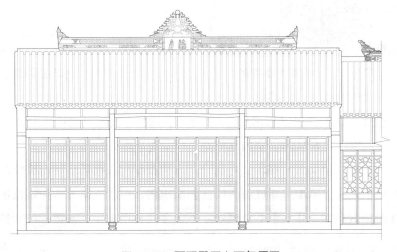

图5-80　西配殿正立面复原图

3. 西耳房

西耳房，位于白帝庙中轴线以西的西侧院南端，东侧屋面与前殿相接，并共用前殿西山墙，西侧为观星亭，建筑面积 90.94 平方米。修缮前为悬棺陈列室，主要陈列三峡库区著名的瞿塘峡悬棺。始建年代不详，现存建筑应建于清代，具体年代无考。虽然近代历年改造、维修扰乱较大，前檐后期加砌砖墙封闭，面饰白灰，开双开门进出，但基本遗留有原建时的建筑风格。硬山屋顶，青瓦屋面，屋面斜直，无曲折。（见图 5-81）

（1）平面布置

西耳房面阔三间，进深内六界带前后单步廊。通面阔 11.95 米，其中：明间面阔 5.09 米，右次间面阔 3.52 米，左次间面阔 3.34 米。通进深 6.79 米，其中：内六界深 4.73 米，各界不均匀分布。前檐廊深 1.02 米，后檐廊深 1.04 米。后檐墙未包砌后檐柱，而是砌筑在后檐柱外 0.43 米处[①]，后檐墙在两次间开圆形漏窗。西厢房挡去其东面一个多开间。（见图 5-82）

图 5-81　西耳房（修缮前）

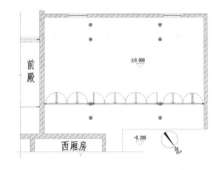

图 5-82　西耳房平面复原图

（2）梁架结构

前檐廊柱高 4.47 米，后檐廊柱高 4.4 米，前檐柱高于后檐柱 0.07 米。脊檩下皮距室内地坪高 6.24 米，室内地坪高于西侧院地坪 0.2 米。

明间正贴为抬梁式与穿斗式相结合的木构架结构。前后步柱与檐柱间穿单步川和单步夹底，单步川穿过前后檐柱向前出挑，形成挑檐方承托挑檐檩。前后步柱间穿六界梁，其上于下金檩处立下金蜀柱直接承接下金檩。前后檐下金

---

① 疑为后期加筑本地泥坯砖，据现场察勘，后步柱上尚存上、下槛卯口。据此分析，原建后檐墙应为木装板墙壁。此次维修未予复原。

蜀柱间穿四界梁，并穿过下金蜀柱留梁头，其上于上金檩处立上金蜀柱承接上金檩。前后上金蜀柱间穿山界梁，并穿过上金蜀柱留梁头，其上立脊蜀柱承接脊檩和附檩。

次间山墙无木构架，屋面檩条直接插入山墙墙体之中。（见图5-83至图5.85）木构件尺寸见表5-11。

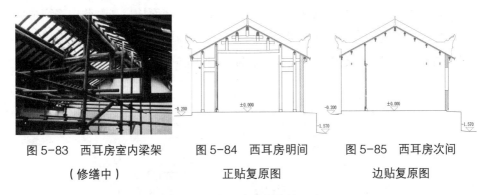

图5-83　西耳房室内梁架　　图5-84　西耳房明间　　图5-85　西耳房次间

（修缮中）　　　　　　　正贴复原图　　　　　　边贴复原图

表5-11　西耳房主要构件尺寸

单位：mm

构件名称	直径	断面		总高/长	构件名称	直径	断面		总高/长
		宽/厚	高/长				宽/厚	高/长	
前檐檐柱	200			4465	各随檩方		50	120	
前檐步柱	200			5000	明、次间脊檩附檩		150	150	
后檐步柱	200			4950	明间上金檩附檩		150	150	
后檐檐柱	200			4400	前檐檐方		50	145	
前檐上、下金蜀柱	200				前檐步方		70	200	
后檐上、下金蜀柱	200				前檐上槛		70	140	
柱础		240	240	280	前檐下槛		70	300	
前檐单步川		150	200		后檐檐方		50	145	
前檐单步夹底		50	340		后檐步方		50	145	
前檐挑檐方		150	200		前檐明间隔扇门		50	775	3070
后檐单步川		150	200		前檐次间隔扇门		50	720（590）	3070
后檐单步夹底		50	340		抱框		70	120	
后檐挑檐方		150	200		封檐板		20	100	
各檩	150								

注：本表数据由作者根据测绘图整理。

（3）屋顶与装修

西耳房屋顶为小青瓦硬山屋顶，陡板正脊，硬山垂脊。正脊、垂脊均以灰塑佛手分画心，画心灰塑三国故事和吉祥图案。脊刹为规则的几何图案，脊吻为鱼吻。西山墙垂脊下墙面灰塑吉祥图案。以上灰塑均施以重彩，具有较典型的地方特色。

后期改造时将前檐用砖砌墙体封闭，双开门，墙面抹白灰。此次修缮根据前檐柱上遗留的檐方、地槛等处的卯口，恢复隔扇门。后墙仍然保留原墙体和圆形漏窗。室内为彻上明造，无任何装饰。（见图5-86）

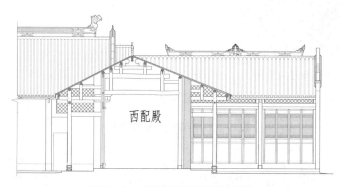

图 5-86　西耳房正立面复原图

柱础为本地红砂石斩方即用，甚为简陋。从此也可看出西耳房在整个白帝庙建筑中其地位属于级别较低的配房。

4. 观星亭

观星亭，位于白帝庙前殿右侧，西院南边，西耳房西侧。同治十一年（公元1872年）鲍康所建。重檐六角攒尖顶，建筑面积38平方米。（见图5-87）当地传说三国时诸葛亮率领大军入川时，曾在此观星象，指挥作战，因此而得名"观星亭"。此说不足以信。

（1）平面布置

观星亭建于六角形的三级台基之上，平面柱网呈六角形，分内外两层布置，共十二柱，外层

图 5-87　观星亭（修缮前）

檐柱每面面阔 3.82 米，里层步柱每面面阔 2.06 米。[①]（见图 5-88）

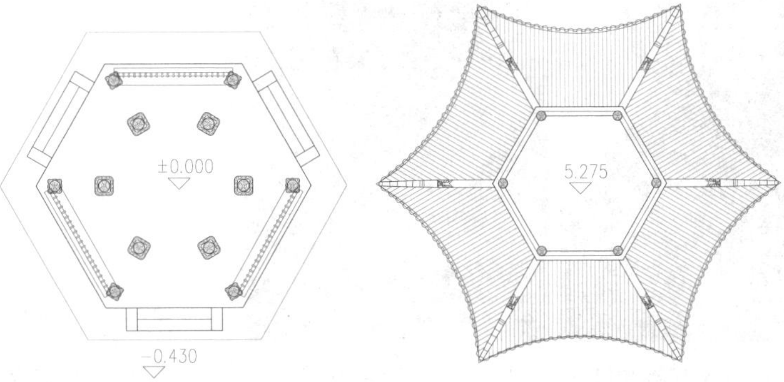

图 5-88　观星亭一层平面（左），二层平面（右）复原图

（2）梁架结构

观星亭梁架结构为抬梁式与穿斗式相结合的木构架，具有典型的南方亭阁建筑结构的特征。

一层檐柱高 4.43 米，二层檐柱高 10.1 米。雷公柱顶距室内地皮高 11.29 米，二层屋面宝顶顶部最高点距室内地面高 12.1 米。

一层步柱与檐柱间穿双步川，双步川穿过檐柱向外出挑，形成挑檐方承托挑檐檩，挑檐方下用支撑弓，使之更加牢固。双步川下穿双步夹底，上立蜀柱承托下檐金檩。亭内一层天棚为六角履盆藻井。

二层檐柱由一层步柱直接向上伸出至二层屋面承托二层檐檩和附檩。[②] 二层檐柱外安装挑檐方承托二层挑檐檩，挑檐方下仍然用支撑弓。二层室内于六根檐柱上部对穿抬梁三根，三根抬梁上分别立下金蜀柱六根承托二层屋面下金檩。在三根抬梁交叉的中心立中柱，中柱与六根下金蜀柱间穿川方，并穿过下金蜀柱出头。川方上立上金蜀柱承托二层上金檩，上金蜀柱与中柱间仍穿川方连接。屋面翼角采用发戗方式高高翘起，并辅以虾须木加固翼角结构。（见图 5-89 至图 5-91）木构件尺寸见表 5-12。

—————————

① 二层无廊，由一层步柱向上伸出承接二层檐檩。
② 此次维修时，施工单位未拆开一层天棚和二层木楼板，但在对柱的测量中发现一层步柱直径为 315mm，而二层檐柱直径却为 250mm，明显小于一层柱径，因此疑为在一层天棚与二层楼板之间接柱。

图 5-89　一层翼角结 　　图 5-90　二层屋面结构 　　图 5-91　观星亭剖面
　　构（修缮后）　　　　　　（修缮后）　　　　　　　复原图

表 5-12　观星亭主要构件尺寸

单位：mm

构件名称	直径	断 面		总高/长	构件名称	直径	断 面		总高/长
		宽/厚	高/长				宽/厚	高/长	
外围柱	290				太平梁（下）	260			
一层步蜀柱	180				太平梁（中）	220			
外围柱础	330		420		太平梁（上）	300			
一层双步川		80	200		二层双步川		80	250	
一层双步夹底		60	280		二层单步川		60	200	
一层挑檐方		150	270		二层檐方		70	140	
一层单步川		60	140		二层围脊方		70	330	
一层围脊方		180	200		二层挑檐方		200	250	
一层挑檐八角檩		120	120		二层挑檐八角檩		120	120	
一层八角檐檩		150	150		二层八角檐檩		150	150	
一层随檩方		50	130		二层八角金檩		120	120	
一层楼面承重		40	210		二层随檐方		50	130	
一层楼板		30			老戗		100	120	
内围柱	315				嫩戗		100	100	
二层步蜀柱	200				虾须木		60	80	
二层金蜀柱	200				撑弓		65	250	
雷公柱	260								

注：本表数据由作者根据测绘图整理。

（3）屋顶与装修

观星亭为重檐六角攒尖顶，二层不上人。一层六根檐柱将亭分为六面，三面做美人靠，三面开启通向亭内。二层柱间施裙板。所有木构件均涂为红棕色。屋面维修前为黄色琉璃瓦，此次维修将屋面改铺绿色琉璃瓦。屋面六根垂脊高高翘起，并雕有龙头、花饰。亭顶灰塑荷叶覆顶，上竖宝顶，垂脊、宝顶均涂以鲜艳色彩，显得十分的古朴、典雅。（见图5-92和图5-93）

图5-92　观星亭（修缮后）　　　　图5-93　观星亭立面复原图

亭内一层天棚为六角履盆藻井，水墨单勾八宝图案。

柱础均为本地青峡石打制，檐柱与步柱为两种不同式样，构图奇特，打制精美。

亭内用本地青峡石打制圆形石桌一张、石鼓凳四个。石桌桌面边沿立面上阴刻有清同治年间奉节知县吕辉所题杜甫《登高》诗句。二层悬挂一铜制古钟。白帝庙观星亭与北方钟楼或亭的做法有很大的差别，它带有浓厚的南方园林建筑的风格。

5. 白楼

白楼位于白帝庙西侧院西侧。始建于1919年，为一西式三层洋楼，占地面积99平方米，建筑面积298平方米。先后由民国军阀张钫和李魁元兴建。其置于白帝庙传统建筑之中虽然极不协调，但随着时间的推移，它也确成了白帝庙的标志性建筑之一。

白楼面阔三间，进深一间带周回廊。通面阔 12.88 米，其中：明间面阔 4.22 米，两次间面阔 2.78 米，两侧廊面阔 1.55 米。通进深 6.9 米，其中：心间进深 3.92 米，前廊深 1.53 米，后廊深 1.45 米。砖混结构，木屋架，四坡屋顶，青瓦屋面。柱子和墙体表面均饰白灰，故称"白楼"。墙根用白灰膏做出踢脚线。近代折中式门窗，三层围廊均安装西式栏杆。一层地面后期改为水泥地面；二、三层地面为木地板。柱头、窗洞及栏杆均做线脚，体现了西式建筑元素。（见图 5-94 和图 5-95）

图 5-94　白楼（修缮前）

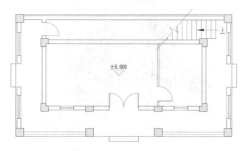

图 5-95　白楼一层平面复原图

6. 后庙门

后庙门位于白帝庙西北角后院西配殿与白楼之间围墙处。为 20 世纪 80 年代白帝庙对外开放时新建。[①] 垂花门式样，面阔一间，进深一间，单檐歇山屋顶，青瓦屋面。

后庙门通面阔 3.28 米，通进深 1.42 米，建筑面积约 9 平方米。檐高 2.87 米，总高 4.48 米。屋面檩条上铺钉 80 毫米 × 40 毫米扁直椽板，椽板中距 140 毫米。其结构较为特殊，具有典型的地方特色。担山式屋面木构架由金墙（庙墙）承托，而无其他任何承重结构。金墙中间开矩形什锦门洞，安装板门。檩、梁、方、垂花柱、板门、挂落等木构件，木装修均做单皮地仗，刷棕色油

---

① 据当地文管部门同志介绍，原建此处无门，系新修庙外"碑林"时为了方便游客游览加建的此门。

饰。地面用 260 毫米 × 130 毫米 × 65 毫米青条砖铺墁，青石台阶直通庙外"碑林"（见图 5-96 和图 5-97）。

图 5-96　后庙门（修缮后）

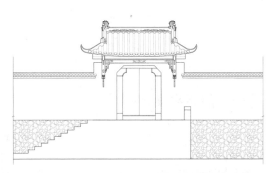

图 5-97　后庙门正立面复原图

六　白帝庙建筑特征

（一）建筑平面特征

1. 面阔分析

宋《营造法式》卷三"定平条"中述："凡定柱础取平，须更用真尺较之。其真尺长一丈八尺，广四寸，厚二寸五分。当心上立标高四尺，于立标当心自上至下，施墨线一道，垂绳坠下，令绳对墨线心，则其下地面自平。"[①]这里虽然说明的是两基础之间水平距离校正用尺的方法，但是可以从中推测出两基础之间的距离为十八尺。据田永复先生对唐、宋、辽时期十五座建筑面阔尺寸的统计，可以得出"心间不越十八尺"的结论。折算为现代公制尺度，心间面阔约为 5.3 米～ 5.6 米。[②]

清《工程做法则例》规定了各式建筑的具体尺寸。卷一·九檩单檐庑殿周围廊单翘重昂斗科斗口二寸五分大木做法，明间"面阔一丈九尺二寸五分"[③]，折算为现代公制为六米；"次间收分一攒，得面阔一丈六尺五寸"[④]，折算为现代公制为 5.15 米。卷二·九檩歇山转角前后廊单翘单昂斗科斗口三寸大木做法，明间"面阔一丈六尺五寸"[⑤]，折算为现代公制为 5.15 米；"次间收分一攒，得面阔一丈三尺二寸"[⑥]，折算为现代公制为 4.12 米。卷七·九檩大木做法，（无斗栱建筑）

---

① 李诚 . 营造法式 [M]. 上海：商务印书馆，1954:53.
② 田永复 . 中国园林构造设计 [M]. 北京：中国建筑工业出版社，2015:10.
③ 王璞子 . 工程做法注释 [M]. 北京：中国建筑工业出版社，1995:73.
④ 王璞子 . 工程做法注释 [M]. 北京：中国建筑工业出版社，1995:73.
⑤ 王璞子 . 工程做法注释 [M]. 北京：中国建筑工业出版社，1995:80.
⑥ 王璞子 . 工程做法注释 [M]. 北京：中国建筑工业出版社，1995:80.

明间"面阔一丈三尺……次、梢间面阔，临期酌夺地势定尺寸"①，折算为现代公制明间面阔为 4.06 米，次、梢间面阔依次酌减；卷二十四·七檩小式大木做法，（无斗栱建筑）明间"面阔一丈五寸，……次、梢间面阔，临期酌夺地势定尺寸"②，折算现代公制明间面阔为 3.28 米，次、梢间面阔依次酌减。

《营造法原》未对明间面阔尺寸作具体描述，只是规定"按次间面阔加一"③。

如表 6-1 所示，白帝庙各建筑，明间面阔大部分在 5 米以上，仅东、西厢房和武侯祠明间面阔小于 5 米。最宽的前殿明间面阔为 5.45 米，最窄的西厢房面阔为 3.97 米。如按清《工程做法则例》其明间面阔均大于无斗栱建筑面阔。东、西厢房和武侯祠明间面阔接近于九檩大木无斗栱建筑。仅从明间面阔尺寸而言，其用尺较大、建筑等级较高。④

表 6-1　白帝庙建筑面阔尺寸统计

单位：m

序号	建筑名称	面阔间数	通面阔	其中：					左右次尽间是否对称
				明间	左次间	右次间	左尽间	右尽间	
1	前殿	五间	20.79	5.45	4.1	4.1	3.57	3.57	对称
2	明良殿	五间	22.62	5.29	4	4	4.69	4.64	基本对称
3	东厢房	三间	10.3	4	3.45	2.85	—	—	不对称
4	西厢房	三间	10.52	3.97	3.28	3.27	—	—	基本对称
5	东配殿	三间	13.69	5.15	4.2	4.34	—	—	不对称
6	武侯祠	三间	10.09	4.08	3.1	2.91	—	—	不对称
7	西配殿	三间	12.18	5.05	3.58	3.55	—	—	基本对称
8	东院厢房	五间	19.11	5	3.21	3.5	3.7	3.7	不对称
9	东耳房	三间	14.65	5.1	5.05	4.5	—	—	不对称
10	西耳房	三间	11.95	5.09	3.34	3.52	—	—	不对称

注：本表数据由作者根据测绘图整理。

---

① 王璞子．工程做法注释 [M]．北京：中国建筑工业出版社，1995：100．

② 王璞子．工程做法注释 [M]．北京：中国建筑工业出版社，1995：163．

③ 姚承祖，原著；张至刚，增编；刘敦桢，校阅．营造法原 [M]．北京：中国建筑工业出版社，1986：29．

④ 这里所指建筑等级较高，并非历代朝廷颁布的建筑典章制度中所述之等级，而仅指其用尺尺度较大而已。由于三峡地区地处西南腹地，远离京城政治中心，山高地远，执行朝廷建筑典章规制较为松弛，僭越典章时有发生，加上民间建筑随意性强，因此形成建筑用尺的"非典章化"现象。

2. 进深分析

宋《营造法式》卷五中述:"用椽之制,椽每架平不过六尺,若殿阁或加五寸至一尺五寸……"[①] 按此推算,宋制建筑最大进深可达七十五尺,折算为现代公制则为 23.4 米。

清《工程做法则例》卷一·九檩单檐庑殿周围廊单翘重昂斗科斗口二寸五分大木做法,"如进深每山分间,……明间、次间各得面阔一丈一尺。再加前后廊各深五尺五寸,得通进深四丈四尺"[②],折算为现代公制为 13.7 米左右,明间宽深比为 1:2.286。卷二·九檩歇山转角前后廊单翘单昂斗科斗口三寸大木做法,"……得进深二丈九尺七寸"[③],折算为现代公制为 9.27 米,明间宽深比为 1:1.8。卷二十四·七檩小式大木做法,(无斗栱建筑)"进深一丈八尺"[④],折算为现代公制为 5.32 米,明间宽深比为 1:1.72。

《营造法原》第五章厅堂总论中述:"其进深可分为三部分,即轩、内四界、后双步。"[⑤] 第七章殿堂总论中述:"殿庭之深,亦无定制,自六界,八界以至十二界。"[⑥] 据此,可以推算出厅堂建筑最大进深在 10 米左右,而殿堂等大型建筑进深在 17 米左右。

如表 6-2 所示,白帝庙除明良殿通进深为 10.92 米外,其余建筑通进深均在 10 米以内。按照《营造法原》的划分均属于厅堂、余屋之类,而没有殿堂建筑。同时,白帝庙建筑进深还具有以下特征:中轴线上除明良殿进深较深外,前殿、东西厢房进深均在 8 米左右;纵向排列的东、西配殿和武侯祠也均在 7 米左右;东、西耳房等辅助性建筑进深则在 6 米左右,建筑进深均较浅。按照中国古建筑明间面阔决定檐柱高度,进深决定屋面坡度(高度)的原则,从而决定了白帝庙建筑总高度相对低矮。

---

① 李诫.营造法式 [M].上海:商务印书馆,1954:110.
② 王璞子.工程做法注释 [M].北京:中国建筑工业出版社,1995:73.
③ 王璞子.工程做法注释 [M].北京:中国建筑工业出版社,1995:80.
④ 王璞子.工程做法注释 [M].北京:中国建筑工业出版社,1995:163.
⑤ 姚承祖,原著;张至刚,增编;刘敦桢,校阅.营造法原 [M].北京:中国建筑工业出版社,1986:21.
⑥ 姚承祖,原著;张至刚,增编;刘敦桢,校阅.营造法原 [M].北京:中国建筑工业出版社,1986:36.

表 6-2　白帝庙建筑进深尺寸统计

单位：m

序号	建筑名称	进深形式	通进深	其中：				前后心间是否对称
				前廊	后廊	前檐心间	后檐心间	
1	前殿	内六界带前檐双步后檐三步廊	8.4	1.5	2.1	2.4	2.4	对称
2	明良殿	内六界带前檐双步后檐四步廊	10.92	1.87	3.29	2.96	2.8	不对称
3	东厢房	内六界带前后檐双步廊	8.25	1.9	1.87	1.88	2.6	不对称
4	西厢房	内六界带前后檐双步廊	8.4	1.96	1.98	1.68	2.78	不对称
5	东配殿	内七界带后檐双步廊	6.84	—	1.8	2.16	2.88	不对称
6	武侯祠	内六界带前檐双步后檐三步廊	7.36	1.4	1.8	2	2.16	不对称
7	西配殿	内六界带前檐双步后檐三步廊	7.43	1.41	1.96	2.03	2.03	对称
8	东院厢房	内四界带前檐双步廊	5.53	1.37	1.34	1.37	1.45	不对称
9	东耳房	内四界带前檐三步后檐双步廊	6.19	2.1	1.37	1.36	1.36	对称
10	西耳房	内六界带前后檐单步廊	6.79	1.02	1.04	2.31	2.42	不对称

注：本表数据由作者根据测绘图整理。

3. 主要特征

白帝庙各建筑平面见图 6-1，其平面布置具有以下特征。

① 东西厢房、东西配殿、东西耳房和武侯祠面阔为三开间。前殿、明良殿和东院厢房面阔为五开间。

② 除明良殿前的东西厢房为悬山建筑外，其余均为硬山建筑。

③ 砖木混合结构。三开间建筑明间正贴用木构架结构，两山面均用砖砌墙体代替木构架直接承托屋面檩架结构 [见图 6-1(a) 和图 6-1(g)]。其中：东西厢房两山面虽未使用木构架结构，但其山面前檐廊架为木构架，而未用砖砌墙体 [见图 6-1(a) 和图 6-1(b)]。前殿和明良殿明间正贴用木构架结构，次尽间边贴用砖砌墙体代替木构架直接承托屋面檩架结构。但前殿前檐廊架仍全部用木构架 [见图 6-1(h) 和图 6-1(i)]。东院厢房明间正贴和次间边贴用木构架结构，尽间边贴用砖砌墙体代替木构架直接承托屋面檩架结构 [见图 6-1(j)]。

④ 北横轴线上西配殿、武侯祠、明良殿和东配殿依次相连；南横轴线上西耳房、前殿和东耳房依次相连并共用山墙（见图 4-2）。

⑤ 除前殿外，其余建筑后檐墙均不包裹后檐（步）柱，后檐墙与后檐（步）柱间留有间隙，以利通风（见图 6-1）。

⑥ 除明良殿、东配殿和东耳房的隔扇门安装在前檐柱处未留前檐廊外，其

余建筑均留出前檐廊通行。除东、西厢房留有后廊通行外，其余建筑均将后廊包裹在房间以内，而未留出后廊通行（见图6-1）。

⑦ 平面尺寸布置较为随意。据对图6-1所列十幢建筑统计：在面阔方向的左右次、尽间完全对称的只有前殿一幢建筑；基本对称[①]的也只有明良殿、西厢房和西配殿三幢建筑。其余六幢建筑面阔方向的左右次、尽间均为非对称布置。在进深方向以前后心间为例统计，仅有前殿、西配殿和东耳房呈对称布置，详见表6-2。

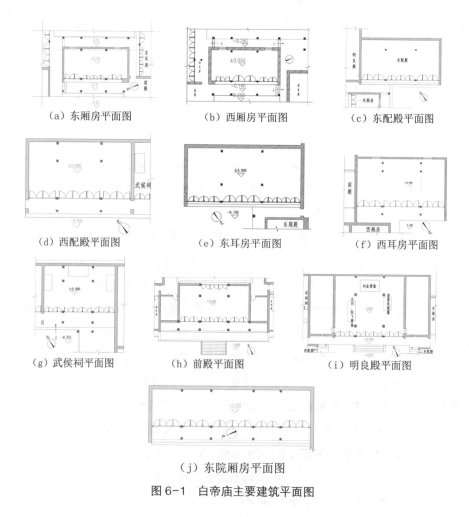

（a）东厢房平面图　　　（b）西厢房平面图　　　（c）东配殿平面图

（d）西配殿平面图　　　（e）东耳房平面图　　　（f）西耳房平面图

（g）武侯祠平面图　　　（h）前殿平面图　　　（i）明良殿平面图

（j）东院厢房平面图

图6-1　白帝庙主要建筑平面图

---

① 基本对称：左右次、尽间尺寸相差在50毫米内（含）。

综上所述，白帝庙建筑在平面布置上一方面与中国其他地方建筑空间布置具有相通之处。纵轴线为主导、横轴线为辅助的空间布置原则，以中轴线左右对称布置，沿纵深方向展开空间。既强调庭院和内庭的各自功用又相对独立，同时体现其相互之间的联系，使之成为一个有机整体。另一方面，白帝庙建筑在平面布置上又具有典型的峡江地方特征。三峡地区山高谷深，可供布置建筑组群的平坦之地难寻。因此，在平面布置上既沿中轴线布置，但又不严格讲究轴线对称（包括纵轴线两侧建筑和单体建筑内纵横轴线前后、左右空间布置）。建筑空间布置随地形高差变化，因势而置。在满足建筑基本功用的前提下，其体量相对狭小，面阔多以三开间为主。位于中轴线上的前殿和明良殿等少量主要建筑面阔也仅为五开间[①]，这也体现了在建筑等级上主次有别的营造原则。

（二）建筑结构特征

白帝庙建筑结构除白楼、山门和观星亭外均为砖木结构。明间或次间采用木构架结构，两山面则为砖砌山墙直接承檩而无木构架结构，用山墙代替了木结构承托屋面。这是白帝庙建筑结构的最大特征。它从根本上有别于中国传统建筑使用木构架结构承托屋面，墙体只起围护作用的做法。我国建筑木结构有两种典型形式，一是南方地区的穿斗式，二是北方地区的抬梁式。白帝庙建筑木结构形式以抬梁式、插梁式和穿斗式结构灵活应用和组合，并辅以砖砌墙体代替部分木构架，充分发掘了穿斗式和抬梁式构架的功能特点和美学价值，创造性地发展了传统的木结构形式，形成了极富峡江地方特色的结构形式。

1. 结构形态

如前所述，白帝庙内以三开间建筑为主，仅前殿、明良殿和东院厢房为五开间。所有建筑均采用砖木混合结构。三开间建筑明间正贴用木构架（见图6-2），次间边贴则用砖砌墙体代替木构架承托屋面檩条（见图6-3）。五开间建筑除东院厢房明间正贴和次间边贴用木构架外，前殿和明良殿也仅明间正贴用木构架，次、尽间边贴均为砖砌墙体（见图6-4至图6-6）。归纳起来其结构整体形态有以下五种类型。

---

① 从现存建筑结构形式分析，前殿和明良殿左右尽间疑为后期加建，始建之时应为面阔三开间。

（1）内四界带前后檐双步廊

东、西厢房明间正贴为木结构形态为内四界带前后双步廊，除前檐采用的双步川外，其他结构形态与《营造法原》所述"七界正贴"高度相似。[见图 6-2(a) 和图 6-2(b)]

（2）内四界带前后檐双步廊，用减柱造减去后檐步柱

东院厢房虽然也采用内四界带前后檐双步廊的结构形态，但是其用减柱造减去了后檐步柱，将后檐墙置于后檐柱外，把后檐廊作为房间的一部分，从而加大了室内空间。[见图 6-4(c)]

（3）内六界带后檐双步廊，用减柱造减去后檐柱

东配殿明间正贴采用内六界带后檐双步廊，前檐不设廊，隔扇门安装在檐柱上。用减柱造减去了后檐柱，后檐廊双步川直接穿入后檐砖墙。[见图 6-2(c)]

（4）内六界带前后檐单步廊

西耳房是白帝庙殿堂中结构较为工整的建筑，与《营造法原》六界正贴结构形式相类似。《营造法原》六界正贴采用内四界带前后檐单步廊，西耳房采用内六界带前后檐单步廊。[见图 6-2(f)]

（5）内六界带前檐双步后檐三步廊

前殿 [见图 6-4(a)]、西配殿和武侯祠 [见图 6-2(d) 和图 6-2(g)] 采用内六界带前檐双步后檐三步廊结构形式。这种结构形式可以说是由《营造法原》七界正贴形式衍变而来。七界正贴为内四界带前檐单步后檐双步廊。而前殿、武侯祠和西配殿的结构只是将内四界扩展为内六界，前后檐廊各增加了一步架，但其总体形态是相似的。

2. 梁架类型

白帝庙建筑木结构梁架形态均采用心间分界带前后檐廊形式。心间采用抬梁式 [见图 6-2(d)、图 6-2(g)、图 6-4(a)、图 6-4(b)]，或插梁式 [见图 6-2(a)～图 6-2(f)、图 6-4(c)]。而前后檐廊则采用穿斗式结构，穿方穿过檐柱形成挑檐方承托挑檐檩，挑檐檩下不用撑弓，廊穿下置夹底以加强檐廊结构的稳定性。

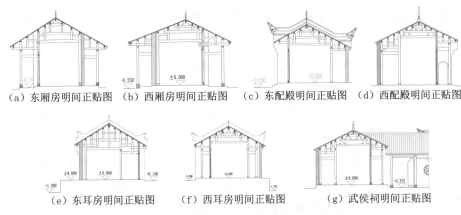

| (a) 东厢房明间正贴图 | (b) 西厢房明间正贴图 | (c) 东配殿明间正贴图 | (d) 西配殿明间正贴图 |

(e) 东耳房明间正贴图　　　(f) 西耳房明间正贴图　　　(g) 武侯祠明间正贴图

图 6-2　白帝庙三开间建筑明间正贴图

（1）穿斗式木结构

穿斗式木构架结构是中国南方地区，特别是西南山区最为常见的一种房屋结构形式。穿斗式结构由立柱、穿方和蜀柱三部分组成。其做法是在每檩下立落地柱或蜀柱，柱与柱之间用穿方一道或数道贯穿柱身，穿方有向柱身出榫的，也有未出榫的，也有在出榫榫头上加销锁定的。目的是加强柱与柱之间的联系，确保木构架的稳定性，使之形成一个完整、坚固的结构排架。立柱一般为木柱，个别建筑也有用石柱的[①]。穿方为矩形木方横穿柱心，起到联系作用。蜀柱是设于落地柱之间，本身不落地而立在川、方（或梁）上的短柱，以承托檩条。

穿斗式结构"历史久远，构造成熟；柱方密集，结构坚固；造型优美，轻盈明快；用材不大，施工简单；造价低廉，经济性强"。白帝庙建筑除前后檐廊用穿斗式结构外，东耳房明间正贴 [见图 6-2(e)] 和东院厢房次间边贴 [见图 6-5(c)] 为典型的穿斗式构架。

（2）抬梁式木结构

抬梁式结构是指相距五檩或以上的前后步柱或檐柱上横以抬梁，用以承托上部的檩条或蜀柱，没有中柱，使室内空间更加宽敞、布置更为方便合理。在南方地区抬梁式做法一般用在规模等级较高的建筑之中，如空间要求开敞的大殿、厅堂等。白帝庙前殿、明良殿、武侯祠和西配殿采用了这种抬梁结构方式。

---

① 如距白帝庙不远的梁平县双桂堂、重庆市主城区附近的华岩寺大殿就是用的石柱。

在下层梁上置木质驼峰承抬上层梁，梁头两端承托屋面檩条和随檩方或附檩，随檩方两侧置角背，以加强随檩方的稳定性。上层梁上再置木质驼峰承抬再上一层梁、檩，以此层层抬高。[见图 6-2(d)、图 6-2(g)、图 6-4(a)、图 6-4(b)]

（3）插梁式木结构

在白帝庙建筑中，东、西厢房，东配殿，东院厢房，西耳房等五座建筑的木结构采用了插梁式结构。[见图 6-2(a)～图 6-2(c)、图 6-2(f)、图 6-5(c)]

插梁式木构架结构是西南蜀中，特别是三峡地区[①]特有的一种木结构形式。但是从本质上讲，它既不是纯粹的抬梁式结构，又不是纯粹的穿斗式结构。插梁式结构是在北方抬梁式结构与南方穿斗式结构两种结构形式的基础上，结合江南建筑的架梁方式，经过改良而形成的。插梁式结构既具有抬梁式将大梁、二梁、山界梁等梁架层层抬高的特征，又具有穿斗式梁端穿过柱身出榫形成梁头的梁柱联系方式，还具有江南建筑在梁上立童柱层层架梁的做法。究其成因，是历史上数次各地向四川进行大移民形成的。三峡地区是历史上向四川移民的主要通道和中转站，同时也大量接受了来自各地的移民。特别是明末清初的"湖广填四川"，给三峡地区带来了包括建筑文化与建筑技术在内的各地的文化和技术，对三峡地区的建筑文化产生了极其重大的影响，推动了三峡地区建筑技术的发展。

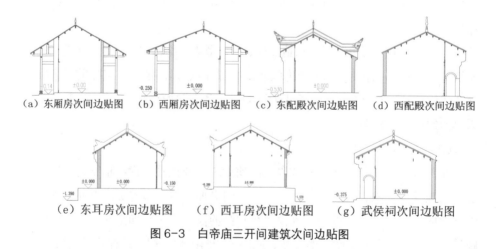

（a）东厢房次间边贴图　　（b）西厢房次间边贴图　　（c）东配殿次间边贴图　　（d）西配殿次间边贴图

（e）东耳房次间边贴图　　（f）西耳房次间边贴图　　（g）武侯祠次间边贴图

图 6-3　白帝庙三开间建筑次间边贴图

---

① 从地理学角度讲，三峡地区属原四川东部，简称"川东地区"，现属重庆市东北部。

（a）前殿明间正贴图　　　（b）明良殿明间正贴图　　　（c）东院厢房明间正贴图

图6-4　白帝庙五开间建筑明间正贴图

（a）前殿次间边贴图　　　（b）明良殿次间边贴图　　　（c）东院厢房次间边贴图

图6-5　白帝庙五开间建筑次间边贴图

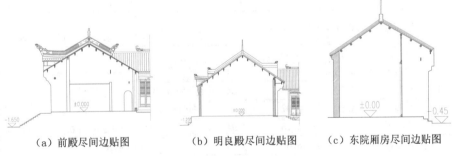

（a）前殿尽间边贴图　　　（b）明良殿尽间边贴图　　　（c）东院厢房尽间边贴图

图6-6　白帝庙五开间建筑尽间边贴图

3. 柱特征

（1）柱高与柱径

白帝庙现存建筑虽有宋明遗风，[①]但大多却深深烙上了有清一代三峡地区的地方建筑特征。就柱而言，无论是柱高或是柱径等，用尺上与《营造法式》《工程做法则例》和《营造法原》比较，均有很大的差别。以檐柱高度为例，檐柱高度的确定一般均以明间面阔为基础。《营造法式》："凡用柱之制：……下檐柱虽

---

① 陈剑. 白帝寺始建时代及现存文物概述 [J]. 四川文物，1996(2):30.

长，不越间之广。"①《工程做法则例》对于不带校址斗栱大式和小式建筑，其檐柱高统一按："带廊者明间面阔80%定之，不带廊者按70%定之，带前廊无后廊者按75%定之。"②《营造法原》中"殿庭檐高以正间 ③ 面阔加牌科之高为准"④，"厅堂正间面阔，按次间面阔加二。檐高者依次间面阔，即檐高比例"⑤。表6-3所列白帝庙的十幢建筑中，如果将前殿、明良殿、东西配殿、武侯祠列为殿庭建筑；将东西厢房、东西耳房和东院厢房列为厅堂建筑。那么，其檐柱高度与明间的比例与《营造法原》所述的比例基本吻合。列为殿庭建筑中的前殿、明良殿、东西配殿檐柱高度与明间的比例基本接近《营造法原》的规定。除东西厢房檐柱高度与明间面阔的比例与《工程做法则例》基本吻合外，其余建筑均与《工程做法则例》规定不相吻合。这说明白帝庙建筑檐柱高度尺寸的确定受《营造法原》和《营造法式》的影响较大，而基本没有受到《工程做法则例》的影响。

表6-3　白帝庙建筑檐柱高与明间比例关系

单位：m

序号	建筑名称	前檐柱高	明间面阔	阔高比	对应《营造法原》	对应《营造法式》	对应《工程做法则例》
1	前殿	5.14	5.45	1.06	明间面阔	高不越间宽	0.7～0.8明间宽度
2	明良殿	5.65	5.29	0.94			
3	东厢房	4.78	4	0.84	0.8～0.85明间宽度		
4	西厢房	4.68	3.97	0.85			
5	东配殿	5.47	5.15	0.94	明间面阔		
6	西配殿	5.1	5.05	0.99			
7	东耳房	4.27	5.1	1.19	0.8～0.85明间宽度		
8	西耳房	4.47	5.09	1.14			
9	东院厢房	4.83	5	1.04			
10	武侯祠	4.68	4.08	0.87	明间面阔		

注：① 脊柱（檩）高：以室内地面起，算至脊檩上皮；
　　② 本表数据由作者根据测绘图整理。

---

① 李诚.营造法式[M].上海：商务印书馆，1954：102.
② 田永复.中国园林构造设计[M].北京：中国建筑工业出版社，2015：16.
③ 正间，即明间。
④ 姚承祖，原著；张至刚，增编；刘敦桢，校阅.营造法原[M].北京：中国建筑工业出版社，1986：36.
⑤ 姚承祖，原著；张至刚，增编；刘敦桢，校阅.营造法原[M].北京：中国建筑工业出版社，1986：29.

再从柱径与柱高的比例上分析，如表 6-4 所列，前殿、明良殿等主要建筑的径高比在 1：15 至 1：18 之间，而其他建筑的径高比则在 1：20 以上。在此不难看出，白帝庙建筑的柱径不但不大，而且还很纤细。但主要建筑的径高比要大于其他次要建筑的径高比，这说明主要建筑的柱径要大于其他次要建筑的柱径。众所周知，《营造法式》的径高比为 1：11；《工程做法则例》大式建筑的径高比为 1：11.67，小式建筑的径高比为 1：11.43。与其对照，白帝庙建筑的柱径仍然显得很细长。当然这与其结构形式、步架间距离是密切相关的。白帝庙建筑步架进深相对于官式建筑而言，无论是与"宋式"还是"清式"相比较都是较浅的，加之屋面用瓦轻巧、装饰简单，整个屋面自重相对于官式建筑要轻得多。因此，没有必要使用粗壮的木柱来承担屋面的负荷。这也是白帝庙建筑较官式建筑显得轻盈的原因之一。

表 6-4　白帝庙建筑柱径柱高比统计

建筑名称	檐　柱		步　柱	
	前檐	后檐	前檐	后檐
前殿	1：17.13	1：16	1：15.81	1：15.81
明良殿	1：18.83	1：15.76	1：14.5	1：16.71
东厢房	1：23.9	1：20.91	1：27.05	1：21.73
西厢房	1：23.4	1：20.36	1：27.55	1：23.91
东配殿	1：24.86	—	—	1：23.09
西配殿	1：26.84	1：21.59	1：25	1：25.91
东耳房	1：25.11	1：23.5	1：28.94	—
西耳房	1：22.35	1：22	1：25.05	1：24.75
东院厢房	1：21.95	1：20.68	1：25.45	—
武侯祠	1：24.63	1：21.85	1：25.09	1：25.48

注：本表数据由作者根据测绘图整理。

（2）减柱造的应用

采用减柱造是中国建筑自宋、辽以来增加室内空间的有效措施。白帝庙建筑也不例外，如前所述，白帝庙地处白帝山顶，受地理环境限制，其建筑规模狭促。为了增大室内空间，东院厢房、东耳房和东配殿三幢建筑采用了减柱造。东耳房和东院厢房使用减柱造使后檐步柱不落地，而立在六界梁上。[见图 6-2(e)、图 6-4(c)、图 6-5(c)]

4. 屋面特征

我国建筑的屋面形式绝大部分为坡屋面，从屋脊向前后或四面排泄雨水。在川东地区人们将用来排水的屋面坡度形象地称之为"走水"，将屋面举高的高度称为"分水"。如水平距离十尺举高一尺称为"一分水"，如举高五尺就称为"五分水"，以此类推。这里所称的分水相当于《营造法式》中的举折、《工程做法则例》中的举架和《营造法原》中的提栈。

从表 6-5 中可以看出，白帝庙建筑屋面及屋面分水有如下特点。

① 前檐进深大多短于后檐进深。表中所列的十幢建筑中除西配殿、东耳房和东院厢房三幢建筑外，其余七幢建筑的前檐进深均短于后檐进深，即后檐屋面长于前檐屋面。此做法源于当地民间俗称的"前人长，不如后人长"。意思为前辈有才能不如晚辈更有才能。人们将希望寄托于晚辈身上，有"长江后浪推前浪"之意。

② 主要建筑的前檐柱一般都高于后檐柱。表中所列的十幢建筑中除东西配殿、东耳房前檐柱低于后檐柱，西耳房前后檐柱基本等高外，包括前殿、明良殿和武侯祠在内的六幢建筑前檐柱均高于后檐柱。

③ 屋面走水与《工程做法则例》相比较，屋面走水值均低于《工程做法则例》的规定，也就是说白帝庙建筑的屋面坡度较清代官式建筑的屋面坡度要坦缓。与《营造法原》相比较，屋面走水值大多大于江南建筑的屋面走水值，仅有西配殿低于和武侯祠基本等于江南建筑的屋面走水值。也就是说，白帝庙建筑大多数的屋面坡度要陡于江南建筑的屋面坡度。

④ 前殿、明良殿等主要建筑屋面正脊两端的高度比明间略有升高，当地称之为"升山"。同时，就整个建筑群而言，建筑物的中心中堆东面屋脊略高于西面屋脊。这就是当地俗称的"不怕青龙高万丈，只怕白虎西抬头"。不能"白虎压倒青龙"，只能"青龙抬头压白虎"。

表 6-5　白帝庙建筑屋面分水情况统计

单位：mm

建筑名称	前　檐			后　檐			对应《则例》	对应《法原》
	进深	架高	走水	进深	架高	走水		
前殿	4730	2730	0.5772	5250	3040	0.579	0.68	0.48
明良殿	5820	3885	0.6675	6085	4130	0.6787	0.68	0.48

续表

建筑名称	前　檐			后　檐			对应《则例》	对应《法原》
	进深	架高	走水	进深	架高	走水		
东厢房	4570	2805	0.6138	5215	2925	0.5609	0.68	0.48
西厢房	4280	2110	0.493	5450	2130	0.3908	0.68	0.48
东配殿	3210	1700	0.5296	4580	2380	0.5197	0.7	0.51
西配殿	4740	1925	0.4061	4130	1965	0.4758	0.68	0.48
东耳房	4040	2335	0.578	3685	2130	0.578	0.68	0.48
西耳房	4090	2175	0.5318	4220	2240	0.5308	0.7	0.51
东院厢房	3425	1890	0.5518	2790	1825	0.6541	0.7	0.51
武侯祠	3790	1810	0.4776	4040	1930	0.4777	0.68	0.48

注：①进深以挑檐檩中心至脊檩中心的水平距离计算；
②架高以挑檐檩中心至脊檩中心的垂直距离计算；
③走水为架高与进深之比值；
④本表数据由笔者根据测绘图整理。

5. 出檐与封檐

为了遮避风雨和太阳光直射，不同地区的建筑以不同的方式出檐。北方官式建筑以斗栱出挑的方式承托屋檐，使屋檐出檐深远。而川东地区的建筑则以檐柱上端向外挑出挑檐方承托挑檐檩的方式出檐。川东地区挑檐方出檐有多种方式。在距离白帝庙三十余公里外，堪称清代川东民居博物馆的大昌古镇，其建筑出檐式样大致有单挑出檐、双挑出檐和三挑出檐三种方式。然而白帝庙的出檐方式却只有单挑出檐一种方式。一般前檐均有出檐，而后檐是否有出檐则视情况而定。后檐没有通道的建筑一般都不会出檐，如东西方向并排的东配殿、明良殿、武侯祠、西配殿的后檐均未出檐，后檐墙在后檐柱外直接砌至屋面椽板下端。东、西厢房这种前后檐均有过廊，且前后檐均有朝院落的建筑，前后檐均有出檐。（见表6-6）

表6-6　白帝庙建筑出檐情况统计

单位：mm

建筑名称	前　檐				后　檐			
	出檐形式	出檐长度	前檐柱高比	廊深	出檐形式	出檐长度	后檐柱高比	廊深
前殿	单挑	825	1:6.23	1500	单挑	750	1:6.38	—
明良殿	单挑	985	1:5.74	—	无出檐	—		—

续表

建筑名称	前 檐				后 檐			
	出檐形式	出檐长度	前檐柱高比	廊深	出檐形式	出檐长度	后檐柱高比	廊深
东厢房	单挑	790	1:6.04	1900	单挑	750	1:6.11	1865
西厢房	单挑	630	1:7.21	1970	单挑	690	1:6.49	1980
东配殿	单挑	1040	1:5.25	—	无出檐	—	—	—
西配殿	单挑	635	1:8.03	1410	无出檐	—	—	—
东耳房	单挑	570	1:7.48	—	单挑	950	1:4.94	—
西耳房	单挑	760	1:5.88	1020	单挑	760	1:5.79	—
东院厢房	单挑	686	1:7.07	1370	无出檐	—	—	—
武侯祠	单挑	400	1:11.7	1400	无出檐	—	—	—

注：① 出檐尺寸以檐檩与挑檐檩之间的水平中心距离计算；
② 本表数据由作者根据测绘图整理。

（三）建筑类型特征

见图 6-7 所示，白帝庙建筑均为两坡人字青瓦屋面，屋面斜直，无曲折。除东、西厢房为悬山屋顶外，其余均为硬山屋顶，山墙前后檐做犀头，外侧墙面彩绘悬鱼。檩条上直接钉椽板，椽板上铺仰合小青瓦，无望板。屋檐用封檐板封护椽板端头。屋顶陡板正脊，但脊长不出山墙，在距山墙约一米处做花式脊吻。脊上或灰塑，或彩绘，脊座做成鱼鳅背代替当沟。柱础为本地青石打制，大多较为粗糙。正面为隔扇门窗。室内均为彻上明造，无天花等装饰。白帝庙各建筑外形特征详见表 6-7。

表 6-7　白帝庙主要建筑外形特征统计

序号	建筑名称	建筑类型及形式	图引
1	前殿	五开间硬山建筑。人字屋面斜直无曲折，干槎小青瓦屋面。陡板正脊，正、垂脊不相交，脊座灰塑卷草，"丹凤朝阳"中堆，鳌鱼正吻并施彩绘。彩绘山墙搏风，两山犀头。室内彻上明造。本地黄砂石"上圆下八角"形柱础。前檐明、次间和后檐明间装隔扇门。	图 6.7（a）
2	明良殿	五开间硬山建筑。人字屋面斜直无曲折，干槎小青瓦屋面，陡板正脊，"宝瓶龙纹祥云"中堆，鳌鱼正吻，正、垂脊不相交，脊座灰塑卷草并施彩绘。彩绘山墙搏风，两山及次间边贴墙做犀头。室内彻上明造，前檐室外挑檐檩上皮处封薄板做成天花。明间正贴四根步柱柱础下为八角形加石鼓，上部为高 0.5 米与柱同径的石柱。前檐明、次间装隔扇门。	图 6.7（b）

序号	建筑名称	建筑类型及形式	图引
3	东厢房	三开间悬山建筑。人字屋面斜直无曲折，干槎小青瓦屋面，灰塑正脊和中堆并施彩绘。室内彻上明造。柱础式样庞杂。前檐明、次间装隔扇门。	图6.7（c）
4	西厢房	同上。	图6.7（d）
5	东配殿	三开间硬山建筑。人字屋面斜直无曲折，干槎小青瓦屋面，正、垂脊均为花脊，正、垂脊不相交，灰塑中堆、脊座并施彩绘。左山墙彩绘搏风、悬鱼。本地黄砂石方础，室内彻上明造。前檐装隔扇门。	图6.7（e）
6	武侯祠	三开间硬山建筑。左次间与明良殿、右次间与西配殿共用山墙。人字屋面斜直无曲折，干槎小青瓦屋面，陡板正脊，灰塑脊座、中堆并施彩绘。无垂脊。前檐柱础较为精美，步柱及后檐柱础本地黄砂石鼓形素面。室内彻上明造。前檐装隔扇门。	图6.7（f）
7	西配殿	三开间硬山建筑。人字屋面斜直无曲折，干槎小青瓦屋面，陡板正脊，灰塑脊座、中堆并施彩绘。无垂脊。右山墙彩绘搏风、悬鱼。前檐柱础较为精美，步柱及后檐柱础本地黄砂石鼓形素面。室内彻上明造。前檐装隔扇门。	图6.7（g）
8	东院厢房	五开间硬山建筑。人字屋面斜直无曲折，干槎小青瓦屋面，灰塑彩绘正脊，无垂脊。山墙彩绘搏风、悬鱼。本地青石柱础。室内彻上明造。前檐装隔扇门。	图6.7（h）
9	东耳房	三开间硬山建筑。人字屋面斜直无曲折，干槎小青瓦屋面，灰塑彩绘正脊。右山墙灰塑彩绘垂脊和彩绘搏风、悬鱼。左次间屋面与东厢房相连接。本地青石柱础。室内彻上明造。前檐装隔扇门。	图6.7（i）
10	西耳房	三开间硬山建筑。人字屋面斜直无曲折，干槎小青瓦屋面，灰塑彩绘正脊。左山墙灰塑彩绘垂脊和彩绘搏风、悬鱼。右次间屋面与东厢房相连接。本地青石柱础。室内彻上明造。前檐装隔扇门。	图6.7（j）

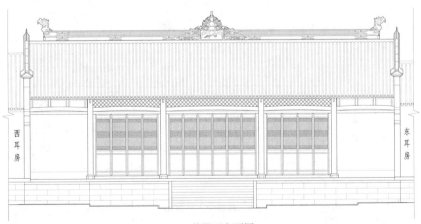

（a）前殿正立面图

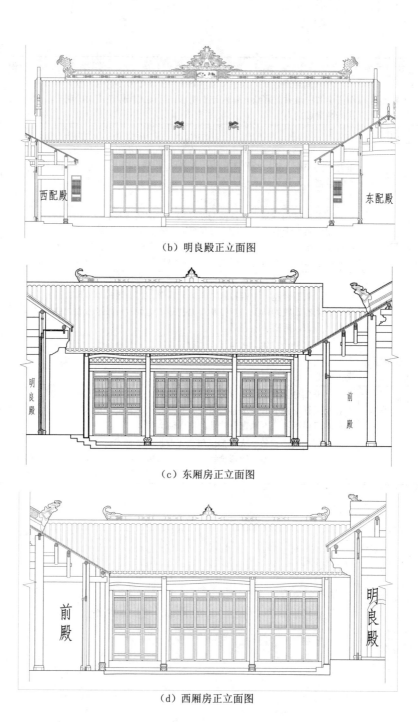

（b）明良殿正立面图

（c）东厢房正立面图

（d）西厢房正立面图

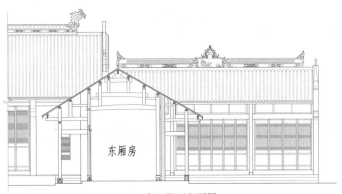

（e）东配殿正立面图

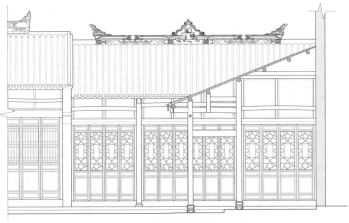

（f）武侯祠立面图

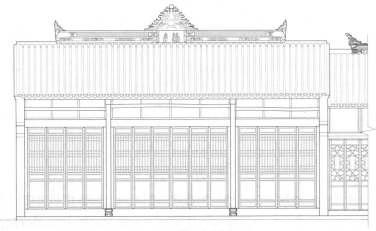

（g）西配殿正立面图

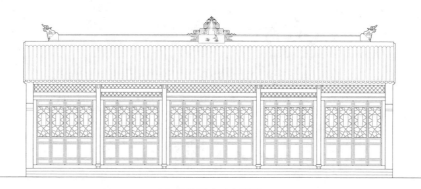

（h）东院厢房正立面图

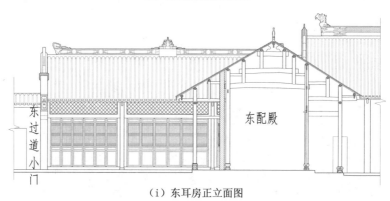

（i）东耳房正立面图

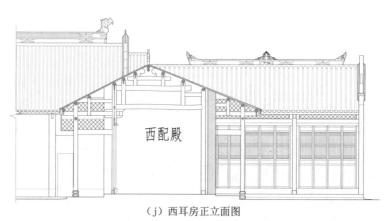

（j）西耳房正立面图

图 6-7　白帝庙建筑立面图

综上所述，白帝庙是峡江地区明清建筑的典范。一方面具有中国古建筑的普遍特征：以纵轴线为主、横轴线为辅的原则来组织建筑及布置空间；中轴线对称，沿纵深方向展开空间，强调庭院和内庭的作用等。另一方面，又具有鲜明的地方特色：不严格讲究轴线对称，地面高差随地形、地势变化而变化。外墙多为厚重的砖砌墙体，而内部隔扇则多以木门、木窗为主，空间通透。木结构不拘泥于一定的格式，或抬梁、或穿斗、或插梁，穿方、挑方灵活应用、变化自如。虽然建筑开间面阔大，进深浅，导致建筑相对低矮，加之装饰简朴，但这些不仅不影响建筑的整体特色，而且正因如此，恰恰更加突出了其峡江建筑的典型特征。[①] 具体地讲，主要体现在以下几个方面。

① 抬梁式、穿斗式和插梁式三种结构类型混合使用。

② 单、双步廊根据建筑功用和地形特征灵活应用。

③ 柱径较为纤细，檐柱高度大多接近于明间面阔，并用减柱造以增加室内空间。

④ 使用圆作梁，不用矩形梁或扁作梁。由于受峡江地区无大树等自然资源的限制，梁一般较短，以致形成建筑进深浅窄的现象。

⑤ 屋面坡度相对于《工程做法则例》较为坦缓，而相对于《营造法原》则略显陡翘。

⑥ 屋面前檐以单挑形式出檐，后檐或以单挑形式出檐，或不出檐。后檐墙紧靠后檐柱砌筑，或直接减去后檐柱，将后檐檩直接搁置于后檐墙上。

⑦ 不用斗栱，且由于出檐较短，所以不用撑弓。

---

① 由于明末清初以来多次"湖广填四川"大移民，使四川地区，特别是处于移民大通道之上的川东峡江地区的建筑在很大程度上受到江南建筑的影响。在以扬州、婺州、苏州为代表的江南民居中，峡江地区建筑木结构形态受扬州民居建筑影响较大。参见：梁宝富.扬州民居营建技术[M].北京：中国建筑工业出版社，2015：73。

七　白帝庙装饰艺术

　　虽然白帝庙建筑结构较为简单，但其建筑装饰"主题明确，重点突出；简中有繁，精美别致"，富有浓郁的峡江地域特色。白帝庙建筑装饰的重点突出表现在重要建筑的柱础和屋面脊饰灰塑与彩绘之上。庙内的塑像集中在前殿、明良殿和武侯祠内。前殿所陈刘备托孤群塑虽为现代所塑，但其场景气势恢宏，具有较高的艺术价值。较古老的塑像当属明良殿和武侯祠内的刘备、诸葛亮等塑像，留有明代艺术遗风。

（一）柱础

　　柱础，又称柱顶石，南方又称磉墩石。它是承受房屋木柱压力的垫基石。其功能性作用在于阻隔地面潮湿对木柱的形响，避免柱脚受潮被腐蚀或因碰撞而被损坏。经过上千年的发展、变迁，柱础已成为实用性与装饰性二者兼备的承重构件。特别是到了明清时期，柱础在保持功能性的前提下，其装饰性更加突出。柱础在我国的木架构房屋中可谓柱柱皆有。白帝庙由于历史上屡毁屡建、多次维修，现存柱础式样繁杂，甚至一幢建筑使用几种式样的柱础。这也说明白帝庙在历次维修时受到当时经济状况的影响，只能因陋就简，拼合使用。但还是保留下来了部分精美、独特的柱础。

　　据调查统计，白帝庙在此次修缮前柱础有简易型、上圆下矩型、上圆下多边型、矩型、高足型、缠龙型和其他形式共七类。（见表 7-1）

表 7-1　白帝庙建筑柱础式样统计

础式	础样	使用部位
简易型		东配殿前檐、西配殿前檐步柱、武侯祠后檐、东耳房
上圆下矩型	低矮型	明良殿前檐、武侯祠前檐步柱
	上鼓下矩型	东厢房前檐檐柱、东厢房前檐步柱
	上瓜下矩型	东厢房前檐、东厢房后檐、观星亭檐柱
上圆下多边型	上圆下八角型	前殿柱础
	上圆下六角型	东院厢房
矩型		山门厦间、西厢房前檐、西厢房后檐、西配殿前檐、武侯祠前檐、观星亭内柱
高足型		明良殿步柱
缠龙型		东厢房明间后檐步柱
其他型		西厢房前檐右次间檐柱

注：本表内容由作者整理。

1. 简易型

简易型柱础虽然总体造型为矩形，但与庙内其他柱础相比较相对较为简易，一般为斫方即用，没有形态造型和雕刻纹饰。如武侯祠前檐步柱柱础高度为 140 毫米，与白帝庙普遍使用的柱础高度 300 毫米以上相比则较为低矮。（见图 7-1—图 7-4）

图 7-1　东配殿前檐檐柱柱础（修缮前）　图 7-2　西配殿前檐步柱柱础（修缮前）　图 7-3　武侯祠后檐檐柱柱础（修缮中）　图 7-4　东耳房柱础（修缮中）

2. 上圆下矩型

在白帝庙柱础中使用最多的是"上圆下矩型"柱础。此种形式的柱础又有低矮型、上鼓下矩型和上瓜下矩型三种样式。虽然大体造型其上部均为圆形、下部为矩形，但在细节上仍有差别。

（1）低矮型

低矮型柱础总体造型上部为圆形、下部为矩形，柱础高度与庙内其他柱础相比则较低矮。如明良殿前檐柱础高度为180毫米，武侯祠前檐步柱柱础高度为140毫米，与白帝庙普遍使用的柱础高度300毫米以上相比则较为低矮。（见图7-5—和图7-6）

（2）上鼓下矩型

上鼓下矩型柱础，上部雕成圆鼓状，下部雕为矩形。上部石鼓与下部矩形础座之间做成六角形束腰状。上部的石鼓直径一般在360毫米左右，下部矩形础座尺寸一般在300毫米×300毫米左右。柱础表面为素面，无任何雕刻和纹饰，简洁朴素（见图7-7），也有雕有简单纹饰图案的（见图7-8）。

图7-5　明良殿前檐　图7-6　武侯祠前檐　图7-7　东厢房前檐　图7-8　东厢房前檐
檐柱柱础（修缮前）　檐柱柱础（修缮前）　步柱柱础1（修缮后）　檐柱柱础1（修缮后）

（3）上瓜下矩型

上瓜下矩型柱础，上部雕刻为峡江地区较为流行的瓜形，下部仍然雕为矩形础座，上部石瓜与下部矩形础座之间做成六角形束腰状。上部的石瓜直径一般在360毫米左右，下部矩形尺寸一般在300毫米×300毫米左右。上部石瓜开八面豁口，露出瓜瓣。下部础座雕刻成"如意凳"形式，在"如意凳"上再雕刻"方巾"，其造型优美、工艺精湛，具有较高的艺术性。东厢房前檐、东厢房后檐和观星亭檐柱均使用此种形式的柱础。特别是观星亭檐柱柱础采用本地三峡青黑峡石雕刻，石质细腻，表面光滑，线条圆润，雕刻精美。（见图7-9至图7-12）

图 7-9　东厢房前檐　图 7-10　东厢房后檐　图 7-11　东厢房后檐　图 7-12　观星亭檐
檐柱柱础 2（修缮后）　檐柱柱础 1（修缮后）　檐柱柱础 2（修缮后）　　柱柱础（修缮后）

3. 上圆下多边型

白帝庙前殿柱础较为特殊，上部为扁圆鼓形，下部为八角形，且高度仅
215 毫米。以步柱为例，其高度为础径的 0.47，为步柱柱径的 0.57，显得较为
低矮。（见图 7-13）东院厢房柱础与前殿柱础式样近似，上部为圆鼓形，下部
为六角形。但高径比值比前殿约大，为 0.77，础高为柱径的 1.05。（见图 7-14）

图 7-13　前殿柱础（修缮前）　　　　图 7-14　东院厢房前檐步柱柱础（修缮前）

4. 矩型

矩型柱础在白帝庙使用比较广泛。在山门厦间、西厢房前檐、西厢房后
檐、西配殿前檐、武侯祠前檐、观星亭内柱等处均有使用。此种类型的柱础结
构分为上、中、下三个部分。上、下部分均为矩形，中部为束腰状，下部正方
形础座上仍雕铺"方巾"。从现在遗存的柱础分析，西厢房前檐柱础年代较为久
远，应为清中晚期的作品，而其他几处柱础均为近代修缮时雕刻。最为独特的
当属观星亭内柱柱础，它与观星亭檐柱柱础在石料、工艺等方面完全一致，但

造型别致，花草图案栩栩如生，且柱础尺寸比例较大。柱础上部正方形边长达500毫米，而下部矩形础座边长较小，仅为340毫米。（见图7-15至图7-20）

图7-15　山门厦间柱
础（修缮后）

图7-16　西厢房前檐
檐柱柱础1（修缮前）

图7-17　西厢房后檐
檐柱柱础（修缮后）

图7-18　西配殿前檐
檐柱柱础（修缮后）

图7-19　武侯祠前檐
檐柱柱础（修缮中）

图7-20　观星亭内柱
柱础（修缮前）

5. 高足型

高足型柱础的通高达850毫米，在白帝庙建筑中仅有明良殿步柱使用一例。此类型柱础仍然分为两个部分，上部为圆柱形，径与柱同，高500毫米。下部形态与前殿相同，由扁圆鼓与八角形础座组成。（见图7-21）

6. 缠龙型

白帝庙建筑柱础中等级最高、最为奇特的为东厢房明间后檐步柱柱础，其式样与上鼓下矩型柱础相似，但其奇特之处为在柱础上部的圆鼓上口处缠有一条石龙。（见图 7-22）该柱础采用本地产黄砂石打制雕刻，从风化程度分析应为清中晚期的作品，虽雕刻工艺不是很精致，但也十分生动。整个白帝庙数十个柱础中有缠龙的仅此两个。为什么在非重要建筑的东厢房会有这样两个高等级的柱础出现呢？采访过多名对白帝庙有研究的当地文化人士，均不能给出确切的解释，值得进一步研究。

7. 其他型

西厢房前檐右次间檐柱柱础较为特殊，上部为圆鼓形，下部也近似于圆形，表面雕刻"方巾"。该柱础石风化较为严重，据初步分析，此柱础应为清早期或清以前的遗物，在白帝庙建筑柱础石中应属年代较为久远的。（见图 7-23）

图 7-21　明良殿前檐步　　图 7-22　东厢房明间正　　图 7-23　西厢房前檐檐
　　柱柱础（修缮前）　　　贴后檐步柱柱础(修缮中)　　柱柱础 2（修缮中）

（二）屋面灰塑与彩绘

白帝庙建筑虽然均为川东峡江民居建筑式样，建筑等级不高。像明良殿这样的主要建筑也只采用硬山屋顶，没有使用斗栱，室内也为彻上明造，无任何装饰。就建筑整体而言，虽然较为简陋，但其屋顶装饰却较为繁华而富有艺术特色。无论是正脊或是垂脊，无论是中堆或是正吻，无论是山墙或是彩绘，均在装饰内容上反映了三国文化，在装饰图案上带有道家宗教色彩，在表现手法上显露出峡江地域文化艺术特色。

1. 正脊

白帝庙屋面正脊装饰精美，大多采用灰塑浮雕并施以彩绘。部分正脊在字牌上砌筑"十"字镂空亮花筒。各脊均不使用沟挡，用滚筒代替了沟挡的功能。按白帝庙建筑正脊的式样和做法可分为二层脊和三层脊两大类。（见表7-2）

表7-2　白帝庙屋面正脊式样统计

建筑名称	二层脊		三层脊		
	滚筒	字牌	滚筒	字牌	亮花筒
山门	彩绘花草	彩绘花草			
前殿			线雕、彩绘荷叶纹	浮雕、彩绘动物、花鸟、瓜果	"十"字镂空
明良殿			素面	浮雕、彩绘动物、花鸟、人物故事	"十"字镂空
东厢房	线雕、彩绘荷叶纹	浮雕、彩绘花鸟、			
西厢房	线雕、彩绘荷叶纹	彩绘莲、瓜、果等			
东配殿			素面	浮雕、彩绘动物、飞禽	"十"字镂空
西配殿			素面	浮雕、彩绘忍冬纹、花草	"十"字镂空
东耳房	线雕、彩绘荷叶纹	浮雕祥云、彩绘瓜果、花草			
西耳房	线雕、彩绘荷叶纹	浮雕花草、彩绘人物故事			
东院厢房	线雕、彩绘荷叶纹	彩绘人物故事			
武侯祠	线雕、彩绘荷叶纹	浮雕拐子纹、彩绘八仙			

注：本表内容由作者整理。

（1）二层脊

二层脊由下部脊滚筒和上部脊字牌两部分组成。脊滚筒表面线雕荷叶纹，并施以彩绘。在脊滚筒上砌筑脊字牌，脊字牌上下做线脚。上下线脚之间为脊字牌的主要部分，用浮雕祥云、拐子纹等吉祥图案将正脊字牌横向分为若干段，每段内彩绘花鸟、瓜果、人物故事或八仙等图案。使用二层脊的建筑有山门（见图 7-24），东、西厢房（见图 7-25 至图 7-27），东、西耳房（见图 7-28 至图 7-30），东院厢房（见图 7-31），武侯祠（见图 7-32）。

图 7-24　山门正脊
（修缮前）

图 7-25　东厢房正脊
1（修缮前）

图 7-26　东厢房正脊
2（修缮前）

图 7-27　西厢房正脊
（修缮前）

图 7-28　东耳房正脊 1
（修缮前）

图 7-29　东耳房正脊 2
（修缮前）

图 7-30　西耳房正脊
（修缮前）

图 7-31　东院厢房正
脊（修缮前）

图 7-32　武侯祠正脊
（修缮前）

（2）三层脊

三层脊就是在二层脊的脊字牌上再砌筑了一层"十"字镂空的亮花筒，形成脊滚筒、脊字牌、亮花筒三层屋脊。白帝庙使用三层屋脊的建筑有前殿（见图 7-33 至图 7-35），明良殿（见图 7-36 和图 7-37），东配殿和西配殿（见图 7-38 和图 7-39）。这几幢建筑均为白帝庙的主要建筑，由此也可看出应该是等级较高的建筑才使用三层屋脊。在这四幢建筑中仅有前殿的滚筒表面线雕有荷叶纹，其他三幢建筑的滚筒表面均为素面。字牌的做法、图案与二层脊相似。

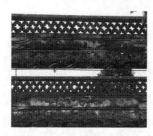
图7-33　前殿正脊1
（修缮前）

图7-34　前殿正脊2
（修缮前）

图7-35　前殿正脊3
（修缮前）

图7-36　明良殿正脊1（修缮前）

图7-37　明良殿正脊2（修缮前）

图7-38　东配殿正脊（修缮前）

图7-39　西配殿正脊（修缮前）

2. 中堆

白帝庙建筑屋脊灰塑中堆样式、尺寸比例大小各不一，随意性较强，无一定规律可循，但其灰塑艺术与彩绘确是白帝庙建筑装饰的经典之一。中堆中心主体图案有塑宝珠和建筑物两大类。就主体灰塑宝珠图形而言，有素面的，也有塑太极图、白象、莲花的。在主体图形两侧，有塑草龙、草凤、祥云、卷草、拐子纹和松柏六种图案。中堆基座图案大多为三国故事，这也体现了白帝庙祀刘先主的三国主题文化思想，但也有部分灰塑草凤、动物、植物等图案。总之，白帝庙屋脊中堆图案"选材广泛、内容丰富；造型精美、色彩鲜艳"，既反映了民间匠师的高超技艺，又体现出了浓郁的峡江地域特色，其间流露出了峡江地区民间较为强烈的宗教信仰和宗法礼制观念。

（1）山门

山门屋面正脊中堆灰塑由青山、红日、祥云、草凤组成。青山之上一轮红日冉冉升起，青山四周祥云环绕。在红日与祥云之上两支昂首向上的凤凰相对而立。构图简洁、古朴、飘逸，隐含着天地之间"青山与红日同辉，凤凰与祥云长存"的寓意，体现了白帝庙的崇高地位。（见图7-40）

图7-40　山门中堆（修缮前）

（2）前殿

前殿屋面正脊中堆灰塑由堆座、堆牌、宝珠、宝瓶和草龙组成。堆座上塑堆牌，堆牌上塑宝珠，宝珠上塑宝瓶。"牌、珠、瓶"两侧绕以两只龙头朝下的草龙，构成了中堆的主体。中堆堆座正面浮雕灰塑两只相对而立于树枝上的草凤；背面灰塑三国故事。堆牌的两侧边灰塑白象，象鼻将堆牌四角包裹。白象是道教的象征，从这一点看，白帝庙似乎又带有道教的痕迹。也可以说在前殿这样重要的建筑中塑有白象，应该是道家"天人合一"思想在白帝庙建筑中的具体体现。（见图7-41和图7-42）

图7-41　前殿中堆正面（修缮中）

图7-42　前殿中堆背面（修缮中）

（3）明良殿

　　明良殿屋面正脊中堆灰塑由堆座、堆牌、宝珠和环绕宝珠的草龙、祥云组成。堆座正面灰塑浮雕人物故事，因年久失修，脱落严重，图案已不完整，难以辨识其具体内容，但从残存遗痕分析疑为三国时期著名的"隆中对"。堆座背面灰塑两只翩翩起舞的仙鹤。堆座之上塑堆牌，牌上塑太极图。太极图和仙鹤都是道教的显著象征。在白帝庙建筑中前殿和明良殿两座主体建筑上都遗有道教信仰图案，这应当与东汉时期道教在中国兴起，并成为"国教"，到后来最迟在南宋时期，人们将蜀国名将关羽奉为"武圣"，并与"文圣"孔子齐名，且追祭为"关圣帝君"有关。至于白帝庙其他建筑却没有发现有道教痕迹，究竟为何，还需作进一步的深入研究。（见图7-43和图7-44）

图7-43　明良殿中堆正面（修缮前）　　图7-44　明良殿中堆背面（修缮前）

（4）东、西厢房

　　东厢房屋面正脊中堆保存基本完整，而西厢房屋面中堆残缺较多，形制上两处造型基本相似。东厢房屋面正脊中堆主体塑四角两重檐门楼，楼下城墙外塑人物，从残存的图案分析疑为刘、关、张三兄弟。画面中心位置坐着刘备，关羽立其后，张飞手持丈八蛇矛站在刘备面前。人物造像古朴、生动，再现了刘、关、张三兄弟艰难打天下的场景。门楼两侧青松环绕，寓意桃园三兄弟情义永存。（见图7-45）西厢房屋面正脊中堆也灰塑四角两重檐门楼，开两洞城门，一门半开、一门全开，疑为诸葛亮著名的空城计。城楼两侧的青松已全部轶失，但从残痕分析应该是曾经有过。（见图7-46）东、西厢房屋面正脊中堆均以三国故事为题材，也说明了白帝庙自明嘉靖十一年（公元1532年）以来所祭祀的是三国蜀主刘备，所反映的是三国文化。

图7-45　东厢房中堆（修缮前）

图7-46　西厢房中堆（修缮前）

（5）东、西配殿

东配殿屋面正脊中堆残损较大，而西配殿屋面中堆保存基本完整。形制上两处造型基本相似。西配殿堆座塑浮雕人物，堆座上塑宝瓶，宝瓶两侧为相对而立的两只草凤和祥云。（见图7-47）东配殿造型与西配殿相似，草凤造型略有区别，为两只回首相望的草凤。祥云轶失，宝瓶正中塑梅花。（见图7-48）

图7-47　西配殿中堆（修缮前）

图7-48　东配殿中堆（修缮前）

（6）东、西耳房

东、西耳房屋面正脊中堆残损较大，从遗存分析，两处中堆形制基本相同，但细部上也有一些区别。东耳房堆座浮雕图案已残损，不能辨别其内容。堆座塑立四级宝塔，第二级塔身立在莲花座上，第四级为一小亭。宝塔两侧塑拐子纹。（见图7-49）西耳房堆座灰塑图案已全部毁损，残存遗物仅见堆座上塑堆牌，堆牌的两侧塑拐子纹图案。（见图7-50）

图 7-49 东耳房中堆（修缮前）　　　图 7-50 西耳房中堆（修缮前）

（7）武侯祠

武侯祠屋面正脊中堆灰塑一城门楼，城楼上站立一满脸胡须、手持长矛的武士，城楼下是一骑马武士手持长刀，砍下敌人头颅时的战斗场面。据分析，站在楼上者应为张飞，而城楼下骑马武士应为关羽。表现的是关、张战斗杀敌场面。城门楼两侧灰塑绝大部分已损毁，仅剩少许残迹，分析其应为青松。（见图 7-51）此次维修在城门楼两侧改塑为两条龙，这与武侯祠的建筑等级、祭祀的人物身份是不相符合的。因此，应是错误的。

（8）东院厢房

东院厢房屋面正脊中堆保存较为完整。中堆堆座为一人怀抱婴儿跪地向一武士述说什么，武士身穿战甲，腰配宝刀，疑为长坂坡一战中赵云救糜夫人和阿斗的故事。堆座之上塑莲花宝瓶，宝瓶两侧塑灰塑拐子纹。（见图 7-52）

图 7-51 武侯祠中堆（修缮前）　　　图 7-52 东院厢房中堆（修缮前）

3. 正吻

中国封建社会等级观念和等级制度是非常严格的。这种等级观念在建筑上不仅表现在面阔、进深、用材大小等建筑体量上，同样也体现在建筑屋顶形式和装饰上。在垂兽和脊兽尚未出现在建筑装饰上以前，屋顶装饰仅有正脊两端的鸱尾①，而且不是所有的建筑都可以使用的，只有皇家建筑才能使用。后来逐渐在宗教建筑、高级衙署和贵族建筑中被允许使用。因此说，使用正吻是一种身份和特权的象征。无论白帝庙始建缘于何因，但从明嘉靖十一年（公元1532年）起，确确实实转变为了祭祀蜀汉先主刘备的专祠。因此，白帝庙建筑屋面正脊使用正吻应当是符合中国建筑礼制要求的。

白帝庙内不同等级的建筑使用不同式样的正吻。现存建筑屋顶正吻共有鳌鱼、凤凰、忍冬纹、山水和拐子纹五种式样。（见表7-3）

表7-3　白帝庙屋面正吻式样使用统计

建筑名称	鳌　鱼	凤　凰	忍冬纹	拐子纹	山水图案	备　注
山门	√					
前殿	√					
明良殿	√					
东厢房		√				
西厢房		√				
东配殿			√			
西配殿					√	
东耳房				√		
西耳房			√			
武侯祠				√		
东院厢房					√	

注：本表内容由作者整理。

（1）山门、前殿和明良殿的屋脊正吻——鳌鱼

山门、前殿和明良殿为白帝庙内建筑地位和建筑等级较高的建筑，正吻当然使用的是等级最高的鳌鱼。鳌鱼为神话传说中龙的九个儿子之一，又称"螭

---

① 即后来的正吻。

吻"。龙头鱼身，口吐海水，传说能防火避邪。明良殿屋面正吻较为特殊，虽为鳌鱼，但鳌鱼的正面图案与背面图案是不相同的。这也可能是因为明良殿的特征地位，匠师们别出心裁地采用了不同图案用在了同一正吻的不同面上吧。（见图7-53至图7-57）

图 7-53　山门正吻（修缮前）　　　　图 7-54　前殿正吻（修缮前）

图 7-55　明良殿正吻　　　图 7-56　明良殿正吻　　　图 7-57　明良殿正吻
正面［东］（修缮前）　　正面［西］（修缮前）　　背面［西］（修缮前）

（2）东、西厢房的屋顶正吻——凤凰

　　东、西厢房的建筑等级较明良殿和前殿较次，旧时为佛堂，供祀如来、弥勒等。[①] 所以其使用的正吻也较明良殿和前殿等主要建筑次之，使用的是凤凰。凤凰是百禽之王，在龙、凤凰、麒麟、龟"四灵"中地位仅次于龙。它是中华民族传统文化中的重要组成部分，是吉祥、和谐的象征。据《尚书·益稷》载：大禹治水后，举行庆祝盛典，由夔龙主持音乐，群鸟群兽在仪式上载歌载舞，最后凤凰也来庆祝了。这也说明凤凰为吉祥之鸟，用于屋顶装饰也寓有吉祥之意。用在白帝庙明良殿两侧厢房是否暗喻了凤凰祭祀"真龙天子"蜀汉先主刘备之意，尚需深入研究。（见图7-58和图7-59）

---

① 陈剑. 白帝寺始建时代及现存文物概述 [J]. 四川文物，1996(2):30.

图 7-58 东厢房正吻（修缮前）　　　　图 7-59 西厢房正吻（修缮前）

（3）其他建筑的正吻——忍冬纹、拐子纹和山水图案

白帝庙其他建筑的正吻式样使用比较杂乱。据此也可以分析出，最初的白帝庙应当是由前殿、明良殿（即正殿）、东西厢房组成。而现存的东西配殿、东西耳房、武侯祠及西院厢房为历年加建而成。所以，其正吻使用（包括建筑结构式样）随意性较强。

东、西配殿，旧为罗汉堂。在此次维修前为东、西碑林，存列隋唐至明清以来的珍贵名碑。[1] 东配殿屋顶正吻为忍冬纹饰，而西配殿屋顶正吻由"山、亭、鹿"组成。（见图 7-60 和图 7-61 ）

图 7-60 东配殿正吻（修缮前）　　　　图 7-61 西配殿正吻（修缮前）

东、西耳房，旧为供奉文殊、普贤之殿。[2] 东耳房屋顶正吻为拐子纹饰，而西耳房屋顶正吻为忍冬纹饰。（见图 7-62 和图 7-63 ）

---

① 陈剑.白帝寺始建时代及现存文物概述 [J].四川文物，1996(2).
② 陈剑.白帝寺始建时代及现存文物概述 [J].四川文物，1996(2).

图 7-62　东耳房正吻（修缮前）　　　图 7-63　西耳房正吻（修缮前）

武侯祠屋顶正吻为拐子纹饰。（见图 7-64）东院厢房屋顶正吻为"山、鹿、忍冬纹"组成。（见图 7-65）

图 7-64　武侯祠正吻（修缮前）　　　图 7-65　东院厢房正吻（修缮前）

（三）山墙

白帝庙建筑除东、西厢房为悬山屋顶外，其余建筑均为硬山屋顶。山墙形式及其垂脊、灰塑、山墙彩绘都非常精美、典雅，极具峡江地方特色。

1. 山墙形式

白帝庙建筑均为砖木混合结构。以三开间建筑为例，除明间正贴使用木构架结构外，次间边贴均无木构架结构，用砖砌山墙墙体作为结构构件承托屋面荷载。山墙表面白灰抹面，人字顶两端沿山墙用砖砌垂脊，垂脊在山尖处直接相碰接，灰塑祥云图案并施以彩绘。脊外均不做排山勾滴，用砖砌出各型线条，也施以彩绘。按当地习惯做法山墙一般作为封火墙，如奉节老城的建筑，距此不远的大昌古镇、巫山旧县城，以及巴东旧县城的房屋山墙。采用垂脊方

式的山墙为北方常用的做法。（见图 7-66 至图 7-71）^①

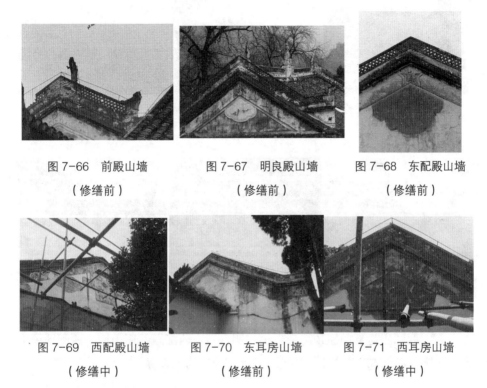

图 7-66　前殿山墙　　　　图 7-67　明良殿山墙　　　　图 7-68　东配殿山墙

（修缮前）　　　　　　　　（修缮前）　　　　　　　　　（修缮前）

图 7-69　西配殿山墙　　　　图 7-70　东耳房山墙　　　　图 7-71　西耳房山墙

（修缮中）　　　　　　　　（修缮前）　　　　　　　　　（修缮中）

2. 山墙垂脊

白帝庙内形成院落的十幢建筑，仅有前殿、明良殿、东西耳房、东配殿和东院厢房有垂脊。垂脊式样与正脊基本相似，有二层脊和三层脊两种形式，在脊上灰塑、彩绘吉祥图案。使用二层脊的东、西耳房和东院厢房均为白帝庙的次要建筑。（见图 7-72 至图 7-74）使用三层脊的前殿、明良殿和东配殿均为白帝庙的主要建筑。（见图 7-75 至图 7-77）这与正脊完全一致。正脊为二层脊的，则垂脊也为二层脊；正脊为三层脊的，则垂脊也为三层脊。

---

① 刘致平. 中国建筑类型及结构 [M]. 北京：中国建筑工业出版社，2000：107.

图 7-72　东耳房垂脊　　　图 7-73　西耳房垂脊　　　图 7-74　东院厢房垂脊

（修缮前）　　　　　　　　（修缮后）　　　　　　　　（修缮中）

图 7-75　前殿垂脊　　　　图 7-76　明良殿垂脊　　　图 7-77　东配殿垂脊

（修缮前）　　　　　　　　（修缮前）　　　　　　　　（修缮前）

东、西厢房为悬山屋顶，武侯祠与明良殿、西配殿共用山墙，西配殿屋面青瓦直接铺到山墙墙头之上，因此，这四幢建筑均无垂脊。

3. 山墙墀头与花饰

白帝庙除开山门、观星亭、后门和白楼外，其他十幢建筑中东、西厢房为悬山屋顶，其余的均为硬山屋顶。其墀头做法大致相同，垂脊自屋脊沿屋面斜下，大约至步柱处做成水平脊。就整体看，类似三山式封火墙，但也有区别：一是墙头突出屋面低矮，仅出头垂脊高度，约在 400 毫米～700 毫米之间；二是山墙中部墙头不像封火墙那样做成平脊或猫拱背式，而是做成普通硬山山墙的山尖式垂脊。前殿和明良殿后檐山墙做法较为特殊。前殿后檐山墙与东、西厢房与南面山墙相接，因此前殿垂脊在其后檐步柱处做成垂花头垂脊收头。（见图 7-78）明良殿后檐山墙在山尖垂脊下做成二级平脊，类似五岳朝天封火墙做法。（见图 7-79）

图 7-78 前殿后檐山墙（修缮前）　　　图 7-79 明良殿后檐山墙（修缮前）

（四）墙面彩绘与壁画

1. 山墙彩绘

白帝庙建筑墙面彩绘主要集中在室外山墙墙面，位于硬山山墙人字垂脊外部墙面顶部，与山墙浑然一体，美观雅致。（见图 7-80 至图 7-85）山墙彩绘主要绘制在前殿、明良殿、东西配殿、东西耳房等建筑两侧山墙上。其主要有以下三个特征。

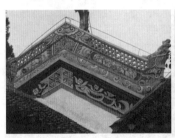

图 7-80 前殿山墙彩绘　　　图 7-81 明良殿山墙　　　图 7-82 东配殿山墙
　　（修缮后）　　　　　　　　彩绘（修缮后）　　　　　彩绘（修缮后）

图 7-83　西配殿山墙　　　　图 7-84　东耳房山墙　　　　图 7-85　西耳房山墙
　彩绘（修缮后）　　　　　　　彩绘（修缮后）　　　　　　　彩绘（修缮后）

① 山墙灰塑、彩绘均位于山墙的顶部，与垂脊灰塑、彩绘融为一体。

② 山墙彩绘色彩鲜艳、醒目，而不失雅致。明良殿山墙主色为红、黄两色，间以少量黑色，颜色极为鲜艳、醒目。西配殿山墙彩绘以大块面红、黑二色组成，亮丽而不失典雅。

③ 山墙浮雕、彩绘构图简洁，使用题材均为八仙、祥云等吉祥图案。

2. 墙面壁画

墙面壁画主要集中在明良殿后檐墙外和室内次间边贴墙上，重彩单勾，内容以八仙和吉祥图案为主。西配殿后檐墙虽然没有彩绘，但与明良殿后檐墙和东山墙一样全部涂为铁红色。（见图 7-86 至图 7-91）

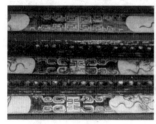  

图 7-86　明良殿后檐墙　　　图 7-87　明良殿后檐墙　　　图 7-88　明良殿东山墙
　檐下壁画 1（修缮前）　　　　檐下壁画 2（修缮前）　　　　（修缮后）

图 7-89　明良殿室内　　　　图 7-90　明良殿室内　　　　图 7-91　西配殿后檐墙
墙面壁画 1（修缮前）　　　　墙面壁画 2（修缮前）　　　　　　　（修缮后）

　　前殿东、西次间边贴墙面在修缮前绘有素墨渔猎图，表现了峡江地区人类原始生活状况，这也是峡江地区原始文明的再现。可惜此次修缮时全部铲除掉了。（见图 7-92 和图 7-93）观星亭一层天棚六角形藻井顶部白描宝相花，六面白描"八宝"中的"鱼、罐、花、长、伞、盖"，似与佛教密宗有所联系。（见图7-94）

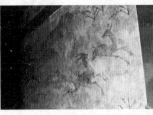

图 7-92　前殿西次间边贴　　　图 7-93　前殿东次间边　　　图 7-94　观星亭藻井图
墙面壁画（已被铲除）　　　　贴墙面壁画（已被铲除）　　　　案（修缮前）

（五）塑像

　　白帝庙塑像集中在前殿、明良殿和武侯祠三处。前殿内塑像为 20 世纪 80 年代我国著名雕塑家赵树同教授[①]塑造的"刘备托孤"群像，虽为现代作品，但其具有较高的艺术价值。明良殿、武侯祠刘、关、张等塑像最为古老，应为清代作品，却留有明代遗风，具有较高的文物价值和艺术价值。

---

① 赵树同（1935—2018），四川成都人，中国著名雕塑家、收藏家。受教于吴作人、刘开渠、泥人张等艺术大师和苏联、法国雕塑家。生前系国家一级美术师、中国美术学院教授、美国国际文化科学院院士，曾任四川城市雕塑艺术委员会副主任、成都市雕塑协会名誉会长。

1. "刘备托孤"群塑

"刘备托孤"群塑位于白帝庙前殿。为了再现 1700 多年前永安宫刘备托孤的悲壮历史场面，白帝城博物馆特邀我国著名雕塑家、国家一级美术师赵树同先生，于 1984 年创作了 21 尊高 2 米多的刘备托孤大型彩塑，重现了当年刘备向诸葛亮托孤的历史故事。刘备卧病于床榻，诸葛亮立于榻前，神色凝重。两个小皇子跪在诸葛亮面前，似在听从父皇刘备的嘱咐。其余诸文臣武将，表情肃穆。整组彩塑造型生动，形态各异，个性鲜明，具有强烈的艺术感染力。（见图 7-95）可惜在此次维修时，为了将托孤堂展馆迁往西配殿而将此组彩塑拆除后另行重塑。

图 7-95　原托孤堂著名雕塑家赵树同教授创作的"刘备托孤"群塑（修缮前）

2. 明良殿塑像

据清康熙十年（公元 1671 年）川湖总督蔡毓荣《白帝城重修昭烈殿记》载：明良殿内"上祀昭烈，南面弁冕。东列诸葛武侯，西列关北缪、张桓侯左右焉"[1]。现在明良殿内仍然保持这种祭祀格局。主祭位龛内供奉蜀汉先主刘备坐像，刘备身穿黄袍，头戴冕旒，双手持笏，表情肃穆。左右两侧各站立两个小太监，神情栩栩如生。龛上悬挂清咸丰壬子年（公元 1852 年）夔州知府恩成手书"羽葆神风"匾额。龛前左右柱上悬挂董必武手书的"三顾频烦天下计，一番晤对古今情"楹联。（见图 7-96）东面龛内诸葛亮正襟危坐，头饰纶巾，身披

---

[1]　曾秀翘，等.奉节县志（清光绪十九年版）[M].奉节：四川省奉节县志编纂委员会，1985：268

鹤氅，手持朝牌。（见图7-97）西面龛内关羽、张飞一改手持兵器、身披战袍的形象，衣冠儒雅，持牌正坐，好似文臣而非武将。（见图7-98）在明良殿内再现了蜀汉先主与诸葛、关、张商议一统天下大计的场景。

图 7-96　明良殿刘备塑像（此次未修缮）

　　从塑像的人物造型、衣褶飘带上分析似有明代雕塑遗风。据文献资料考查，其应塑于清康熙十年（公元1671年）重修之时。若如此，明良殿塑像已有340余年历史。可惜在20世纪60年代"文革"期间，刘备、关羽、张飞、诸葛亮被认为是封建帝王、臣子，是剥削阶级，四人的塑像均被破坏，他们的头部均被砍掉。四个小太监被认为是劳动人民，属于被剥削阶级，幸运保存完好。"文革"结束后补塑了刘备、关羽、张飞、诸葛亮四人的头部。这就是今天看到的明良殿内塑像。

图 7-97　明良殿诸葛亮塑像
（此次未修缮）

图 7-98　明良殿张飞、关羽塑像
（此次未修缮）

3. 武侯祠塑像

武侯祠位于明良殿西，其规模较小。主祭位龛内塑诸葛亮羽扇纶巾坐像，两旁琴童捧琴而立。龛额横书"伯仲伊吕"，两侧楹联"诸葛大名垂宇宙，宗臣遗貌肃清高"。（见图7-99）前侧东、西有其子诸葛瞻坐像和孙诸葛尚站像分列于小龛之中，注目平视，英姿飒爽。子诸葛瞻龛上悬挂楹联"三代英才千秋扼腕，蜀中相业百代留芳"。孙诸葛尚龛上悬挂楹联"无畏依大树，壮烈承家风"。武侯祠内塑像的发式、胸前飘带、衣褶鞋履等，虽有明代雕塑艺术遗风，但据对塑像实地考察和文献记载，其塑像时代应在清中晚期。（见图7-100和图7-101）

图7-99　武侯祠诸葛亮
塑像（此次未修缮）

图7-100　武侯祠诸葛瞻
塑像（此次未修缮）

图7-101　武侯祠诸葛尚
塑像（此次未修缮）

（六）山门装饰艺术

白帝庙山门为一高两低的"墙门式"砖砌牌楼，而不是常见的"屋宇式"大门，结构简单、造型别致而又不失庄严。与奉节白帝庙毗邻的重庆忠县石宝寨、湖北巴东县地藏殿、秭归县屈原祠、宜昌市黄陵庙山门或大门比较发现，其式样基本相似，均是采用的牌楼式大门。除屈原祠采用"六柱五间"式牌楼外，其他的均为"四柱三间"式牌楼。特别是忠县石宝寨山门与白帝庙山门极为相近。（见图7-102至图7-106）因此，可以说砖砌牌楼式山门应为峡江地区独特的山门建筑风格。白帝庙山门由明间主牌楼、垛窄墙和影墙三个部分组成。现将其装饰特征分述如下。

图 7-102　奉节：白帝庙　　　图 7-103　忠县：石宝寨　　　图 7-104　巴东：地藏殿

　　山门（此次未修缮）　　　　　　　山门　　　　　　　　　　　大门

图 7-105　秭归：屈原祠山门　　　图 7-106　宜昌：黄陵庙山门

1. 山门明间主牌楼

明间主牌楼是白帝城山门牌楼的核心，其由楼柱、门洞、华带牌、屋顶四部分构成，是装饰的重点。

（1）楼柱

主牌楼楼柱为砖砌方柱，表面抹白灰后饰以黄色涂料。由上、下两层组成。第一层楼柱无柱础，自地坪起至门洞上横方为止，以"莨苕纹"的变形图案和叠砌线脚作为柱帽收头并承接第二层楼柱。（见图7-107）第二层楼柱至屋顶檐下横方止，在横方下口以"狮头、垂幔、吉祥结"作为柱帽收头。（见图7-108）采用柱帽形式在柱头收口为民国时期引进学习西方建筑装饰元素移植在中国建筑中的重要特征。特别是采用"莨苕纹"柱帽为民国时期引进学习西方建筑装饰元素的典型代表。"莨苕纹"样在西方的设计装饰中大量存在，是西方不同文化形态中最具代表性的植物装饰纹样，也是我国在吸收西方建筑装饰图案时期较早、使用较多的一种图案。即使是地处西南边陲的三峡地区也不例外，如奉节县吐祥镇的"王家大院"就是典型一例。（见图7-109）从柱帽形态分析，可以认为白帝庙山门装饰在一定程度上受到了西方建筑装饰的影响。

图 7-107　白帝庙山门　　　　图 7-108　白帝庙山门　　　图 7-109　奉节县吐祥镇
主牌楼一层柱帽　　　　　　主牌楼二层柱帽　　　　"王家大院"柱帽

（2）门洞

　　白帝庙山门门洞为本地青砂石券门。券门两侧雕刻四川眉山县人黄元藻[①]于1926年撰写并书的柱联"万里衣冠拜冕旒，僭号称尊，岂容公孙跃马；三分割据纡筹策，托孤寄命，赖有诸葛卧龙"。这副楹联情深意切、爱憎分明地对诸葛亮受刘备重托，苦心筹谋，扶持汉室终成三分大业给予了肯定。对割据一隅，"僭号称尊"的乱臣，跃马称帝的公孙述给予了抨击。值得研究的是在石券门的顶部中央雕有一苦脸弥勒佛像，而非通常的慈祥面容。（见图7-110）牌楼

———————————

① 生平不详。

背面抱厦正脊上同样塑有一弥勒佛像，但面容表情与正面拱券门上的弥勒佛像表情截然不同，为常态的慈祥面容。（见图7-111）为什么在山门正、背面各塑表情不同的弥勒佛像呢？经过走访当地居民和奉节县本土对白帝庙有较深研究的文化人士，均不得其解。综合白帝庙的历史背景，只有理解为白帝庙祭祀的是蜀汉先主刘备。刘备的结拜兄弟关羽败走麦城，死于刀下后，刘备为他报仇，不听众臣劝阻，起兵讨伐东吴。途中另一个结拜兄弟、伐吴先锋——张飞丧身叛将范疆、张达手中，刘备愤而不谋，催兵猛进。章武二年（公元222年）夏六月，被东吴大将陆逊用计火烧七百里军营，败于彝陵猇亭之地，因而退守到白帝城中。三国久未统一，两弟先后丧命，大军又遭重创，国事私仇使刘备忧愤成疾，眼看朝不保夕，乃招丞相诸葛亮星夜赶至。在永安宫中，刘备把兴复汉室大业和儿子刘禅一并委嘱给诸葛亮后便死于此地。如此悲壮之事连菩萨弥勒都深感痛心而面带愁容。匠师们用心良苦的做法，表达了人们对蜀汉先主刘备的深深怀念。

图7-110　山门正面拱券上的弥勒　　　图7-111　山门背面抱殿厦屋脊上的
　　　　　佛像　　　　　　　　　　　　　　　弥勒佛像

（3）华带牌

悬挂在古建筑上的华带牌是该建筑的"身份证"和附属于该建筑的艺术品，同时还是古建筑装饰艺术不可分割的重要组成部分，具有较强的实用性和艺术性。在古建筑上用华带牌来标志建筑物的名称，显示建筑物的身份和地位的制度，从秦到清贯穿中国2000多年的封建社会历史全过程。华带牌是中国古代制度文化、艺术文化和文字符号的综合性产物，集书法、文学、雕刻与彩绘漆饰等艺术技法于一身，与古建筑相得益彰，并造就了内涵丰富的古代联匾文化。在某种程度上反映了当时社会的政治、经济、文化、艺术、民俗等状况。

镶嵌在白帝庙山门上的五龙华带牌，为白帝庙建筑雕刻和彩绘的精品之作。整牌占据在上、下方之间，并以下方为华带牌的下边框。牌四周浮雕祥云，祥云中牌两侧各露出两条昂首向上的壮年降龙。牌顶塑一条老年坐龙，构成了五龙华带牌的主体。牌顶部的坐龙整个龙头突出在牌外，甚是壮观。牌内用青瓷片镶贴出当代书法家刘孟伉 [①] 手书的"白帝庙"三个大字。（见图7-112）从华带牌上庙名由近代书法家刘孟伉题名这一点上也印证了白帝庙山门是在1949年以后重建的。

图7-112　白帝庙山门华带牌

从华带牌式样上讲，据与白帝庙毗邻的重庆市忠县石宝寨山门华带牌对比，两牌不但在造型、内容等方面极为相似，均为五龙华带牌；而且在灰塑和彩绘手法上也极为相似。（见图7-113）重庆市渝中区湖广会馆中的广东会馆大门华带牌与白帝庙山门华带牌形制和雕刻内容也很相似，只是其雕刻手法有所不同。（见图7-114）无独有偶，笔者在长江上游的四川宜宾市李庄一民宅中拍摄得一石碑，其形制也与白帝庙华带牌极为相似。（见图7-115）该碑呈矩形，下部为一横方，其上两侧为祥云降龙侧柱。碑的顶部为坐龙。碑心阴刻"上界大罗天尊神位"。下部横方下有石榫，应为石牌坊或石大门上的华带牌。但东出夔门顺江而下的秭归县屈原祠、宜昌市黄陵庙的华带牌在式样、内容、手法上均有较大的区别。因此，可以认为白帝庙山门的华带牌做法应为瞿塘峡以西长江上游地区的特有做法，有一定的地域性。

---

① 刘孟伉（1894—1969），男，原名贞健，字孟伉，别号艺叟。土家族，重庆市云阳县人，出身于平民家庭，后师从其堂兄晚清进士刘贞安，文辞诗赋及书法篆刻俱佳。1926年参加刘伯承领导的"泸顺起义"。1927年加入中国共产党，早年川东游击队领导人。1950年8月，由万县调北碚任川东行署副秘书长，1959年调四川省文史研究馆馆长。主编出版《杜甫年谱》《刘孟伉诗词选》。在原川内名胜多留有墨宝，其书法经验是将传统的"永字法"提炼为"十字两法"。亦精于篆刻，一生制印千余方。刘孟伉的书法表现了卓尔不群的个人风格，特别是晚年书作将深厚的学养与独特的人生经历融入书法之中，达到了炉火纯青的境界，为当代书坛所推崇。

图 7-113　重庆忠县石宝　　　图 7-114　重庆湖广会馆　　　图 7-115　四川宜宾李庄
　　寨山门华带牌　　　　　　　广东公所华带牌　　　　　　发现的华带牌

（4）屋顶

　　山门屋顶檐下的檐口用砖叠砌成线条，上覆坡面屋顶，四个翼角向上挑翘，四个翼角端头已基本与正脊的花刹等高。正脊的两端使用鳌鱼正吻，中堆用祥云宝珠图案，脊用彩绘粉饰，四个戗脊翼角用拐子纹。这些做法均为巴蜀地区特有的传统做法，具有典型的地域性特征。（见图 7-116）

图 7-116　山门牌楼屋顶

2. 窄垛墙

窄垛墙紧靠明间的主牌楼，与主牌楼成160°夹角，宽度不到主牌楼的五分之一。由屋顶和墙身两部分组成。屋顶做法与明间主牌楼做法相同。墙身分为上、下两部分，中间以横方隔开。上部灰塑"渔""耕"图案，反映了三峡地区传统的渔耕文化特色。下部灰塑宝瓶、菊花、牡丹，宝瓶镶贴青瓷片，为川东地区传统的装饰手法。（见图7-117至图7-120）

图7-117　东垛墙与斜影墙

图7-118　西垛墙与斜影墙

图7-119　山门东窄垛墙农耕图

图7-120　山门西窄垛墙渔猎图

3. 影墙

山门两侧的影墙分为两个部分，一是与窄垛墙相连接的斜影墙，二是与明间主牌楼平行的平影墙。两墙之间以圆柱相连接。

（1）斜影墙

斜影墙与窄垛墙成136°夹角，与明间主牌楼成117°夹角。东斜影墙浮雕祥云，一条面向西方的降龙盘踞云间（蜀汉都城成都在白帝庙西边），龙头突出云外，张口吐水。西斜影墙的整个墙面均为浮雕祥云，而没有龙或其他图案。东、西斜影墙浮雕均施以当地风格的彩绘。为什么西斜影墙没有雕刻降龙而不与东斜影墙对称，访问了多名对白帝庙有较多研究的当地文化人士均给不出任何解释，值得进一步研究。（见图117和图118）

（2）平影墙

平影墙一侧与圆柱相连，另一侧与围墙相连。其应为山门与围墙之间的一个过渡。平影墙四周表面施以土红色涂料，墙心为矩形织锦纹黑白图案壁心，甚是古朴。（见图7-121）

图7-121　山门平影墙

4.圆柱

斜影墙与平影墙之间以砖砌圆柱相接。圆柱为土红色，柱顶以线脚式柱帽封顶，线脚下灰塑垂幔构成整个柱帽。柱帽上塑一坐狮，面部似人面，也似狮像，瞪目张口，形象怪异。（见图7-122）

5.门前石狮

山门前放置的一对石狮，民间俗称镇门狮。古代的官衙庙堂、豪门巨宅的大门前，均摆放着一对石狮子，用以护卫镇宅。直到现代，此种遗风仍然不泯。镇门狮因南北地域差异或因建筑物的类型不同而造型各异。但一般来说，镇门狮都是一雄一雌、左雄右雌、成双成对。在中国传统礼仪文化中，主座位是坐北朝南，东为上即左为上，男人自然位居左侧（上位），女人则居位于

图7-122　山门斜影墙圆柱坐狮

右侧（下位）。动物分雌雄，左雄右雌。这样才符合中国传统男左女右的阴阳哲学。左侧的雄狮一般都雕成右前爪玩弄绣球或者两前爪之间放一个绣球，而右侧雌狮则雕成左前爪抚摸幼狮或者两前爪之间卧一幼狮。

　　不同的建筑门前的石狮有不同的造型，代表着不同的意义。寺院道观山门两侧的石狮子，雄狮张口注视来往信众；雌狮子闭口护子，表现传统社会男尊女卑、各司其职的特性。封建官府门前的石狮子，雄狮子的脚下踩着球，代表脚踏寰宇，是权力的象征；雌狮子脚下抚摸着一头小狮子，表示母仪天下，子孙绵长。民间习俗狮子是镇宅神兽，有辟邪的作用，而且狮子的嘴也是一个张开一个闭合，合起来代表吐纳之意。另一说法是，狮子嘴巴一张一闭，张是招财，闭是守财，钱财只吃不吐的意思。

　　但是白帝庙山门前的石狮子没有"雄的脚下踩着球，雌的脚下抚摸小狮子"的区别，两个都是踩着球，从表面上是看不出雌雄的，但因为狮子的造型是半蹲着的，所以从屁股上生殖器的造型就看出雌雄了。其右为雄，左为雌。两只狮子的头部是微微相向倾斜的，有亲昵感，符合传统造型。那么，为什么白帝庙山门前的石狮要有违传统习俗呢？百思不得其解，有待进一步深入研究。（见图7-123和图7-124）

图7-123　山门石狮（右）

图7-124　山门石狮（左）

（七）白楼装饰艺术

白楼建于民国初年，为川军军阀修建的别墅。当时，中国建筑受到西方建筑的影响，不但引进了西方的建筑材料和建筑技术，在建筑装饰上也受到了西方建筑的影响。中西建筑文化的交融与碰撞，形成了这一特殊时期的建筑形态和建筑装饰风格。从形态上讲，白楼外部形体塑造引进了欧洲古典主义建筑的造型特

图 7-125　白楼（修缮后）

点。虽然建筑的基本形态简洁，保持了建筑的统一性和整体性。在外部造型和装饰上也力求建筑的体积感和雕塑感。在立面上追求建筑形体的凹凸变化与虚实关系。因立柱冲出屋顶上高耸的"气囱"与双层坡屋面、拱券门窗与雪白的外墙、纵向的方柱与横向的线脚而使整幢建筑显得富于变化。（见图 7-125）如果拿白楼与中国传统建筑相比较，其装饰具有以下显著特征。

1. 独特的外观颜色

整幢建筑外墙、柱面均抹饰白灰，而无其他任何颜色的装饰材料，形成独特的"白楼"。

2. 门窗开设一改中国传统建筑的模式

中国传统的建筑大多数采用三面围合一面敞开的形式，或前后建廊的做法。一般在前檐或前后檐开窗，两个侧面（山墙）一般是不开窗的。然而白楼则根据功能需要在建筑的四面随意开窗。（见图 7-126）

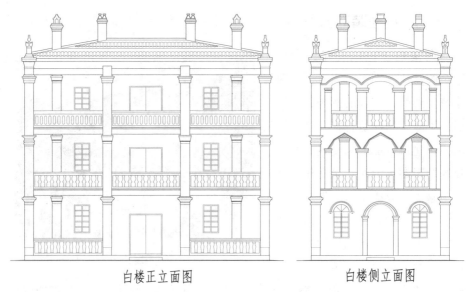

白楼正立面图   白楼侧立面图

图 7-126   白楼立面复原图

3. 廊柱装饰性增强

廊柱作为建筑结构的基础构件，包括柱基、柱身和柱顶三个部分。传统建筑只对柱基（柱础石）进行雕刻和柱头彩绘箍头装饰外，对柱身一般不做装饰。然而白楼恰恰相反，对柱基没做装饰，而对柱头和柱身采用凹凸感强烈的线脚装饰。高耸竖立的"气囱"，突出了其装饰性。

4. 门窗形式变化多样

白楼正面走廊除正中明间开敞进出，两侧次间和廊子以及二、三楼正面廊子均用栏杆围护。两侧外廊和后廊均采用开窗方式，且开窗方式变化多样。两侧廊一层和三层廊窗为圆形拱券窗，而二层廊窗则为折线形拱券窗。拱券均采用线脚装饰。廊内房间门窗均为矩形。

5. 独具特色的屋面装饰

白楼屋面为双层四坡面小青瓦屋顶，屋面结构虽然采用中国传统的人字屋架，但在屋顶上高耸而立着 12 根具有装饰性的"气囱"。青灰色屋面、造型别致的"气囱"和雪白的外墙构成一幅欧洲风情的装饰画。

八　建筑文化与艺术思想

（一）建筑艺术特征

中国传统建筑流派众多，按大范围可划分为北方建筑和南方建筑两大体系。川东建筑[①] 属于南方建筑体系中的一个组成部分。白帝庙建筑从总体上讲应当属于川东建筑的范畴。由于其邻近楚境，地处巫山腹地、瞿塘关口，"巫文化""巴文化""楚文化"以及"蜀文化"在这一地区碰撞、交融，特殊的地缘形成了独特的"峡江文化"。在数千年的历史变迁中，"峡江文化"既受到了中原文化的影响，又留有巫巴文化的遗风；既受到了楚文化的感染，又留有蜀文化的影子。因此，就白帝庙建筑的文化艺术特征而言，形成了一种同时具有楚文化建筑[②] 和川东建筑两种特征的建筑艺术形态。其主要表现在以下三个方面。

1. 不拘一体的平面布置

传统的中国建筑无论是总平面布局，或是建筑单体平面均受到"周礼"思想的影响和制约。古代建筑大到都城、皇宫、署衙、寺观庙庵，小到民居宅院，在总体布局上中轴线明确，大门和主要建筑均位于中轴线上，次要建筑位于两侧，且保持左右对称。单体建筑，以明间为中心，左右次间、稍间和尽间也都是保持对称的。这是中国建筑在总体布局和平面设计上的最基本特征。这种讲求对称的做法反映的是封建礼制的需要，而不是基于建筑本身的功能需要。[③] 白帝庙建筑在总平面布局和单体建筑平面上均打破了这种封建传统礼制

---

①　原川东地区即现在的重庆市大部区域，也就是历史上的巫巴地区。因此说，追溯历史的渊源，川东建筑也可称之为"巫巴建筑"。

②　高介华. 略议"楚文化建筑"和"建筑文化与汉派风格"问题 [J]. 建筑师，1993(51):26.

③　王发堂. 湖北传统建筑之精神研究 [J]. 华中师范大学学报（人文社会科学版），2012(1):99.

的约束，根据地形特征、功能需要，灵活地进行总平面和单体建筑平面布置设计。从理论层面上讲，白帝庙的营建者有可能并不是完全意义上出于对封建正统礼制的反抗，而应当是巫楚文化中浪漫主义精神在建筑营造设计中的反映。

据调查考证，白帝庙现在的山门是1958年后修建的。原山门位于观星亭西侧，朝向面南而偏西67°。究其原因，可以认为由于自明正德五年（公元1510年）开始，白帝庙祭祀的是蜀汉先主刘备。由于蜀汉都城在奉节西边的成都，山门朝向西边应该是隐含有"心向蜀汉"之意。因此，从根本上打破了传统的中轴线对称布置方式。另外，从东、西两个院落的测绘图分析，两院也明显呈非对称性。东院东侧建有厢房，而西院没有厢房。西配殿与白帝庙主体建筑明良殿之间夹建有武侯祠，从而导致明良殿左右两侧建筑也呈非对称性。

从白帝庙各单体建筑的测绘图中还发现，除前殿左右次间、稍间保持对称外，其他各单体建筑左右次间、稍间、尽间均呈非对称性。虽然有的建筑左右差距很小，但从严格意义上讲，是非对称的。究其原因也有可能是匠师们的随意性所致。也正因如此，才充分体现出了匠师们不拘泥于礼制约束的浪漫主义色彩。

2. 浪漫飘逸的建筑体态

白帝庙作为峡江地区砖木混合结构建筑的代表，与北方建筑有着本质的区别。虽然南方干阑式建筑与四川地区的穿斗式建筑有着某种意义上的渊源关系，或者说联系。但白帝庙建筑却是在吸收了北方建筑抬梁式结构大跨度空间、四川地区穿斗式建筑结构稳固性强等优点的基础上，融合了砖结构作为山墙承重的结构原理。砖砌山墙作为承重构件，不仅节约了木材，也降低了建造成本。砖木结合的建筑外观形态，反映了特殊的"峡江文化"在建筑艺术情感上的"浪漫性"和文化思想上的"纯朴性"。形成了结构灵活、视觉效果飘逸的独特建筑形态。

白帝庙主要建筑前殿和明良殿厚重的山墙、笨拙的大屋顶配以屋顶上优美的脊饰，恰恰体现的是老子哲学的"抱朴观念"和庄子哲学的"飘逸思想"，从建筑的角度映像出了楚文化代表人物宋玉、屈原的浪漫主义情怀。东西配殿、东西厢房用材较小、开间尺度相对较大，整个建筑形态给人以"简洁、流畅、灵动"之感。观星亭飞檐翘角，屋面曲线优美，彰显出了"峡江文化"激情飞扬、浪漫豪迈的精神。

3. 色彩浓郁的装饰彩绘

白帝庙建筑把结构的厚重（前殿、明良殿）与色彩的浓烈（前殿、明良殿脊饰、山墙彩绘）有机地融为一体，体现出的是"峡江文化"的独特性。可以这样认为，"峡江文化"在根本上具有浪漫性。在巫山楚地峡江人的视野中延绵不断的巫山是浪漫的，滔滔不尽的长江也是浪漫的；天空中的流云飞霞是浪漫的，地上的飞禽走兽也是浪漫的。因此，他们认为建筑也应该是浪漫的。正因如此，峡江人在建筑上用色彩浓郁的彩绘表达的是浓厚的情感和内心的骚动。有可能只有这样，才能够充分地宣泄峡江人内心深处的深沉与情愫。以白帝庙为代表的峡江建筑把建筑形态的飘逸与装饰色彩的浓郁有机地结合起来并融为一体，这不能不说是聪明的峡江人民的一个创举。

（二）思想因素分析

白帝庙地处重庆东北部边陲，长江北岸，三峡之首的瞿塘峡西口，与楚地鄂西相邻，为巴楚文化交融之地。加之自古盛产食盐，商贸发达，为巴蜀通向荆楚的第一关隘。特殊的地理位置造就了独特的建筑文化与建筑艺术，其形成的内在因素和外部影响是多方面的，归纳起来主要有以下五个方面。

1. 儒学道家思想的影响

自古以来诸多文人墨客寓居于夔州，带来了巫巴地区以外的"儒学""道家"思想。这些文人士绅遵循的生活准则是"朴素淡泊，摒弃物欲羁绊"，推崇"以善为美""中和之美"的美学思想。在理念层面，儒学的"美是中和"学说与道家的"美在自然"学说构成了中国传统美学的两大理论支柱，成为古代文人墨客的审美主旋律，文化创造的主格调。古代文人围绕儒学理念、理学内涵把审美观念延伸到了包括建筑在内的社会各个方面，采取"以物比德，以道而器"的思维方法，将"至善的德行、诚信的圣条、睦族的礼让"贯穿到了审美观念中，形成了一种人生哲学和审美态度，并将审美生活化、世俗化、形象化。把道德的"善"、伦理的"孝"、心境的"和"作为日常生活中"美"的实质内容和衡量美与丑的基本标准。虽然自古以来在川东地区，特别是以奉节、巫山、巴东、秭归为代表的三峡地区，儒、道、释以及原始巫文化中的鬼神信仰和英雄崇拜并存，但在文人墨客的思想上，占主导地位的仍然是儒学思想。在封建礼制社会里，统治阶级的主导思想与文人墨客的理念崇尚是相吻合的。因此，儒学思想仍然是审美文化的主流。"中和之美"和"中庸之道"的儒学思想，要求任何事物力求适中，做到"恰当而不过枉""娇情而不失态、艳俗而不庸俗"。在文人墨客们的倡导和影响下，"中和之美"理念被社会普遍认知和接受。

反映在建筑设计上，他们认为如果在建筑中过分强调某一方面，将会导致"失和"，从而会打破情绪的平和，这样是不美或不适的。这种审美取向要求使用者在精神上和心理上达到平衡或平和，不能显得突兀，不能让事物或概念的任何一个对立方面走向极端。他们反对土木奢侈，倡导节俭朴素，倡导以"用材少，为利多"为原则，反对矫揉造作、富丽堂皇的建筑形象和装饰，追求真实表现建筑材料结构自然之美。白帝庙建筑正是在这种思想的影响下，梁柱采用自然圆木，不刻意取直修饰、任其弯曲；用材纤细，尺度上不求统一，顺其自然，体现出一种完全、纯粹的自然之美。

2. 巫楚文化思想的影响

秦以前巴、楚两国在巫山、奉节相邻，且在领土上相互渗透，经常交替变换。两国相邻地区的文化历来就是在相互交流、相互渗透、相互融合中衍变。楚国的日益强大逐渐向西侵占巴国领土，楚国在侵占的巴国领土上设立巫郡[①]和黔中郡[②]。弱小的巴国在楚国的强劲攻势下逐渐向西退缩，最后退到了四川北部的阆中，而终被秦所灭。在楚国占领的地区，楚文化不但逐渐同化着原生的巫巴文化，而且逐渐占据了优势。由于楚人和巴人交错杂居，因此楚文化也吸收了巫巴文化的一些因素，形成了颇具特色的"峡江文化"。后来，秦灭巴、蜀，楚人虽然逐渐退出了峡江地区，但是楚人特有的文化形态却保存了下来。春秋早期楚文化在三峡地区主要分布在今湖北西陵峡地区和秭归一带。而到了春秋晚期，楚国的势力急剧向西扩张，楚文化也随之而扩张。据考古发现，奉

---

① 巫郡：楚怀王时期设置，因巫山得名，今属于重庆巫山县，另辖有今重庆巫山地区，湖北清江中、上游和四川北部。
② 黔中郡为战国时期楚国所设，位于巴郡以南，郡治不详。秦楚战争之后，秦国于公元前 277 年将楚国的黔中郡与巫郡合并成新的黔中郡。

节县老关庙、新浦，云阳县李家坝等遗址均有楚文化因素。楚人西进的又一高潮是在战国中期，其到达了今重庆忠县一带。在重庆巴县冬笋坝西汉早期墓葬、四川宣汉县罗家坝战国遗址中均发现了楚文化遗存。[①]

　　长江在奉节截断巫山山脉，形成了著名的长江三峡。这一地区是巫文化的发祥地，《山海经》中的"灵山十巫"神话就发源于巫山。以巫山为核心的区域便是以巫文化为特征的长江流域早期社会文明的发祥地之一。从屈原的《山鬼》、宋玉的《高唐赋》《神女赋》，到唐宋时代李白、刘禹锡、元慎、李商隐、陆游，以及明清时的黄浑、张问陶等文人墨客，不乏歌颂神女的诗词歌赋，给这一地区的文化特征深深地打上了浪漫主义的烙印。这种浪漫主义的情怀，数千年来延绵不断地影响着这一地区的建筑文化与建筑艺术。

　　毗邻楚地的奉节是受巫楚文化思想影响较深的地区。其文化形态是"峡江文化"的典型。巫巴楚交融的独特文化特色当然也将反映在建筑技术与建筑艺术上。现存白帝庙建筑在一定程度上还流露着巫楚遗风。据对三峡地区现存古建筑调查发现，在奉节、巫山、巴东、秭归地区，无论是总体布局，或是单体建筑；无论是建筑形态，或是梁架结构；无论是木刻灰塑，或是装饰彩绘都具有极度的相似性。这一现象反映出楚文化与巫巴文化在这一区域内的交汇和撞击。因此说，白帝庙建筑所反映的独特性就是多种建筑文化相互融合的结果。

3. 移民文化思想的影响

　　在巴蜀地区，历史上曾经有过三次大规模的移民迁入，其中规模最大、影响最广、持续时间最长的一次是明末清初的"湖广填四川"。"湖广填四川"是我国移民史上的重大事件。所谓"湖广"，广义上讲包括今湖南全境，湖北、广东、广西部分地区。

　　第一次大规模"湖广填四川"发生在元末明初，随着明朝统一战争的进行和明初朝廷移民政策的推行，江西人口大量涌入湖广地区，即所谓的"江西填湖广"，并引发了大规模"湖广填四川"热潮。大量的江西人口经湖广地区流向河南、四川、云贵等地。

　　到了明末清初，一方面，战乱使四川地区人口锐减；另一方面，四川地区

---

① 黄尚明.论楚文化对巴文化的影响[J].江汉考古，2008(2):68.

因治水而形成了大量可开垦的土地。清朝政府为了振兴经济，从康熙四年（公元 1665 年）起颁布了一系列移民垦荒的优惠政策，至乾隆四十一年（公元 1776 年）前后达 100 余年，形成了"湖广填四川"的第二次高潮。在这一阶段主要以"生活移民"为主。

清道光以前，由于四川地区社会经济得到全面复苏，农业兴盛，手工业得到振兴，川盐的开发和矿产资源的开采，促进了以盐、粮贸易为主的商业贸易的发展。长江黄金水道给商业贸易提供了便利条件，各地商人认识到了与四川贸易的优势，纷纷到四川地区经商。因此，从清道光末年至民国初年出现了以"商业移民"为主的向四川的移民活动，形成了"湖广填四川"的第三次高潮。

从长江水道入川是"湖广填四川"移民的主要通道，移民们沿着江汉平原，逆长江、穿三峡，经重庆的巫山、奉节、云阳、万州，进入重庆地区后再流向四川各地。这条线路不仅是移民的主要通道，同时在这条移民通道上的各地也接受了大量的移民。

如前所述，在明清以前峡江建筑虽然也接受了外来建筑文化与技术的影响，但这种影响是有限的。由于地理环境、交通条件的限制，峡江地区相对来说具有较强的封闭性。因此，从本质上讲其建筑是相对自成体系的。特别是巫巴腹地，崇山峻岭的阻隔，在一定程度上阻碍了建筑文化艺术和营造技术与外界的交流。而大规模的移民活动却成了包括建筑在内的各种文化与技术交流、融合的载体。所以说，大规模、长时期的"湖广填四川"移民活动给四川地区带来的不仅仅是人口的增加，也带来了移民们原住地的建筑文化艺术与建筑技术。在三峡地区形成了一种既不同于古老传统的巴楚建筑特征，也不同于湖广地区以及流入湖广地区的其他地区的建筑特征的、新型的、独具特色的峡江建筑文化体系。白帝庙建筑明间内界正贴多采用抬梁式做法，特别是前殿和明良殿较为典型，这明显是受到了江南建筑的影响。

4. 古老传统技法的影响。

据考古发现，在公元前 4000～公元前 3000 年，分布在渝东北[1]、鄂西、湘

---

① 主要指重庆境内长江流域地区。

北一带的"大溪人"创造了著名的大溪文化①。大溪文化的发现，揭示了长江中游的一种以红陶为主并含彩陶的地区性文化遗存。在湖北宜都红花套和枝江关庙山发现的房屋基址，普遍经过烧烤，已形成红烧土建筑。该建筑分半地穴式和地面建筑两类，前者常呈圆形，后者多属方形、长方形。地面起建的房子，往往先挖墙基槽，再用黏土掺和烧土碎块填实，墙内夹柱之间编扎竹片或小型树干，里外抹泥。室内分布柱洞，挖有灶坑或用土埂围筑起方形火塘。居住硬面的下部，常用大量红烧土块铺筑起厚实的垫层，既坚固又防潮。有的房顶系铺排竹片和植物秆茎，再涂抹掺有少量稻壳、稻草末的黏土；有的房子还有撑檐柱洞或专门的檐廊，或在墙外铺垫一段红烧土渣地面，形成原始的散水。可见为适应南方的气候条件，建造住房已采用了多种有利于防潮、避雨、避热的技术措施。

公元前3000多年的屈家岭文化②发现，住房多属方形、长方形的地面建筑。一般筑墙先挖基槽，立柱填土，单间房屋的面积一般为10平方米左右。出现了以隔墙分间的较大住房，有的是出入一个大门的里外套间式房子；有的是长方形双间、多间的连间式房子，甚至有多达二三十间成排相连的。这种隔墙连间式住房，形式新颖，建筑结构有了明显进步，直接证明了房屋建筑技术在三峡地区已经发展到了一定的水平。屈家岭文化的地面建筑已经取代了大溪文化时代的半地穴式建筑。挖基立柱、夯土筑墙、烧土防潮等技术的广泛应用，特别是房屋的平面已经有矩形和圆形多种以及间的概念的形成，"穿斗式"结构形式已初具雏形，说明了当时已经有了"设计"的概念。③从屈家岭文化房屋复原图中不难看出其结构形式与现存的白帝庙建筑（川东建筑）具有一定的渊源。（见图8-1）

5. 特殊地缘环境的影响

白帝庙采用的建筑材料多以"就地取材"为主。由于其礼制性的特殊功能

---

① 大溪文化因重庆市巫山县大溪遗址而得名，大溪遗址位于奉节瞿塘峡东口。大溪文化分布东起鄂中南，西至川东，南抵洞庭湖北岸，北达汉水中游沿岸，主要集中在长江中游西段的两岸地区。

② 屈家岭文化因1955—1957年发现于湖北京山屈家岭而得名。主要分布在湖北，北抵河南省西南部，南界到湖南澧县梦溪三元宫，西面在四川巫山、奉节交界处大溪文化遗址。

③ 季富政.三峡古典场镇[M].成都：西南交通大学出版社，2007:23-24.

要求，造型特征和形制等级又优于普通的民居住宅。但是在"天人合一，返璞归真"和"崇尚自然"思想支配下，"因时就势，就地取材"仍是白帝庙建筑的基础。加之三峡地区自秦汉以来盛产食盐，垒灶煮盐是当地的主要产业。制盐业的发展导致周边森林树木被大量砍伐，致使奉节乃至三峡地区的长江两岸均无大树可伐。特殊的地缘环境制约了白帝庙建筑用材，因此在建筑结构上用材均显得偏小。正是因为其材料的纤巧造就了其建筑形态的轻盈飘逸，而没有北方建筑所具有的用材硕大、体态笨拙的特征。

综上所述，白帝庙独特的建筑文化，受到了中国传统的"儒学""道家"自然之美思想、长江三峡巫楚文化思想和"湖广填四川"移民文化思想的影响。其表现形式，继承了巴蜀地区古老的穿斗式结构做法。"严谨而不夸张，浪漫而不娇情"的建筑特征充分体现了"天人合一"的思想境界，使"天、地、人"三大要素在感性与理性中得到了充分的融合。

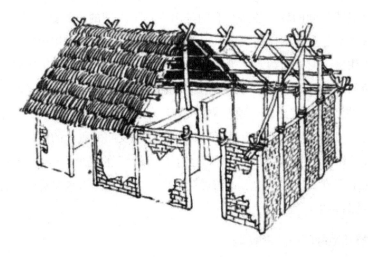

图 8-1　屈家岭文化房屋复原图

九 白帝庙的研究价值

通过上述对白帝庙建筑形态、建筑艺术特征及其形成的思想因素分析，可以说白帝庙建筑给我们留下了丰富的文化艺术遗产，就其承载的历史信息，体现的建筑思想、独特的室间结构和所表现的建筑艺术等方面都具有较高的研究价值。

（一）史学价值：丰富的历史信息

古建筑是历史信息的重要载体之一，也是人类社会发展历史的实物见证，在它身上留下的印记携带着丰富的历史信息，向人们展示着历史的发展和变迁。白帝庙历史悠久，自巴人入川"建国立都"开始祭祀"白帝天王"，到后来历经祭祀公孙述，再到祭祀蜀汉先主刘备，历经3000多年，历史文化积淀丰厚，是长江三峡地区古老的建筑群之一。白帝庙清代古建筑群现为全国重点文物保护单位，其文物建筑本体和周边环境保存较为完整，是研究三峡地区清代民俗、宗教、建筑不可多得的实物标本。

白帝庙古建筑群，特别是前殿和明良殿，具有精神创造和物质创造两重性。它携带的历史信息包含了从意识形态、宗教信仰、神话传说、审美趣味到社会生产力水平、建筑营造技术、建筑文化、建筑艺术和社会经济发展状况等多方面、多层次的广泛内容。这种历史信息的广泛外延和丰富内涵，不仅具有较高史学价值，而且还具有社会学、历史学、人类学、民族学、民俗学、宗教学、经济学、考古学、建筑学和美学等多重价值。就白帝庙建筑本体而言，还体现了造就它的那个时代的建筑营造技术水平，如木作加工、雕刻技术、测量技术及社会经济状况等多方面、多层次的信息内容。历年的每一次修缮或重建都留下了人类发展变迁的历史证明。因此具有较高的史学价值。

（二）文化价值：独特的建筑思想

峡江文化是在中国儒家文化和道家文化为主导的大环境下，以峡江地区古老、神秘的巫巴文化为基础，在楚文化的侵蚀和蜀文化的影响下，吸收了因移民运动带来的各地方多民族文化因子而形成的峡江文化思想体系。峡江文化对峡江地区建筑结构和建筑艺术产生了重大影响。

儒家学说自创建以来，都是以中国正统思想自居，是 2000 多年来封建社会官方的思想形态，左右着上至皇帝，下至基层各级官吏以及文人绅士的意识形态。儒学思想一贯追求和宣扬的是"天人合一"的哲学思想和美学境界。在这种思想的影响下，人们在建筑营建活动中将其现实化。

中国传统道家的"道法自然"观念同样也反映着人们迎合大自然的传统生存方式和精神境界，强调天地万物之间的相互关系，给人以现实作用和精神启示。道家认为，人本体与天地自然本体是相通的，是相互影响、相互作用的辩证关系。

然而峡江文化所体现的文化思想既不完全是儒学的思想，也不完全是道家的思想，而是在对儒学思想与道家思想进行融合的基础上，吸收了楚文化思想和保留有巫巴文化思想成分的一种新型、独特的思想体系。峡江文化从儒学思想那里汲取了积极入世的进取精神；从道家思想那里汲取了崇尚自然、人与自然统一协调思想。"重视生命、崇尚自由、自然朴实、追求浪漫"是峡江文化的精神所在。这种思想既从儒学的理性束缚中解脱了出来，又有别于道家的超凡出世思想。因此说，峡江文化思想与儒、道思想相比较，更为深邃宏壮。

基于以上分析，峡江文化思想反映在建筑上的最大特点就是体现在"天人合一，道法自然"的建筑观上，其展现的是"自然与精神的协调统一"。据对白帝庙以砖木结构为主体、抬梁式与穿斗式相结合的木构架结构建筑的考察后发现，其建造者注重的是建筑物与周边环境、建筑物与建筑物之间高度的协调、体量的均衡，充分体现了"天人合一"的思想境界，在装饰艺术上讲究和追求"中和、平易、阴柔、朦胧、浪漫"之美。

（三）艺术价值：浪漫的技艺表现

白帝庙在建筑外形上，严谨而不夸张，屋面坡度平缓而不张扬，表现出不失俯瞰大地之动势。厚重而不笨拙，略有曲线而不刻意娇情，表现出一种自然态势。硕大的屋顶配以富有特色的脊饰，化静为动，给建筑外形赋予了生命的活力，在物质形态与人的心理之间找到了一种共同的动态平衡支点。其设计理念可以理解为通过建筑外形的表现形式，用以表达"与天同一"的思想，这是峡江人"天道"理念在建筑形态中的最终表现。

白帝庙在平面布局上，舒展自然，虽然也有合院式建筑布置的特征，但不刻意追求绝对对称和围合成完全封闭的四合院落，而采用以功用第一、自由随意的方式布局。平面上的横向延展、纵横结合，正是峡江人思想上"与地共生"，行为上与大地相亲、与"地道"相通理念的完全释放。这种以使用功能为核心，也即以人为本，使"天、地、人"三大要素在感性与理性中得到了融合。所表现出的建筑形态，既有视觉上的优美感，又有理念上的蕴涵性，使主体（人）与客体（天、地）在建筑外形上达到了和谐同一状态。

白帝庙在选材和结构上采用砖木结合的方式，充分体现了"顺应自然"的思想。木材给人以含蓄、深邃之感，而且集轻巧、坚韧、易于加工为一身。砖块利用本地泥土烧制、成本低廉、搬运方便，也解决了峡江地区木材缺乏，特别是大木材缺乏的问题。这些做法都可以说明是与峡江文化思想相吻合的。

（四）科学价值：独特的空间结构

白帝庙建筑群既不拘泥于《营造法式》和《工程做法则例》规范，又不抄搬《营造法原》所示的营造手法。空间布局灵活，依山而建，就地取材，因材施料。对西南山区，特别是川东峡江地区建筑构筑研究方面，具有难得的科学研究价值。中国古建筑的形式和发展主要受社会因素和自然因素两个方面的影响，社会因素包括社会生产力、社会意识、民族差异、宗教信仰和风俗习惯等。自然因素主要包括地理位置、地形地貌、气候条件、材料资源等。而白帝庙一方面具有中国其他地方古建筑的相通之处：即以纵轴线为主、横轴线为辅的原则来组织建筑及安排空间。中轴线对称，沿纵深方向展开空间，强调庭园和内庭的作用等。另一方面，又具有鲜明的地方特色：不严格讲究轴线的对称，地面高差随地形、地势变化而变化，外墙多为厚重的砖砌墙体，而内部隔扇则多以木门、木窗为主，空间通透，木结构采用穿斗式与抬梁式相结合的方式，而不拘泥于某一特定方式，是科学地灵活运用的典型范例。在柱网布局与空间划分方面，与北方建筑的做法相比，有其独特之处。因此说，白帝庙建筑具有较高的科学研究价值。

白帝庙留给我们的不仅仅是一座建筑，而是给我们留下了一座研究"峡江建筑文化与艺术思想"的标本，其价值远远超出了建筑本身的含义。

下篇

保护篇

十　保护的基本准则

（一）保护概况

以重庆市奉节县白帝庙古建筑为核心的白帝城于 2006 年 5 月 25 日，被国务院批准列入第六批全国重点文物保护单位。

白帝庙现存文物建筑为白帝城最大的古建筑群，庙内古建筑大多为抬梁式和穿斗式相结合的木构架结构，硬山顶，青瓦屋面。正脊较高，主要建筑为花脊，脊座装饰精美的浮雕和彩绘图案。正脊中央安装灰塑中堆，造型夸张浪漫。木构架用材细长，步架较密，檐柱与步柱间的单步川或双步川用窄而高的木方制成。建筑正面多安装棕色油饰的落地隔扇门，椽子刷黑色油饰。墙体用白灰抹面，封火山墙墙头及墙脊装饰浮雕和彩绘图案。白帝庙建筑是研究川东峡江地区明清建筑技术与建筑艺术的重要实物载体。

此次白帝庙修缮是为了响应重庆市政府关于长江三峡旅游景区"提档升级"的要求，由河南省文物建筑保护设计研究中心、重庆市文物考古所测绘和编制保护规划，山东省文物科技保护中心进行修缮施工设计，海宁市金隆古建筑有限责任公司承修。修缮范围主要包括白帝庙文物建筑和庙外现代仿古建筑两大部分。白帝庙文物建筑测绘和修缮范围由南到北共有六个院落（广场）。东西长约 100 米，南北宽约 58 米，总占地面积约 4950 平方米。由南到北维修的单体建筑依次为：白帝庙山门、前殿、东耳房、西耳房、东院厢房、东厢房、西厢房、东配殿、西配殿、明良殿、武侯祠、白楼、观星亭、后庙门等共 14 座建筑。维修的院落依次为：山门前广场、前院花园、中院、东院、西院、后院。

（二）保护依据

1. 文化遗产保护国际公约:《保护世界文化和自然遗产公约》;《关于古迹遗址保护与修复的国际宪章》(威尼斯宪章);《巴拉宪章》;《奈良真实性文件》;《木结构遗产保护准则》(1999 年墨西哥会议通过);《古迹、建筑群及遗址的记录工作原则》(1996 年保加利亚索非亚会议通过);《建筑遗产分析、保护与结构修复准则》(2003 年津巴布韦，维多利亚瀑布举行的国际古迹遗址理事会通过);《西安宣言》(2005 年西安会议通过);《北京文件——关于东亚地区文物建筑保护与修复》(2007 年北京会议通过)。

2.《中华人民共和国文物保护法》和《中华人民共和国文物保护法实施条例》中，关于对不可移动文物进行修缮、保养、迁移，必须遵守不改变文物原状的原则，负责保护建筑物及其附属文物的安全，不得损毁改建、添建或拆除不可移动文物。采用保护为主，抢救第一，合理利用，加强管理的文物工作方针。

3. 中华人民共和国国家标准《古建筑木结构维护与加固技术规范》(GB50165—92)对古建筑进行修缮的基本规定: 在维修古建筑时，应保存以下内容:"原来的形制，包括原来建筑的平面布局、造型、法式特征和艺术风格等。a. 原来的建筑结构形式。b. 原来的建筑材料。c. 原来的工艺技术。"

4. 中华人民共和国行业标准《古建筑修建工程施工及验收规范》(JGJ 159—2008)。

5. 文化部《文物保护工程管理办法》(2003 年 5 月 1 日实施)。

6. 中华人民共和国《风景名胜区管理暂行条例》《古建筑消防管理条例》《纪念建筑、古建筑、石窟寺等修缮工程管理办法》等。

7. 国家文物局文物保函〔2009〕1270 号批复的《重庆奉节白帝城保护规划》(河南省文物建筑保护设计研究中心、重庆市文物考古所)中的相关规定。

8.《重庆市奉节县白帝庙修缮保护方案》(河南省文物建筑保护设计研究中心、重庆市文物考古所)。

9.《重庆市奉节县白帝庙修缮施工设计》(山东省文物科技保护中心)。

（三）保护原则

1. 依法保护原则

以文物保护工程必须遵守的"不改变文物原状，修旧如旧，尽可能少地干预"和《文物保护法实施条例》《中国文物古迹保护准则》《威尼斯宪章》《北京文件——关于东亚地区文物建筑保护与修复》中对文物建筑修缮保护的有关条文规定为原则，对白帝庙文物建筑进行修缮保护。

2. 科学保护原则

对照历史资料、老照片资料和实地勘测结果，对维修保护的建筑，查明病害原因，在有充足历史资料的前提下，采取科学有效的保护方法和措施进行修缮。

3. 传统保护原则

为尽可能真实完整地保存白帝庙建筑的历史原貌和时代特征，在修缮过程中保持原有形式布局、原结构、原建筑工艺、原建筑材料不变，以建筑传统做法为主要的修缮手法，尽量多地保留历史信息。

4. 可逆保护原则

在修缮过程中，坚持修缮措施的可逆性原则，保证修复后的可再处理性，尽量选择使用与原结构相同、相近或兼容的材料，使用传统工艺技法，为后人的研究、识别、处理留有更准确的判定依据，提供最准确的变化信息。

5. 原貌保护原则

为体现建筑的完整性，修缮建筑的历史原貌，在修缮中对任何添加变更、缺失部分的修缮，必须先进行详细勘察，然后查找相关历史资料，获得可靠的依据或推论后才能修复。

6. 谨慎保护原则

对于建筑加固补强部分要与原结构、原构件可靠连接。新材料、新技术的应用在充分的科学依据基础上，经过试验，证明确实有效可行后再予以使用。

7. 档案完整原则

修缮施工资料齐全、变更设计或调整施工方式必须按规定程序办理的原则。在施工中必须做好记录，依据修缮勘察报告、修缮施工说明进行修缮施工，施工时进一步鉴别建筑物各种残损情况，并将新发现的隐性损坏情况报告管理单位和设计单位，经分析其损坏成因及对建筑造成的危害后，设计更恰当的修缮方法。

（四）保护性质

根据白帝庙古建筑的现状评估结论及修缮设计的依据和原则，对白帝庙修缮时力图做到标本兼治。认真鉴别建筑物各种残损情况，分析其损坏成因及对建筑造成的危害，针对不同情况采取不同措施进行修缮和保护。

对存在险情的建筑进行修整、防护加固和局部修复，即对建筑结构重新进行维修或局部落架修理，拆卸木构架或拨正歪闪的构架，修补残损构件，消除病害和隐患，纠正改变原状的做法和原修错的部分，根据考古研究进行适当的复原，使建筑群处于完整和健康的状态（包括出现病害的各单体建筑及围墙）。

对木构件及屋面脊饰构件油饰彩绘表面灰尘、泥垢进行清除，并按原样修复和补绘。

对残损地面进行维修。

（五）保护目的

通过对建筑本体的维修：使已经严重损坏的部分得到修缮；使未构成本质损伤的损坏得到遏止，不再继续发展；使现存的遗构能够延年益寿。对于加固项目，在确认其"不加固该构件就会对建筑整体结构的稳定性构成威胁"的前提下进行。对于需要加固的构件，最大限度地保留原来的构件本体；对于更换及新做的构件，在其隐蔽处写上更换的时间，并做到有可识别性。同时对修缮部位进行记录。

最大限度地保护现存建筑的历史面貌，尽可能地保留和真实反映建筑的历史信息，不改变其功能特色，杜绝破坏各文物建筑原有结构的行为。为文物建筑在现代生活中更好地发挥作用和功能创造条件，达到合理利用的目的。

十一　文物建筑现状

白帝庙现存文物建筑为砖木混合结构建筑，抬梁式和穿斗式相结合的木构架结构。屋面斜直，硬山顶，砖砌硬山山墙；屋顶正脊瘦高，且多为花脊。屋脊装饰精美的浮雕和彩绘图案。正脊中间安装灰塑中堆，造型夸张生动。青瓦屋面，没有望板和苫背，在扁而薄的板式椽板上直接放置仰瓦，再在其上扣置合瓦。木构架用材细长，步架较密。大梁用原木，檐柱与步柱间的单步川或双步川使用窄而高的木方。建筑正立面安装落地隔扇门和花格窗。门窗、下架木构件做单皮灰地仗，刷棕色油饰。上架木构件及封檐板找补腻子后刷棕红色油饰。椽子板刷黑色油饰，椽子上面的仰瓦底面刷白浆。与黑色椽子形成鲜明的对比，具有较强的地方特色。墙体用青砖砌筑（少数墙体用土坯砖，如西耳房后檐墙）、白灰抹面，室内墙面近地面处粉出棕红色踢脚线，疑为近代作法。硬山山墙墙头装饰精美的浮雕和彩绘图案，山墙墙面上部沿屋面坡向做彩绘。明良殿等重要建筑的檐墙内外上部做彩绘；台基用当地青石砌筑，阶条石、台阶石用当地青砂石制作。室内地面土做垫层，2008 年汶川大地震后当地文管部门用 240 毫米 ×120 毫米 ×60 毫米青砖墁地。

（一）山门

山门由于年久失修，加之受 2008 年汶川大地震的影响，现已处于危险状态。墙体、砖柱有一定的裂缝。牌楼后厦间屋架木构件和椽板发生虫蛀、霉变和卯榫松动。前部砖砌牌楼的表面灰饰酥碱、彩绘脱落严重。屋脊及装饰构件部分残缺。厦间屋面琉璃瓦松动，发生漏雨。地坪为 2008 年后维修时改铺的 240 毫米 ×120 毫米 ×60 毫米青砖，已发生松动、破裂。阶条石、踏跺石、垂带石风化、断裂。（见表 11-1）

表 11-1　白帝庙山门残损情况统计

残损部位			残损性质	残损程度	原　因
屋面	牌楼	屋面	霉变	屋面表面滋生菌类；发生酥碱、霉变发黑面达 70%～80%。	自然老化
		屋脊	表面酥碱、褪色	正脊、戗脊滋生菌类、杂草；表面酥碱、彩绘脱落、发霉面达 30%～40%。	自然老化
	后抱厦	屋面	长草、缺失、松动、改造扰乱	正当勾、斜当勾、勾头在上次维修时未使用琉璃构件，全部为水泥制作；瓦垄捉节、夹垄灰 80% 脱落；滴水缺失 6 个，屋面琉璃瓦松动，且数处生长杂草和小树。	自然、人为因素
		屋脊	霉变、褪色	正脊、戗脊滋生菌类；表面彩绘 30% 褪色，40% 霉变、发黑。	自然老化
抱厦木结构件	封檐板		糟朽	檐口部位封檐板糟朽 30%。	雨水浸蚀
	屋面楄板		糟朽	屋面楄板糟朽 60%。	雨水浸蚀
抱厦木构架	梁、方		污染、松动	表面 60% 附着污泥；部分卯榫发生松动。	自然老化，屋面漏雨
	檩		糟朽、劈裂	下金檩西端与瓜柱交接处糟朽，深度约 10mm；中金檩有一条长约 800mm、宽 5mm～15mm 的裂缝。	雨水浸蚀、自然老化
砌体墙面	砖柱		表面脱落	牌楼门正面圆形砖柱表面红灰脱落 40%；方柱表面黄灰起鼓、脱落 30%。	自然老化
	墙体		表面脱落、污染	外墙面红灰起鼓、脱落 30%，游客乱涂文字等；内墙面黄灰起鼓、脱落 60%。	年久失修、人为因素
地面	门外地坪		磨损	地坪青条石 80% 磨损，最大磨损深度达 20mm。	游人踩踏
	地面		改造扰乱	上次维修时改铺 240mm×120mm×60mm 青砖，现砖缝脱灰严重，雨水由缝下渗，浸湿墙基。	人为、自然因素
石作	阶条石		磨损、残缺	台明阶条石因磨损严重而残缺；10% 的残缺部位在日常维修中采用水泥砂浆粘补。	游人踩踏，人为扰乱
	踏跺石		风化、断裂	踏跺石 80% 风化、脱落；20% 出现断裂。	自然损坏
	象眼石		污染、脱灰	缝灰脱落 50%，且石缝中长满青苔；80% 的石头表面粘有污泥并变黑。	自然损坏
	墙基石		杂草、脱灰、残缺	20% 石缝中生长杂草；80% 石缝脱灰；20% 石块残缺处用水泥砂浆修补扰乱；90% 墙面后期用水泥勾抹扰乱。	人为、自然因素
	柱础石			保存完好	
油饰彩绘	木装修		褪色	40% 木基层的油饰老化褪色。	自然老化
	木构架		褪色	30% 木构件表面的油饰老化褪色。	自然老化
	屋面脊饰		褪色	屋面脊饰彩绘表面 60% 老化、褪色。	自然老化
	墙面灰塑、雕刻		改色、褪色	"垛窄墙"上宝瓶福、喜图案彩绘 30% 被后期维修改色；"白帝城"华带牌底色被后期维修改色；雕刻构件 40% 的彩绘老化褪色。	自然老化，人为修改扰乱

（二）前殿

前殿后期人为改造因素造成的扰乱较大。前檐廊横披窗、隔扇门等被人为拆除。前檐明、次间改为栏杆，以隔离室内《刘备托孤》群像。尽间加建墙体，安装现代门、窗。后檐廊明、次间隔扇门也被人为拆除，加砌墙体。使建筑物形成一个封闭围合的空间。室内木柱用水泥包镶，且改变了原建筑油饰颜色。地坪为了满足布展，改为水泥混凝土饰红色油漆地坪。

梁架、川方等木构件保存基本完好。但由于年久失修，前后檐檩条、椽板发生不同程度的糟朽和劈裂。屋面滋生杂草、瓦件破损而引发漏雨。屋面脊饰、山墙彩绘等发生大面积酥碱、发黑、脱落等残损情况。

梁架等木构架原未作油饰，其他木构架（件）的油饰不同程度地发生褪色、脱落现象。外墙皮发生酥碱、表面抹灰部分脱落。

阶条石、踏跺石和垂带石等不同程度地风化、断裂。（见表 11-2）

表 11-2　白帝庙前殿残损情况统计

残损部位			残损性质	残损程度	原　因
屋面	前檐		破损	瓦件残损 25%，屋面严重漏雨。	年久失修
	后檐		破损、杂草	瓦件残损 35%，屋面严重漏雨，滋生杂草。	年久失修
	檐头		破损	檐头合瓦抹灰，前檐廊檐破损 20%，后檐廊檐破损 40%。	雨水浸蚀，年久失修
木构架	檩		劈裂	前、后檐檩多处劈裂，劈裂长约 1500mm、宽约 5mm～8mm。	雨水浸蚀
	柱		改造扰乱	柱身均包镶混凝土，前檐柱涂红棕色油漆，其余涂橘黄色油漆。	人为因素扰乱
木构件	封檐板		糟朽	前、后檐封檐板糟朽 20%。	雨水浸蚀
	椽子		糟朽	糟朽 60%。	雨水浸蚀
木装修	前檐隔扇门	明间	缺失	人为拆除，现上槛底面可见卯口。	人为因素扰乱
		次间	缺失	人为拆除，现上槛底面可见卯口。	人为因素扰乱
		尽间	缺失	人为拆除，改为砖砌墙体并安装现代门窗。	人为因素扰乱
	后檐隔扇门	明间	缺失	人为拆除，现上槛底面可见卯口。	人为因素扰乱
		次间	缺失	人为拆除，现上槛底面可见卯口。	人为因素扰乱

续表

残损部位		残损性质	残损程度	原　因
墙体、墙面	后檐墙	酥碱、返潮	后檐明、次间墙体系拆除隔扇后新砌筑，下碱20%返潮、酥碱。	雨水浸蚀
	前檐墙	脱落	前檐西尽间墙体拆除隔扇后新砌筑，下碱脱落10%。	年久失修
	山墙	酥碱、脱落	外墙面酥碱、脱落40%。	年久失修
地面	室内地坪	改造扰乱	被改为水泥混凝土地坪，刷红色油漆。	人为因素扰乱
	室外散水	改造扰乱	被改为水泥混凝土散水。	人为因素扰乱
石作	阶条石	风化、断裂	表面风化达20%，前檐廊次、尽间阶条石断裂。	自然老化
	踏跺石	风化、维修扰乱	表面风化20%，局部用水泥砂浆修补。	自然老化，人为因素扰乱
	垂带石	风化、维修扰乱	表面风化10%，局部用水泥砂浆修补。	自然老化，人为因素扰乱
灰塑	正脊　中堆	酥碱、破损	表面酥碱80%，破损30%。	雨水浸蚀，自然老化
	正脊　脊	酥碱、破损	表面酥碱90%，破损20%。	雨水浸蚀，自然老化
	正脊　鱼吻	酥碱、破损	表面酥碱70%，破损20%。	雨水浸蚀，自然老化
	垂脊　脊	酥碱、破损	表面酥碱80%，破损20%。	雨水浸蚀，自然老化
	垂脊　垂饰	酥碱、破损	表面酥碱80%，破损60%。	雨水浸蚀，自然老化
砖雕	垂脊	酥碱、脱落	东、西表面酥碱80%，脱落30%。	雨水浸蚀，自然老化
油饰彩绘	木构件　桷板	老化、脱落	桷板黑色油饰老化脱落90%。	雨水浸蚀，自然老化
	木构件　封檐板	老化、脱落	板身黑色油饰全部脱落。	雨水浸蚀，自然老化
	木构件　其他	老化、褪色	后檐亮子油饰老化、地仗脱落90%。	自然老化，年久失修
	木构架　后檐檩	老化、脱落	檩条油饰全部老化、脱落。	雨水浸蚀，自然老化
	木构架　柱	改造扰乱	柱身均包镶混凝土，外涂油饰色彩与建筑风格不协调。	人为因素扰乱
	正脊	褪色	正脊、中堆、鱼吻褪色80%。	自然老化，年久失修
	垂脊	褪色	垂脊、垂饰、砖雕褪色90%。	自然老化，年久失修
	山墙	褪色	山墙彩绘褪色80%。	自然老化，年久失修

（三）明良殿

明良殿后期人为改造扰乱较少，室内木构架保存基本完好。现仅发现明间后檐左侧檐柱出现歪闪，少量檩条、川方开裂。部分桷板、封檐板、糟朽。前檐隔扇门、窗年久失修变形。后檐墙人为开窗安装排风扇。因此说，明良殿仍为白帝庙现存建筑中保存较好的一幢建筑。

　　但明良殿也因年久未修，其屋面瓦件松动、破损较多，檐口滴水缺失，杂草丛生；屋面脊饰和山墙灰塑酥碱、残损、缺失，大部分的彩绘脱落。由于受2008年汶川地震影响，左面山墙、后檐墙和室内隔墙发生开裂，前后檐墙和山墙酥碱、脱落。木构架、木构件油饰大部分老化、褪色或脱落。室内神龛、神台、塑像保存较为完好，仅表面有局部褪色。

　　后期修缮时室内地坪被改为水泥地坪，室外散水改为水磨石。部分阶条石、踏跺石、垂带石残损，后期采用水泥砂浆修补。前后檐柱础石风化较重。（见表11-3）

表11-3　白帝庙明良殿残损情况统计

残损部位		残损性质	残损程度	原　因
屋面	前檐屋面	破损、杂草	西次间、西尽间屋面下陷约30m²，屋面瓦松动40%，破损20%，瓦垄移位，屋面与正脊处开裂漏雨，屋面及檐头生长杂草，部分滴水缺失。	年久失修
	后檐屋面	破损	屋面瓦松动40%，破损25%，西次间檐口瓦件破损严重，后檐口滴水缺失80%。	年久失修
	檐头	破损	檐头合瓦抹灰，前檐廊檐破损10%，后檐廊檐破损30%。	年久失修
木构架	檩	劈裂	尽间前后檩条均有不同程度的劈裂，劈裂长约1000mm、宽约5mm～8mm。	雨水浸蚀
	川、方	劈裂、改造扰乱	前檐金柱上纵向川出现纵向通裂缝，明间西纵川出现沿纵向通裂缝，最宽处达12mm。	自然损坏，人为因素扰乱
	梁		保存较好。	
	柱	歪闪	明间后檐东侧檐柱向内倾斜约30mm。	地震影响
木构件	封檐板	糟朽	20%的封檐板糟朽。	雨水浸蚀
	桷子	糟朽	糟朽10%。	雨水浸蚀
木装修	前檐明间隔扇门	变形	保存完整，略有变形。	自然老化
	前檐次间隔扇门	变形	保存完整，略有变形。	自然老化
	前檐尽间窗	变形	保存完整，略有变形。	自然老化
	室内板门	改造扰乱	维修时改为现代板门。	人为因素扰乱

续表

残损部位			残损性质	残损程度	原　因
墙体墙面	后檐墙		歪闪，改造扰乱	后檐墙整体向外倾斜约70mm，其尽间后檐墙人为开孔安装排风扇。	地震影响，人为因素扰乱
	前檐墙			保存完好。	
	山　墙		断裂	东山墙后檐砖博缝断裂。	年久失修，地震影响
	隔断墙		开裂	东尽间隔断墙与后檐墙结合部位开裂，长约500mm，裂缝宽15mm。西次间隔断墙与后檐墙结合部位开裂长2300mm，宽20mm。	年久失修，地震影响
地面	室内地坪		改造扰乱	明、次间室内地坪人为改造为水泥地坪，两尽间维修时改铺为240mm×120mm×60mm青砖。	人为因素扰乱
	室外地坪		改造扰乱	前檐台明后期改铺240mm×120mm×60mm青砖，砖缝脱落20%，且因下沉出现凹凸不平。	年久失修
	室外散水		改造扰乱	原青石散水被后期维修时更改为水磨石。	人为因素扰乱
石作	阶条石		残损	前檐阶条石4块表面片状脱落，阶条石之间后期用水泥砂浆勾缝。后檐台明水泥砂浆抹面。	自然损坏，人为因素扰乱
	踏跺石		残损	踏跺石6块表面片状脱落，1块用水泥修补。	自然损坏，人为因素扰乱
	垂带石		改造扰乱	垂带石与阶条石后期用水泥粘接。	人为因素扰乱
	柱础石		风化	前檐檐柱柱础石风化90%。	自然老化
灰塑	正脊图案		酥碱	屋面正脊下脊上的灰塑图案酥碱50%。	自然老化，年久失修
	垂脊	垂饰	缺失	前檐西山墙垂饰和后檐东、西山墙垂饰缺失40%。	自然老化，年久失修
		图案	酥碱	两山垂脊下脊上的灰塑图案酥碱60%。	自然老化，年久失修
砖雕	正脊、垂脊			保存完好。	
油饰彩绘	木构件	桷子	老化、脱落	桷子黑色油饰老化、脱落60%	自然老化，年久失修
		封檐板	老化、脱落	老化、脱落80%。	自然老化，年久失修
	木构架	檩条	老化、褪色	老化、褪色50%。	自然老化，年久失修
		梁	老化、褪色	老化、褪色30%。	自然老化，年久失修
		川	老化、褪色	老化、褪色40%。	自然老化，年久失修
	门窗		老化、脱落	老化、脱落40%。	自然老化，年久失修
	正脊		脱落	彩绘脱落70%。	自然老化，年久失修
	中堆		脱落	彩绘脱落80%。	自然老化，年久失修
	正吻		脱落	彩绘脱落60%。	自然老化，年久失修
	瑞兽		脱落	彩绘脱落40%。	自然老化，年久失修
	山墙		脱落	东、西山墙彩绘脱落70%。	自然老化，年久失修

（四）东厢房

东厢房后期改造、维修等原因造成人为扰乱的因素较大。虽然梁架结构基本保留了原建筑制式，但装修及外观已非旧貌。经现场察勘、分析，后期改造、修缮时将前檐廊隔扇门、横披窗、抱框、上下槛等木构件拆除，改为砖砌墙体，双面抹白灰。前檐明间正中开月洞门，两次间开矩形格子窗。后檐墙开圆窗，并均加装铁栏栅。在前后檐柱间后期改造时人为加建水泥坐凳。扰乱了原建筑风格、形制和做法。

由于年久失修，屋面瓦大部分松动、破损，屋面杂草丛生，漏雨面较大，导致室内的木构架产生糟朽。外墙面霉变、发黑、脱皮。内墙面局部起鼓、污染。阶条石、踏跺石等自然磨损严重，部分已经断裂。室内地坪和室外散水2008年改铺240毫米×120毫米×60毫米青砖，且未勾缝，现局部已经破损，地坪凹凸不平。室外长满青苔，砖面湿滑。

木构架保存基本完好。梁、前后檐蜀柱、前后檐川方原未作油饰。封檐板、屋面桷板发生糟朽，且多处断裂，油饰褪色、脱落。屋面正脊、中堆和脊吻因风吹雨淋、年久失修，大面积酥碱和缺失，已显得破旧不堪。彩绘表面大面积褪色、脱落。（见表11-4）

表11-4　白帝庙东厢房残损情况统计

残损部位		残损性质	残损程度	原　因
屋面	屋面瓦	老化、破损	前、后檐屋面90％瓦件老化、松动，瓦垄扭曲，屋面杂草丛生，漏雨严重。	自然损坏，年久失修
	檐头	老化、破损	檐头合瓦抹灰，前檐廊檐破损10%，后檐廊檐破损30%。	自然损坏，年久失修
木构架	梁		保存较好。	
	川、方	糟朽	前后檐川方30%糟朽。	雨水浸蚀，年久失修
	檩	糟朽	糟朽面约为30%。	雨水浸蚀，年久失修
	柱		保存较好。	
木构件	封檐板	糟朽、断裂	前檐封檐板糟朽80%，局部已经烂；后檐封檐板糟朽80%，两处发生断裂。	雨水浸蚀，年久失修
	桷子	糟朽、断裂	桷子60%糟朽，多处断裂。	雨水浸蚀，年久失修

续表

残损部位		残损性质	残损程度	原　因
木装修	门	改造扰乱	后期维修拆除，加砌墙体，明间开月洞门，次间为花格窗并装铁栏栅。	人为因素扰乱
	窗	改造扰乱	横披窗被后期维修拆除，改砌墙体。	人为因素扰乱
	坐凳	改造扰乱	前后檐檐柱间水泥坐凳系后期维修加建。	人为因素扰乱
墙体墙面	前檐墙体	改造扰乱	前檐墙体系后期加建。	人为因素扰乱
	后檐墙体	改造扰乱	后期维修在檐柱后加砌。	人为因素扰乱
	山墙		保存基本完好。	
	外墙面	脱皮、污染	外墙皮脱落60%，墙面霉变发黑，红色踢脚墙面布满灰尘。	年久失修
	内墙面	脱皮	内墙皮起鼓40%，局部脱落，表面有污染。	年久失修
地面	室内地坪	改造扰乱	后期维修时改铺240mm×120mm×60mm青砖，破损15%，未勾缝，地坪凹凸不平。	人为因素扰乱
	室外散水	改造扰乱	后期维修时改铺240mm×120mm×60mm青砖散水，已破损20%，现长满青苔，砖面湿滑。	人为因素扰乱
石作	阶条石	磨损	磨损严重，后期用水泥修补。	自然磨损，人为因素扰乱
	踏跺石	缺损、移位	少量缺损，局部松动、移位。	自然磨损，人为因素扰乱
灰塑	正脊	酥碱、残损	脊刹酥碱70%，残损40%。	自然老化，年久失修
	中堆	变形、断裂	变形，两处断裂。	自然老化，年久失修
	脊吻	酥碱、残损	酥碱60%，残损20%。	自然老化，年久失修
油饰彩绘	木构架 檐、步柱		后期维修用水泥包柱。	人为因素扰乱
	木构架 童柱	褪色、脱落	前后檐原未做油饰；内六界童柱油饰褪色85%，脱落30%。	自然老化，年久失修
	木构架 梁		原未做油饰。	历史遗留
	木构架 檩	褪色、脱落	油饰脱落70%。	自然老化，年久失修
	木构架 随檩方	褪色、脱落	油饰褪色70%，脱落40%	自然老化，年久失修
	木构架 川		原未做油饰。	
	木构件 桷子	脱落	油饰脱落80%。	自然老化，雨水浸蚀
	木构件 封檐板	脱落	油饰脱落80%。	自然老化，雨水浸蚀
	木装修 门、窗		人为拆除。	
	正脊	褪色、脱落	表面褪色，脱落90%	自然老化，雨水浸蚀
	脊饰	褪色、脱落	表面褪色，脱落90%	自然老化，雨水浸蚀

（五）西厢房

西厢房后期改造、修缮人为扰乱因素较大，除屋面梁架和山墙保留了原建筑制式外，步柱、装饰及地面已非旧貌。经现场察勘分析，后期改造、修缮时将4根步柱拆除改为砖柱（疑为原步柱腐烂而改建）；前檐隔扇门、横披窗、抱框、上下槛等拆除，改砖砌墙体，双面抹白灰。前檐廊明间正中开月洞门；前檐廊两次间开矩形格子窗，后檐廊墙开圆窗，并均加装铁栏栅。前后檐廊廊柱间人为加建水泥坐凳。扰乱了原建筑风格、形制和做法。

屋面木构架保存基本完好，但由于年久失修，屋面瓦大部分松动、破损，屋面杂草丛生，漏雨面积较广，使室内木构架产生糟朽。室内地坪和室外散水2008年维修改铺240毫米×120毫米×60毫米青砖，且未勾缝。现局部已经破损，地坪凹凸不平。室外长满青苔，砖面湿滑。阶条石、踏跺石自然磨损严重，部分已经断裂。

梁、前后檐廊蜀柱、前后檐廊川原未作油饰。封檐板、屋面桷板等发生糟朽，且多处断裂，油饰褪色、脱落。外墙面霉变、发黑、脱皮；内墙面局部起鼓、污染。屋面正脊、中堆和脊吻因风吹雨淋、年久失修，大面积酥碱和缺失，已经破旧不堪。表面彩绘大面积褪色、脱落。（见表11-5）

表11-5 白帝庙西厢房残损情况统计

残损部位			残损性质	残损程度	原因
屋面	屋面瓦		老化、破损	前、后檐屋面95%瓦件老化、松动，瓦垄扭曲变形，屋面杂草丛生，漏雨严重。	自然损坏，年久失修
	檐头		破损	檐头合瓦抹灰破损，前檐廊10%，后檐廊30%。	自然损坏，年久失修
木构架	梁			保存较好。	
	川、方		糟朽	前后檐川方糟朽20%。	雨水浸蚀，年久失修
	檩		糟朽	糟朽面约20%。	雨水浸蚀，年久失修
	柱		改造扰乱	明间前、后檐步柱后期维修更换为砖柱（圆形）。	人为因素扰乱
木构件	封檐板		糟朽、断裂	前檐糟朽70%，局部已经朽烂，四处发生断裂；后檐糟朽80%，三处发生断裂。	雨水浸蚀，年久失修
	桷子		糟朽、断裂	糟朽60%，多处发生断裂。	雨水浸蚀，年久失修
木装修	前檐	门	改造扰乱	后期维修拆除，加砌墙体，明间开月洞门，次间为花格窗并装铁栏栅。	人为因素扰乱
		窗	改造扰乱	横披窗被后期维修拆除，改砖砌墙体。	人为因素扰乱
		坐凳	改造扰乱	前后檐檐柱间水泥坐凳系后期维修加建。	人为因素扰乱

续表

残损部位		残损性质	残损程度	原 因
墙体墙面	前檐墙体	改造扰乱	前檐墙体系后期加建。	人为因素扰乱
	后檐墙体	改造扰乱	后期维修在檐柱后加砌。	人为因素扰乱
	山墙		保存基本完好。	
	外墙面	脱皮、污染	外墙面布满灰尘，霉变发黑，脱皮50%。红色踢脚墙面脱落30%。	年久失修
	内墙面	起鼓、脱皮	起鼓40%，局部脱落严重，表面被人为污染。	年久失修
地面	室内地坪	改造扰乱、破损	后期维修时改铺240mm×120mm×60mm青砖，破损10%，未勾缝，地面凹凸不平。	人为因素扰乱，年久失修
	室外散水	改造扰乱、破损	后期维修时改铺240mm×120mm×60mm青砖，破损20%，现长满青苔，砖面湿滑。	人为因素扰乱，年久失修
石作	阶条石	磨损	磨损严重，后期用水泥修补。	自然磨损，人为因素扰乱
	踏跺石	缺损、移位	缺损10%，已有两块发生移位。	自然磨损，人为因素扰乱
	柱础石	缺失	步柱柱础石缺失。	人为因素扰乱
灰塑	正脊	变形、断裂	滋生菌类，60%酥碱，整体发生扭曲，一处发生断裂。	自然损坏，年久失修
	中堆	酥碱、残损	酥碱30%，残损10%。	自然损坏，年久失修
	脊吻	酥碱、残损	酥碱20%，残损50%。	自然损坏，年久失修
油饰彩绘	木构架	檐柱	褪色、脱落	褪色40%，脱落30%。	自然老化，年久失修
		步柱		后期已改为砖柱（圆形），无油饰。	人为因素扰乱
		蜀柱		原未做油饰。	
		梁		原未做油饰。	
		檩	褪色、脱落	褪色10%，脱落70%。	自然老化，雨水浸蚀
		随檩方	褪色、脱落	褪色10%，脱落60%。	自然老化，雨水浸蚀
		川		原未做油饰。	
	木构件	桷子	脱落	脱落80%。	自然老化，雨水浸蚀
		封檐板	脱落	脱落90%。	自然老化，雨水浸蚀
	木装修	门、窗		人为拆除。	人为因素扰乱
	正脊		褪色、脱落	表面褪色、局部模糊不清，脱落90%。	自然老化，雨水浸蚀
	脊饰		褪色、脱落	表面褪色、脱落90%。	自然老化，雨水浸蚀

（六）东配殿

东配殿后期改造、修缮人为扰乱因素较大。前檐隔扇门，横披窗，上、下槛及抱框被人为拆除，改砌水泥坐凳。后檐步柱被后期改造时加砌砖柱包裹，经察勘其柱已经糟朽。室内地坪和室外散水2008年改铺240毫米×120毫米

×60毫米青砖，改变了原有铺装材料和做法。

梁、方、川保存基本完好，仅后檐下金檩随檩方缺失两根。部分檩条发生糟朽、劈裂。封檐板、桷板等木构件糟朽、变形较为严重。梁、川等木构架原未做油饰，且布满灰尘。其余木构架（件）油饰褪色、脱落较多。

柱础石风化较为严重。后檐墙和东、西两山墙发生不同程度的酥碱、起鼓，表面发霉、变黑和脱落。

屋面瓦松动、破损较多，杂草丛生，漏雨严重。屋面脊饰保存基本完好，仅缺失脊吻一个。正脊、脊饰等表面滋生菌类，中堆开裂，霉变、发黑、脱落。（见表11-6）

表11-6　白帝庙东配殿残损情况统计

残损部位		残损性质	残损程度	原　因
屋面	屋面瓦	老化、破损	屋面瓦件老化、松动，屋面杂草丛生，漏雨严重。瓦件残损50%。	自然损坏，年久失修
	檐头	破损	檐头合瓦抹灰，前檐破损40%，后檐破损80%。	自然损坏，年久失修
木构架	梁		保存完好，表面布满灰尘。	
	川、方	部分缺失	后檐下金檩随檩方缺失两根，其余保存基本完好，表面布满灰尘。	自然损坏，年久失修
	上、下槛	改造扰乱	后期改造拆除，前檐加建水泥坐凳。	人为因素扰乱
	檩	糟朽、劈裂	东次间上金檩、明间下金檩糟朽、劈裂两根，缝长材身通长，宽5mm～30mm。	自然损坏，年久失修
	柱	改造扰乱	后檐步柱后期改造、维修时包砌砖体。	人为因素扰乱
木构件	封檐板	糟朽、变形	50%糟朽、变形。	雨水浸蚀，年久失修
	桷子	糟朽	糟朽80%。	雨水浸蚀，年久失修
木装修	前檐 门	改造扰乱	后期维修时人为拆除。	人为因素扰乱
	前檐 窗	改造扰乱	横披窗被后期维修拆除。	人为因素扰乱
墙体墙面	墙体	改造扰乱	室内两山墙及后檐墙墙体内被嵌入多块石碑。	人为因素扰乱
	外墙面	酥碱	后檐墙外墙面下碱、酥碱20%。	年久失修
	内墙面	发黑、脱落	东山墙内墙面发霉、变黑，脱落30%。	年久失修
地面	室内地坪	改造扰乱	后期维修时改铺240mm×120mm×60mm青砖，且灰缝脱落80%，青砖破损15%。	人为因素扰乱
	室外散水	改造扰乱	后期改为青砖，砖缝脱灰，雨水由砖缝下渗，浸湿墙基。	人为因素扰乱
石作	柱础石	风化	50%风化。	自然损坏，年久失修

续表

残损部位			残损性质	残损程度	原　因
灰塑	正脊		酥碱	滋生菌类，20%酥碱。	自然损坏，年久失修
	中堆		破损	开裂、破损。	自然损坏，年久失修
	脊吻		缺失	正脊东边脊吻缺失。	自然损坏，年久失修
油饰彩绘	木构架	柱	褪色、脱落	现存的柱褪色10%，脱落20%。	自然老化，年久失修
		梁		原未作油饰。	人为因素扰乱
		檩	褪色、脱落	褪色30%，脱落20%。	自然老化，雨水浸蚀
		随檩方	褪色、脱落	褪色30%，脱落20%。	自然老化，雨水浸蚀
		川	褪色、脱落	原未作油饰。	
	木构件	椽子	发霉、脱落	发霉50%，脱落40%。	自然老化，雨水浸蚀
		封檐板	发霉、脱落	发霉60%，脱落40%。	自然老化，雨水浸蚀
	木装修	门、窗	改造扰乱	后期改造、维修拆除。	人为因素扰乱
	正脊		霉变、发黑	霉变、发黑60%。	自然老化，雨水浸蚀
	脊饰		霉变、脱落	表面霉变、发黑，脱落50%。	自然老化，雨水浸蚀

（七）东耳房

东耳房后期改造、修缮人为扰乱因素较大。除屋架、屋面和山墙保留了较原始的风格、形制以外，前后檐墙、门窗等均被后期改造、修缮时拆除，加建砖砌墙体，双面抹白灰。前檐明间开矩形门洞，装现代形式的板门；后檐墙体两次间开圆形窗，并安装铁栏栅。前后檐封檐板拆除。扰乱了原建筑风格、形制和做法。

室内木构架形制保存基本完好，但由于年久失修，梁、柱、方、川开裂、糟朽较为严重，油饰褪色、脱落。椽板原未做油饰。屋面瓦大部分松动、破损，屋面杂草丛生，漏雨面积大，使室内木构架发生糟朽。室内地坪后期改造时改为水泥地面，并刷涂红色油漆。

屋面瓦老化、松动、破损、漏雨，导致室内木构架（件）糟朽。内墙面起鼓、抹灰脱落，部分墙面被人为污染。外墙酥碱、脱皮、起鼓，污染严重。

屋面正脊、中堆、脊饰大面积酥碱、霉变、发黑，彩绘褪色、脱落。（见表11-7）

表11-7　白帝庙东耳房残损情况统计

残损部位			残损性质	残损程度	原　因
屋面	屋面瓦		老化、破损	屋面瓦件老化、松动，瓦垄扭曲变形，屋面杂草丛生，漏雨严重，瓦件前檐残损15%，后檐残损25%。	自然损坏，年久失修
	檐头		破损	檐头合瓦抹灰破损，前檐廊10%，后檐廊30%。	自然损坏，年久失修
木构架	梁		糟朽、开裂	糟朽10%，两处开裂，长度约900mm，宽3mm。	雨水浸蚀，年久失修
	川、方		糟朽	前后檐川方糟朽20%。	雨水浸蚀，年久失修
	上槛		糟朽	前檐上槛糟朽30%，后檐上槛后期改造拆除。	雨水浸蚀，年久失修，人为因素扰乱
	檩		糟朽	糟朽面约30%。	雨水浸蚀，年久失修
	柱		糟朽、开裂	糟朽面为30%，多处开裂，长度在600mm～1200mm之间，宽约3mm～6mm。	雨水浸蚀，年久失修
木构件	封檐板		改造扰乱	后期改造，维修拆除。	人为因素扰乱
	椽子		糟朽、断裂	糟朽45%。	雨水浸蚀，年久失修
木装修	前檐	门	改造扰乱	后期维修拆除，加砌墙体，明间开门洞装板门。	人为因素扰乱
		窗	改造扰乱	横披窗被后期维修拆除，改砌墙体。后檐墙体开圆窗。	人为因素扰乱
墙体墙面	前檐墙体		改造扰乱	前檐墙体系后期加建。	人为因素扰乱
	后檐墙体		改造扰乱	为后期维修在檐柱后砌筑。下碱、酥碱30%，地面被人为垫高。	人为因素扰乱，雨水浸蚀
	山墙		酥碱	酥碱40%。	雨水浸蚀，年久失修
	外墙面		脱皮、污染	外墙面布满灰尘，霉变发黑，脱皮50%。红色踢脚墙面脱落40%。	年久失修
	内墙面		起鼓、脱皮	起鼓35%，局部脱落严重，表面被人为污染。	年久失修
地面	室内地坪		改造扰乱	后期维修时改水泥地面，刷红色油漆。	人为因素扰乱
	室外散水			无。	
石作	柱础石		风化	风化30%。	自然磨损
灰塑	正脊		酥碱、破损	滋生菌类，60%酥碱，破损10%。	自然损坏，年久失修
	中堆		酥碱、残损	酥碱30%，残损10%。	自然损坏，年久失修
	脊吻		酥碱、残损	酥碱10%，残损80%。	自然损坏，年久失修
	垂脊		酥碱、残损	酥碱15%，残损10%。	自然损坏，年久失修

续表

残损部位			残损性质	残损程度	原　因
油饰彩绘	木构架	柱	褪色、脱落	褪色80%，脱落60%。	自然老化，年久失修
		梁	褪色、脱落	褪色70%，脱落50%。	自然老化，年久失修
		檩	褪色、脱落	褪色30%，脱落50%。	自然老化，雨水浸蚀
		随檩方	褪色、脱落	褪色15%，脱落40%。	自然老化，雨水浸蚀
		川	褪色、脱落	褪色30%，脱落40%。	自然老化，雨水浸蚀
	木构件	椽子		原未做油饰。	
	木装修	门、窗		后期改造、维修拆除。	人为因素扰乱
	正脊		霉变、发黑、	霉变、发黑80%。	自然老化，雨水浸蚀
	脊饰		霉变、脱落	表面霉变、发黑，脱落70%。	自然老化，雨水浸蚀

（八）东院厢房

东院厢房后期改造、修缮人为扰乱因素较大。前檐隔扇门、横披窗被人为拆除，改为砖砌墙体，双面抹白灰，并加装现代形式的门、窗。前檐柱被后期改造时加砌砖墙体包裹；两稍间前檐步柱、后檐柱被后期改造时用砖柱包裹。经现场察勘，其木柱已经糟朽，而且前檐柱、两次间步柱、后檐柱柱础石缺失。室内地坪也经后期改造为水泥混凝土地坪，改变了原有的材料和做法。

梁、柱、方保存基本完好，但梁、方上布满灰尘，前檐廊方被后期改造时拆除。封檐板、椽板等木构件发生糟朽、变形。梁、川等木构架原未作油饰。其余木构架（件）油饰褪色、脱落面较大。

屋面瓦松动、破损较多，屋面杂草丛生，漏雨严重。室内、外墙体不同程度地发生酥碱，表面起鼓，红（白）灰发黑、脱落。

屋脊滋生菌类，屋脊发生酥碱，中堆、脊吻酥碱、破损，表面彩绘变黑、脱落。（见表11-8）

表11-8　白帝庙东院厢房残损情况统计

残损部位		残损性质	残损程度	原　因
屋面	屋面瓦	老化、破损	屋面瓦件老化、松动，屋面杂草丛生，漏雨严重，前檐瓦件残损30%，后檐残损25%。	自然损坏，年久失修
	檐头	破损	檐头合瓦抹灰、滴水破损，残缺20%。	自然损坏，年久失修

残损部位			残损性质	残损程度	原　因
木构架	梁			保存完好，表面布满灰尘。	
	川、方		部分缺失	前檐檐方缺失。	人为因素扰乱
	上、下槛			保存基本完好，表面布满灰尘。	
	檩			保存基本完好，60%表面布满灰尘。	
	柱		糟朽	前檐柱被后砌墙体包裹；次间前檐步柱、后檐柱被方砖柱包裹，经勘察大部糟朽。	年久失修
木构件	封檐板		糟朽、变形	30%糟朽、变形。	雨水浸蚀，年久失修
	桷子		糟朽、雨渍	糟朽40%、60%有雨渍。	雨水浸蚀，年久失修
木装修	前檐	门	改造扰乱	后期维修拆除，加砌墙体，明间开门洞装板门。	人为因素扰乱
		窗	改造扰乱	横披窗被后期维修拆除，改砌墙体。后檐墙体开圆窗。	人为因素扰乱
墙体墙面	前檐墙体		改造扰乱	前檐墙体系后期加建。	人为因素扰乱
	后檐墙体			保存基本完好。	
	山墙		酥碱	酥碱10%。	雨水浸蚀，年久失修
	外墙面		污染、脱落	红灰下碱墙面脱落30%，山墙红灰脱落40%。	年久失修
	内墙面		发黑、脱落	内墙面40%发黑、脱落。	年久失修
地面	室内地坪		改造扰乱	后期维修时改水泥地面。	人为因素扰乱
	室外散水		改造扰乱	后期改为青砖，两山墙外改为水泥散水。	人为因素扰乱
石作	柱础石		缺失	前檐柱、两稍间前步柱、后檐柱柱础石缺失。	人为因素扰乱
灰塑	正脊		酥碱、破损	滋生菌类，酥碱30%，破损10%。	自然损坏，年久失修
	中堆		酥碱、残损	酥碱20%，残损20%。	自然损坏，年久失修
	脊吻		酥碱、残损	酥碱20%，残损60%。	自然损坏，年久失修
油饰彩绘	木构架	柱	褪色、脱落	现存的柱褪色60%，脱落30%。	自然老化，年久失修
		梁		原未作油饰。	
		檩	褪色、脱落	褪色20%，脱落30%。	自然老化，雨水浸蚀
		随檩方	褪色、脱落	褪色15%，脱落20%。	自然老化，雨水浸蚀
		川	褪色、脱落	原未作油饰。	
	木构件	桷子	发霉、脱落	发霉40%，脱落20%。	自然老化，雨水浸蚀
		封檐板	发霉、脱落	发霉40%，脱落50%。	自然老化，雨水浸蚀
	木装修	门、窗	改造扰乱	后期改造维修拆除。	人为因素扰乱
	正脊		霉变、发黑	霉变、发黑80%。	自然老化，雨水浸蚀
	脊饰		霉变、脱落	表面霉变、发黑，脱落70%。	自然老化，雨水浸蚀

（九）武侯祠

武侯祠后期人为改造扰乱因素较小，后期改造、修缮除了仅拆除东次间隔扇门、室内地坪和室外散水 2008 年改铺 240 毫米 ×120 毫米 ×60 毫米青砖外，其建筑保存基本完好，较为完整地遗留了原建时的建筑风格、形制。

檐、步柱发生不同程度的糟朽、劈裂，且多发生在柱子根部。特别严重的是前檐廊柱和前檐步柱各有一根糟朽严重，基本不能继续使用。梁、方、川、檩保存基本完好，但缺失前檐双步夹底和后檐三步夹底各一块及后檐随檩方一根。

前檐室外柱础石保存完好，为本地青石打制。而室内步柱和后檐廊柱柱础石为本地黄砂石打制成鼓形，风化较为严重，表面布满污泥。从其所用石料与室内柱础石的差别上分析，疑其为后期修缮时更换。屋面瓦老化、松动，瓦垄变形、多处漏雨，前、后坡屋面瓦和檐头存在不同程度的破损。屋面正脊、中堆和脊吻大部缺失，表面滋生菌类、发黑，彩绘表面大面积脱落。

木构架（件）油饰褪色、脱皮，墙面抹灰起鼓、脱落较多。封檐板、栿板因受漏雨的影响，发生霉变。原建对梁、川、托峰等未作油饰。（见表 11-9）

表 11-9　白帝庙武侯祠残损情况统计

残损部位		残损性质	残损程度	原　因
屋面	屋面瓦	老化、破损	瓦件老化、松动，瓦垄变形、屋面滋生杂草、漏雨，前檐瓦件残损 30%，后檐屋面瓦件残损 20%。	自然损坏，年久失修
	檐头	破损	檐头合瓦抹灰，前檐破损 30%，后檐破损 80%。	自然损坏，年久失修
木构架	梁		保存完好，表面布满灰尘。	
	川、方	部分缺失	前檐廊双步夹底缺失，后檐廊三步夹底、后檐东次间随檩方糟朽。	自然损坏，年久失修
	上、下槛	糟朽	糟朽 50%。	自然损坏，年久失修
	檩	糟朽、劈裂	檩多处糟朽、劈裂，缝长 500mm～1200mm、宽 5mm～15mm。	自然损坏，年久失修
	柱	糟朽、劈裂	廊、步柱不同程度发生糟朽、劈裂。廊柱柱根以上 300mm 劈裂，缝宽 5mm～10mm；柱根 10% 糟朽。	自然损坏，年久失修
木构件	封檐板	糟朽、变形	糟朽 30%、变形。	雨水浸蚀，年久失修
	栿子	糟朽	糟朽 20%。	雨水浸蚀，年久失修
	角背		保存完好。	

残损部位			残损性质	残损程度	原 因
木装修	前檐	门	部分缺失	东次间隔扇门缺失,其余保存较好。	拆除,人为因素扰乱
		夹堂板		保存完好。	
墙体墙面		墙体		墙体结构保存基本完好。	
		墙面	水渍、青苔、空鼓、脱皮	后檐墙70%附有青苔,白灰墙面40%脱皮;室内墙面60%脱皮,20%空鼓,15%水渍。	自然损坏,年久失修
地面		室内地坪	改造扰乱	后期人为改铺240mm×120mm×60mm青砖。	人为因素扰乱
		室外散水	改造扰乱	后期改铺240mm×120mm×60mm青砖,砖缝脱灰,青砖磨损、断震。	人为因素扰乱
石作		柱础石	污染、风化	室内柱础石表面布满泥垢,60%风化。	自然损坏,年久失修
		踏跺石	风化、磨损	60%风化、磨损。	自然损坏,年久失修
灰塑		正脊	酥碱、发黑	滋生菌类,酥碱25%,发黑50%。	自然损坏,年久失修
		中堆	残损	破损40%。	自然损坏,年久失修
		脊吻	残损、缺失	正脊东脊吻残损60%。	自然损坏,年久失修
油饰彩绘	木构架	柱	褪色、脱落	褪色50%,脱落20%。	自然老化,年久失修
		梁		原未作油饰。	
		檩	褪色、脱落	褪色30%,脱落10%。	自然老化,雨水浸蚀
		随檩方	褪色、脱落	褪色30%,脱落15%。	自然老化,雨水浸蚀
		川		原未作油饰。	
	木构件	椽子	发霉、脱落	发霉70%,脱落60%。	自然老化,雨水浸蚀
		封檐板	发霉、脱落	发霉50%,脱落30%。	自然老化,雨水浸蚀
		托峰		原未作油饰。	
	木装修	门、窗	褪色、脱落	褪色20%,脱落15%。	自然损坏,年久失修
		正脊	霉变、发黑	霉变、发黑70%。	自然老化,雨水浸蚀
		脊饰	霉变、脱落	表面霉变、发黑,脱落60%。	自然老化,雨水浸蚀

（十）西配殿

西配殿后期改造人为扰乱较大。前檐廊横披窗、隔扇门被人为拆除,加建木制栏杆;室内地坪和室外散水2008年改铺240毫米×120毫米×60毫米青砖,且灰缝大多脱落,部分青砖破损,地坪凸凹不平。但其梁、川、方结构保存基本完好,较为完整地遗留了原建时的建筑风格、形制。

前后檐柱、步柱和梁、川、方、托峰等木构架（件）保存基本完好。仅随檩方缺失八根，西次间下金檩发生部分糟朽，明间后檐下金檩外滚移位、劈裂，封檐板糟朽变形。

梁架及托峰原未作油饰，其他木构架（件）不同程度发生褪色、脱落现象。墙面发生酥碱，表面抹灰部分脱落。

屋面瓦老化、松动、破损，屋面生长杂草，发生漏雨。檐头合瓦抹灰部分发生破损。屋面正脊滋生菌类，发生酥碱、变黑，彩绘较大面积脱落。中堆、脊吻破损严重。（见表11-10）

表11-10　白帝庙西配殿残损情况统计

残损部位			残损性质	残损程度	原　因
屋面	屋面瓦		老化、破损	屋面瓦件老化、松动，屋面杂草丛生，漏雨。前檐瓦件残损30%，后檐残损20%。	自然损坏，年久失修
	檐头		破损	檐头合瓦抹灰、前檐残损40%，后檐残损30%。	自然损坏，年久失修
木构架	梁			保存完好，表面布满灰尘。	
	川、方		部分缺失	步川保存完好，随檩方缺失八根。	自然损坏，年久失修
	上、下槛		改造扰乱	后期改造拆除，前檐加建木栏杆。	人为因素扰乱
	檩		糟朽、劈裂	西次间下金檩糟朽两根，深度约2mm，明间后檐下金檩外滚、劈裂。	自然损坏，年久失修
	柱			保存完好。	
木构件	封檐板		糟朽、变形	30%糟朽、变形。	雨水浸蚀，年久失修
	椽子		糟朽	80%糟朽。	雨水浸蚀，年久失修
木装修	前檐	门	改造扰乱	后期维修时人为拆除。	人为因素扰乱
		窗	改造扰乱	横披窗被后期维修拆除。	人为因素扰乱
墙体墙面	墙体		改造扰乱	两山墙及后檐墙墙体内被嵌入多块石碑。	人为因素扰乱
	外墙面		酥碱、返潮	后檐墙外墙面下碱、酥碱20%，西山墙墙面脱落10%。	年久失修
	内墙面		发黑、脱落	墙内墙面发霉、变黑，脱落20%。	年久失修
地面	室内地坪		改造扰乱	后期维修时改铺240mm×120mm×60mm青砖，且灰缝脱落80%，青砖破损15%。	人为因素扰乱
	室外散水		改造扰乱	后期改为青砖，且灰缝脱落80%，青砖破损15%，雨水由砖缝下渗，浸湿墙基。	人为因素扰乱
石作	柱础石		风化	10%表面风化。	自然损坏，年久失修
	台明石		风化	20%表面风化。	自然损坏，年久失修
	踏踩石		风化、脱灰	镶灰脱落50%，表面风化20%。	自然损坏，年久失修
灰塑	正脊		酥碱	滋生菌类，上脊砖雕方格酥碱20%，下脊灰塑酥碱30%。	自然损坏，年久失修

续表

残损部位			残损性质	残损程度	原 因
	中堆		破损	60%表面发黑，破损10%。	自然损坏，年久失修
	脊吻		破损	80%破损。	自然损坏，年久失修
油饰彩绘	木构架	柱	褪色、脱落	褪色30%，脱落10%。	自然老化，年久失修
		梁		原未作油饰。	
		檩	褪色、脱落	褪色40%，脱落30%。	自然老化，雨水浸蚀
		随檩方	褪色、脱落	褪色30%，脱落20%。	自然老化，雨水浸蚀
		川	褪色、脱落	原未作油饰。	
	木构件	桷子	发霉、脱落	发霉60%，脱落30%。	自然老化，雨水浸蚀
		封檐板	发霉、脱落	发霉40%，脱落20%。	自然老化，雨水浸蚀
		托峰		原未作油饰。	
	木装修	门、窗	改造扰乱	后期改造，维修拆除。	人为因素扰乱
	正脊		霉变、发黑	霉变、发黑60%。	自然老化，雨水浸蚀
	脊饰		霉变、脱落	表面霉变、发黑，脱落60%。	自然老化，雨水浸蚀

（十一）西耳房

西耳房后期改造、修缮人为扰乱因素较大。前檐隔扇门、横披窗被人为拆除，改砌墙体内外两面抹白灰，墙上开门洞安装现代形式板门。廊柱、步柱均被后期改造装修时用装饰板包裹。木柱糟朽、开裂现象突出。室内地坪改为水泥地坪，刷涂红色油漆，改变了原使用建筑材料和做法。

梁、方保存基本完好，仅前檐廊夹底缺失。檩条多处发生劈裂，最长缝在1500毫米左右。封檐板、桷板糟朽，变形较为严重。梁、柱、方等木构架（件）表面油饰褪色、脱落。

柱础石缺失（原因不明）。由于雨水浸蚀，外墙返潮、酥碱、起皮面积较大。西山墙和后檐墙严重歪闪。

屋面瓦件松动，杂草丛生，破损面大，漏雨严重。屋面脊饰滋生菌类，发霉、变黑、破损、缺失。彩绘大面积褪色、掉色。（见表11-11）

表11-11 白帝庙西耳房残损情况统计

残损部位		残损性质	残损程度	原 因
屋面	屋面瓦	老化、破损	瓦件老化、松动，漏雨。前檐瓦件残损35%。后檐屋面滋生杂草，瓦件残损30%。	自然损坏，年久失修

续表

残损部位			残损性质	残损程度	原　因
檐头			破损	檐头合瓦抹灰破损60%。	自然损坏，年久失修
木构架		梁		保存完好，表面布满灰尘。	
		川、方	部分缺失	前檐夹底缺失。	自然损坏，年久失修
		上、下槛	改造扰乱	后期改造拆除，改砌墙体两面抹白灰。	人为因素扰乱
		檩	糟朽、劈裂	檩多处糟朽、劈裂，缝长600mm～1500mm、宽5mm～30mm。	自然损坏，年久失修
		柱	糟朽、劈裂	廊、步柱不同程度发生糟朽、劈裂，缝长900mm～2000mm，宽5mm～40mm。	自然损坏，年久失修
木构件		封檐板	糟朽、变形	60%糟朽、变形。	雨水浸蚀，年久失修
		桷子	糟朽	糟朽70%。	雨水浸蚀，年久失修
木装修	前檐	门	改造扰乱	后期维修时人为拆除。	人为因素扰乱
		窗	改造扰乱	横披窗被后期维修拆除。	人为因素扰乱
墙体墙面		后檐墙	酥碱、返潮，改造扰乱	发生歪闪，外墙面下碱20%，返潮。墙外地面人为抬高，成为道路。	人为因素扰乱，雨水浸蚀
		前檐墙	改造扰乱	人为拆除隔扇门窗，改砌墙体。	人为因素扰乱
		山墙	残损、脱落	西山墙歪闪严重，外墙面雨水污染30%，墙皮脱落15%。	雨水浸蚀，年久失修
地面		室内地坪	改造扰乱	后期改造时人为改为水泥地面，刷涂红色油漆。	人为因素扰乱
		室外散水	改造扰乱	后期改为青砖，砖缝脱灰，雨水下渗。	人为因素扰乱
石作		柱础石		现场无柱础石。	原因不明
灰塑		正脊	酥碱、发黑、	滋生菌类，酥碱20%，发黑40%。	自然损坏，年久失修
		中堆	残损	破损30%。	自然损坏，年久失修
		脊吻	残损、缺失	正脊东脊吻残损80%，西脊吻缺失。	自然损坏，年久失修
油饰彩绘	木构架	柱	褪色、脱落	褪色70%，脱落40%。	自然老化，年久失修
		梁		褪色20%，脱落35%。	自然老化，年久失修
		檩	褪色、脱落	褪色30%，脱落20%。	自然老化，雨水浸蚀
		随檩方	褪色、脱落	褪色40%，脱落30%。	自然老化，雨水浸蚀
		川	褪色、脱落	褪色50%，脱落45%。	自然老化，雨水浸蚀
	木构件	桷子	发霉、脱落	发霉70%，脱落60%。	自然老化，雨水浸蚀
		封檐板	发霉、脱落	发霉90%，脱落70%，	自然老化，雨水浸蚀
	木装修	门、窗	改造扰乱	后期改造维修拆除。	人为因素扰乱
		正脊	霉变、发黑	霉变、发黑80%。	自然老化，雨水浸蚀
		脊饰	霉变、脱落	表面霉变、发黑，脱落45%。	自然老化，雨水浸蚀

（十二）观星亭

观星亭后期改造、修缮人为扰乱因素较小，为白帝庙内保存较为完好的古建筑之一。据现场察勘，其两根步柱发生歪闪，屋面椽板、封檐板等糟朽较为严重。

亭内地面青石板磨损严重，拼接不严，局部灰缝脱落。亭外散水 2008 年改铺 240 毫米 ×120 毫米 ×60 毫米青砖，现已经发生酥碱、灰缝脱落等问题。

阶条石发生破损，局部缺失，后期使用水泥修补。踏跺石发生歪闪，局部与台基脱离。陡板石片状脱落、残损，后期使用水泥修补。

据当地老人介绍观星亭屋面原为绿色琉璃瓦，后期维修时被改为黄色琉璃瓦（具体时间不详），且多处发生漏雨。二层围脊松动，并向内发生偏移。

木构架（件）油饰屋面脊饰和彩绘褪色、掉皮、脱落。（见表 11-12）

表 11-12　白帝庙观星亭残损情况统计

残损部位		残损性质	残损程度	原　因
屋面	屋面瓦	改造扰乱	据考证，屋面原为绿色琉璃瓦，后期维修时改铺为黄色琉璃瓦，多处发生漏雨。	人为因素扰乱，年久失修
	沟头、滴水	破损	沟头、滴水破损 20%，且颜色被人为改变。	自然损坏，年久失修
木构架	梁		保存完好，表面布满灰尘。	
	川、方		保存完好，表面布满灰尘。	
	檩	糟朽、劈裂	二层六根檩条发生糟朽、劈裂。	自然损坏，年久失修
	柱	歪闪	两根步柱发生歪闪。	地震原因
木构件	老戗、嫩戗、虾须木		保存完好。	
	椽子	糟朽	25% 糟朽。	雨水浸蚀，年久失修
木装修	裙板		保存完好。	
	美人靠	开裂	与檐柱连接处有三处发生开裂。	人为因素扰乱
地面	室内地坪	磨损、脱落	青石地面磨损严重，拼接不严，局部灰缝脱落。	年久失修
	室外散水	改造扰乱	后期改为 240mm×120mm×60mm 青砖，现已经酥碱，灰缝脱落 70%。	雨水浸蚀，年久失修
石作	柱础石		保存完好。	
	踏跺石	歪闪	歪闪，局部与台基脱离。	自然损坏，年久失修
	陡板石	残损	石材片状脱落，后期维修时用水泥修补。	自然损坏，年久失修
灰塑	戗脊		保存完好。	
	宝顶		保存完好。	

续表

残损部位			残损性质	残损程度	原　因
油饰彩绘	木构架	柱	褪色、脱落	褪色20%，脱落5%。	自然老化，年久失修
		梁	褪色、脱落	褪色30%，脱落10%。	自然老化，年久失修
		檩	褪色、脱落	褪色30%，脱落25%。	自然老化，雨水浸蚀
		随檩方	褪色、脱落	褪色35%，脱落20%。	自然老化，雨水浸蚀
		川	褪色、脱落	褪色30%，脱落20%。	自然老化，雨水浸蚀
	木构件	椽子	发霉、脱落	发霉30%，脱落20%。	自然老化，雨水浸蚀
	木装修	裙板、美人靠	褪色、脱落	褪色40%，脱落30%。	自然老化，雨水浸蚀
	戗脊		褪色、脱落	褪色、脱落90%，局部模糊不清。	自然老化，雨水浸蚀
	宝顶		褪色、脱落	褪色、脱落80%。	自然老化，雨水浸蚀

（十三）白楼

白楼自建成以来，由于自身材料的质量缺陷，加上长江三峡地区潮湿多雨的气候，以及1949年以前战乱等因素的影响，该建筑已出现诸如瓦件残损、木构件糟朽损坏，后期修缮时人为改造扰乱等现象。（见表11-13）

表11-13　白帝庙白楼残损情况统计

残损部位		残损性质	残损程度	原　因
屋面	前坡屋面	破损	瓦件破损10%。	年久失修
	后坡屋面	破损	瓦件破损10%。	年久失修
	屋脊		保存基本完好。	
构架	梁	裂缝	一层北次间前檐水泥梁梁身有长约2/3裂缝，宽10mm，深20mm。	自然损坏
木构件	封檐板		保存基本完好。	
	椽子	糟朽	糟朽40%。	雨水浸蚀，年久失修
木装修	门窗	糟朽	门窗被后期改造，门框糟朽30%。	年久失修
	栏杆	破损	破损30%。	人为因素扰乱
墙体墙面	墙体	改造扰乱	多处人为开凿孔、洞，西墙外人为添建平房。	人为因素扰乱
	墙面	脱灰	墙面白灰起皮约50%，脱落30%。	年久失修
地面	室内地坪	破损	二、三层木地板约20%糟朽、劈裂。	年久失修
	室外地坪	破损	一层围廊水泥抹面破损10%。	年久失修
	室外散水	改造扰乱、缺失	散水砖全部缺失。后期维修时全部改铺青砖，失去防水作用。	人为因素扰乱
石作	阶条石	磨损、风化	60%风化、磨损，石灰缝全部脱落。	自然损坏

残损部位	残损性质	残损程度	原　因
油饰彩绘	木装修	起甲	60％木栏杆油饰开裂起甲。	年久失修

（十四）后庙门

后庙门自建成以来，由于材料缺陷，加上长江三峡地区潮湿多雨的气候，现已出现诸如木构件残损、糟朽、劈裂等现象。（见表 11-14）

表 11-14　白帝庙后庙门残损情况统计

残损部位		残损性质	残损程度	原　因
屋面	前坡	破损	屋面瓦破损 30％，瓦垄变形，屋面滋生杂草。	年久失修
	后坡	破损	屋面瓦松动 40％，破损 10％。	年久失修
	屋脊	断裂	该建筑系现代建造，屋脊为水泥预制构件，已断裂。	年久失修
木构件	檩、方	糟朽、劈裂	局部木构件发生糟朽、劈裂。	年久失修
	椽子	糟朽	糟朽 30％。	年久失修
木装修	明间板门		保存完好。	
墙体墙面	墙踩		保存较好。	
	内墙面	脱落，改造扰乱	两侧新建临时管理用房，墙面白灰脱落 10％。	年久失修，人为因素扰乱
地面	前檐地面	改造扰乱	水泥地面。	人为因素扰乱
	后檐地面	脱灰	青条砖铺墁，砖缝脱灰 60％。	年久失修
石作	门槛		保存较好。	
油饰彩绘	木构件、木装修	脱落	脱落 30％。	年久失修

十二　保护技术措施

　　白帝庙在修缮过程中得到了国家文物局、重庆市文物局、奉节县政府、奉节县原文化广电新闻出版局及白帝城文物管理所的大力支持和帮助。在技术措施方面，有关专家提出了许多有益的意见，为白帝庙修缮工程的顺利完成提供了组织保障，奠定了技术基础。（见图 12-1 和图 12-2）

图 12-1　有关领导现场检查修缮情况　　　　图 12-2　专家现场指导

　　白帝庙修缮工程施工前，设计单位驻现场代表、甲方技术人员、甲方聘请的文物建筑修缮技术顾问、现场监理工程师以及施工单位共同再次对白帝庙建筑与环境勘察测绘、修缮工程施工图纸和残损鉴定报告等内容进行勘察核对。对遗漏的地方进行补充勘察，对有误差或偏差的进行了修正，并做好现场记录，及时反馈给设计单位并提出具体处理意见，要求设计单位及时补充设计后方可进行修缮施工。如再次核对与原勘察测绘和修缮施工图相同的部分，也仍然做好现场记录，按相同或相似的设计进行修缮。现将各部位保护技术措施分述如下。

（一）木构架和木基层修缮

1. 木柱修缮

对于柱根糟朽未超过 1/3 柱径的做剔补保护。具体做法为：先将糟朽的部分用凿子或扁铲剔成容易嵌补的几何形状，如三角形、方形、半圆或圆形等，剔挖的面积以最大限度地保留柱身没有糟朽的部分为合适。为了便于嵌补，把所剔的洞边铲直，洞壁也稍微向里倾斜，洞底剔得平实，将木屑杂物除净。然后再用和柱子同材质的干燥木料制作成已凿好的补洞形状。将"补块"的边、壁、楞角处理规整，补洞的木块楔紧严实，用 E—44 型环氧树脂胶粘接，待胶干后，用刨子或扁铲做成随柱身的弧形，将"补块"修平。"补块"较大的，用手工打制的大头方钉钉牢，钉帽嵌入柱皮以利找补腻和补饰油饰。糟朽超过 1/3 柱径的采用墩接的方法，墩接用巴掌榫，搭接长度不小于 40 厘米，节点用铁箍箍牢。打箍用的带钢宽度为 6 厘米、厚度为 0.4 厘米，表面刷防锈漆防腐。

对于劈裂的柱子，根据劈裂程度采取如下方法：对于细小的轻微裂缝（0.5 厘米以内，包括天然小裂缝），用环氧树脂腻子堵抹严实；裂缝宽度超过 0.5 厘米，用木条粘牢补严，操作程序同挖补程序；若裂缝不规则的，用凿铲制作成规则槽缝；裂缝宽度在 3 厘米以上，裂缝超过构件截面深度 1/4 时，嵌补的木条用顺纹通长，根据裂缝的长度加铁箍 1 ～ 4 道。埋入墙内的柱子因长时间封闭在潮湿环境中，糟朽相对较重，施工中视情况予以更换或拼接。没有更换的和已更换的木构件，均刷两遍桐油防腐（每 100 千克桐油中加入 5 千克氯酚）。（见图 12-3 至图 12-5）

图 12-3　更换武侯祠前檐柱
（2011 年 3 月 25 日）

图 12-4　更换东配殿后檐柱
（2012 年 4 月 1 日）

图 12-5　更换东配殿前檐柱（2012 年 4 月 1 日）

2. 梁修缮

梁劈裂的修缮方法如下：大梁侧面裂纹长度不超过梁长 1/2，深度不超过梁宽 1/4 的，用环氧树脂腻子堵抹严实。裂缝宽度超过 0.5 厘米的，用旧木条嵌补严实，用胶粘牢，用宽 6 厘米、厚 0.3 厘米～ 0.4 厘米铁箍箍牢，接头处用手工打制的大头方钉钉入梁内，在裂缝内灌注高分子材料环氧树脂胶加固（有较强的渗透力，固化后强度较大，从而使梁的强度有所提高）。对不规则裂缝，用凿铲制作成规则槽缝。裂缝宽度在 3 厘米以上，粘补木条后，根据裂缝的长度加铁箍 2 ～ 4 道。嵌补的木条用顺纹通长，加固方法是：先将裂缝清理干净，然后在裂缝外口用树脂腻子勾缝，勾缝需凹进表面约 0.5 厘米，留待做旧，在勾缝时预留两个注浆孔，然后往缝内浇灌以环氧树脂胶为主的黏合剂，最后，用马粪纸敷放在梁上做出个样子，照此样做出一个铁箍，铁箍的两端做成抄手状并用螺丝拧紧，再使用不加糠醛的环氧树脂胶对修补部位进行封闭，然后再用油漆油饰。这种方法可以最大限度地保存建筑的原构件和木架结构原状，从而最大限度地保存了原构件上所负载着的原始的信息。

对于梁出现的拔榫、歪闪现象，采取打牮拨正措施。具体做法是：屋面拆卸后，用牮杆支起梁上的檩枋，然后拨正柱子和梁，归位调整好后再用手工打制的扒钉（两端尖锐的弓形铁条，用来将两块木材固定在一起）拉接钉牢。（见图 12-6 和图 12-7）

图 12-6　西厢房房梁修缮　　　　图 12-7　东耳房更换六界梁

（2011 年 4 月 10 日）　　　　　（2012 年 4 月 1 日）

3. 檩、方糟朽、劈裂、拔榫、弯垂的修缮

白帝庙建筑檩、方用材较小，有的檩、方糟朽后断面更小，不堪承担上部荷载重压而弯垂、变形。在对檩条的修缮时视其糟朽程度现场灵活掌握是否给予更换。给予更换的原则是：对糟朽深度超过 1/3 檩径的则更换。

檩、方糟朽、劈裂小于 1/3 檩径的采取剔补措施加固，其方法是：先将檩、方糟朽的部分砍去，然后刨光，用尺寸、材质相同的木楔在缺损部位用胶粘补后用手工打制的铁钉钉牢。檩、方拔榫和榫头折断、糟朽的维修：对出现拔榫的檩方进行归位后，在接头处两侧各用一枚铁扒锔（直径 1.2 厘米～ 1.9 厘米钢筋制品，长 30 厘米）连接牢固；若榫头折断或糟朽时，应去除残毁榫头，另加一个硬杂木做成的银锭榫头，一端嵌入檩内用胶粘牢再加铁箍一道，嵌好的榫头在安装时插入相接檩的卯口内。檩、方裂缝处理：对出现轻微裂缝的檩方，缝内灌注环氧树脂粘接。裂缝较宽可用木条嵌补严实，用胶粘牢。具体做法为：

① 清理缝隙中积垢、杂物，剔除朽木；

② 硬木条蘸环氧树脂胶嵌补缝隙；

③ 嵌补木条同檩、方面取平；

④ 做旧处理。

檩、方劈裂长度超过 2/3，深度超过直径的 1/3 或檩条弯垂挠度超过 1/100 的，其保护方法按糟朽超过 1/3 檩径的加固保护方法。

檩裂缝、弯垂、外滚的修缮：檩条弯垂挠度在 1/100 以内的，可试做翻转安装；对于外滚的檐檩复位后，在上下檐金檩之间用拉杆桄子，拉杆桄子是选择在每间靠近檩头接缝处的两根桄子头子，将桄子头的桄钉改为螺栓穿透檩子，增强其结点的稳定，自檐部往上直到脊檩处使前后坡每间形成两道通长拉杆，阻止檩条外滚，在各开间的中间增加一道拉杆。

檩条隐蔽部分的修缮：即檩条与屋面的接触面和与其他构件的搭接支撑位置的朽坏程度，对只是表面糟朽檩条，糟朽深度小于 2 厘米的，将表面砍净，如朽坏面积与截面积之比大于 1/8 的，经计算不符合结构要求的，予以更换；如仍能继续使用，剔除腐坏部分后，用同样材质木材粘接修补。对保存较好、中部出现下挠的檩条，可将檩条挠曲面朝上安装。

对缺失木方修复：木方的缺失不但影响木构架整体结构安全，而且使木构架看上去残缺不全，影响观瞻，所以应对缺失的木方进行修复，根据所留木方榫卯的尺寸，用同材质、同尺寸的材料修复。（见图 12-8 和图 12-9）

图 12-8　西厢房更换柱、
方构件（2011 年 3 月 27 日）

图 12-9　东院耳房更换柱、方构件
（2012 年 3 月 14 日）

4. 糟朽木基层的修缮

木基层包括桷板、封檐板等，对糟朽木基层修缮采取的措施如下。

对于屋面漏雨等原因造成的桷板糟朽、劈裂的折断，采用加附桷板的方法做加固处理。如是屋面上大多数桷板较好，只有个别几根需要更换，采取复制

1～2根新桷板，顺原桷板方向插进去，搭在上、下檩上并钉牢。如檩条糟朽、折断超过1/3的，则采取挑修屋面，普遍更换桷板。对于新制桷板用浸泡法做防腐处理，使用CCA木材防腐剂，浸泡24小时，保证达到规定的最低吸药量。由于受风雨侵蚀，常会发生糟朽、弯折、扭翘等。同时，在挑顶修缮时，由于屋顶桷板、封檐板等小型木构件很难保持较好，一般都有较多的损坏，所以在此次修缮中更换了大部分构件，对新更换的构件均采用掺有杀虫剂的桐油钻生两遍，以防止裂缝，并进行了防腐、防虫处理。（见图12-10至图12-12）

图 12-10　东院厢房新
更换的桷板
（2012年3月16日）

图 12-11　东院厢房新
更换的桷板细部
（2012年3月16日）

图 12-12　西厢房补配
的墙装板、抱框、地槛
（2011年4月21日）

（二）墙体、墙面修缮

白帝庙建筑墙体主要出现歪闪，人为改造和添建，墙体裂缝，墙皮空鼓、发霉、脱落，墙基返碱等病害。在此次修缮中针对不同的病害采取了不同的措施。为了保证施工安全进行，以防在修缮施工中发生事故，修缮顺序按照"由上而下"原则进行。具体修缮措施如下。

1. 对有歪闪、裂缝墙体修缮

按照修缮设计和修缮施工时现场勘察和结构验算，对墙体因地基不均匀沉降出现歪闪和较宽裂缝，经测算处于失稳状态的，采取拆除歪闪、裂缝的墙体，然后按原做法重新砌筑。

对处于稳定状态，同时又出现裂缝的墙体，采用如下方法进行处理。

① 对于砖墙裂缝较细微处（0.5 厘米以下）用铁扒锔沿墙缝加固，每隔一米左右用扒锔一个，裂缝用混合砂浆补抹严实。

② 对于较宽的裂缝（0.5 厘米以上），每隔相当距离，剔除一层砖块，内加扁铁拉固，补砖后将裂缝用混合砂浆抹面后再做抹灰墙面掩盖，达到裂缝现状的加固，防止裂缝继续扩大。

③ 对于开裂较重的墙体裂缝灌注环氧树脂胶粘剂（E—44 型环氧树脂），距离表面留有 0.5 厘米～ 1.0 厘米的空隙，待完全粘牢后，用混合砂浆抹面后再做抹灰墙面，做到颜色与周围色泽协调一致。

2. 墙基返碱修缮

白帝庙部分建筑因墙基周围无散水，下雨时排水不畅，雨水侵蚀危害墙基，造成墙基发生不均匀沉降、返碱，上部墙体出现歪闪、裂缝。为防止这种现象发生，此次修缮中在建筑台基周围补做 600 毫米宽的青条石散水。具体做法自下而上依次为：素土夯实→3 : 7 灰土夯实厚 150 毫米→40 毫米厚石灰砂浆结合层→M5.0 混合沙浆砌铺当地产青条石（400 毫米 ×800 毫米 ×120 毫米）。对酥碱墙面在剔出表皮后按原做法还原。（见图 12-13）

3. 对于人为改造墙体修缮

拆除人为改造和添建的墙体（如观星亭附近的水泥花墙，东西厢房、东西耳房前檐墙、东院厢房前檐和次间边贴墙等）。在修缮中对新添砌砖、石构件采用与原墙体砖、石规格和质量相同，按照原传统做法（内部青砖砌筑，外墙面抹砂灰底面和面层灰）砌筑墙体。砌筑时尽量使用拆除下来的砖、石，以便更多地保存建筑物的历史信息。（见图 12-14）

4. 室内外混水墙面修缮

白灰、红灰混水墙面出现空鼓、发霉、变黑等病害，在修缮中用小铲铲除干净空鼓破损的墙面，并适当向四周扩大一些范围，然后按原做法用掺灰泥［灰：黄土 =3 : 7（体积比）］打底 3 毫米厚；滑秸泥（滑秸经石灰水烧软）抹饰墙面 15 毫米厚；干后表面用麻刀白灰或红灰（白灰／红灰：麻刀 = 100：3）罩面 5 毫米厚。室内墙面最后刷三遍大白浆。（见图 12-13 至图 12-17）

图 12-13　西耳房后
檐墙酥碱治理
（2011 年 3 月 7 日）

图 12-14　东耳房后檐
外墙
（2013 年 11 月 1 日）

图 12-15　东耳房墙面
酥碱治理
（2012 年 3 月 16 日）

图 12-16　补砌西耳房西山墙
（2011 年 3 月 7 日）

图 12-17　西配殿、明良殿后檐外墙
（修缮后）

（三）木装修修缮

白帝庙木装修存在的主要问题是门窗及木装板墙改造、缺失。如东西厢房、东西耳房、东院厢房人为拆除了隔扇门而改砌砖墙体；前殿、东西配殿前檐隔扇门全部拆除为开敞式空间等等。绝大多数建筑门上横披窗或装板墙被人为拆除或损坏。对于这些问题，在修缮中按照设计要求和现场实际情况，分别采取如下技术措施。

1. 拆除有木装修部位的墙体

清理干净遗留的木装修构件榫卯，挖补保留下来的糟朽槛框构件，糟朽深度没超过 1/3 断面的，剔补拼接箍牢后继续使用。超过 1/3 断面的，用相同材质的新构件代替。拼接的构件用榫卯固牢。

2. 依旧制新做木装修

对新做木装修（如前殿、西耳房、东耳房、东西配殿、东院厢房、东西厢房隔扇门）样式修复依据如下原则制作。

① 参照白帝庙建筑群中现存建筑（如明良殿、武侯祠等）门窗样式。

② 依据当地村民和原白帝城文管所文物工作人员口头传承资料。

③ 参照白帝庙周边现存的其他古建筑的门窗式样（具有当地做法的）。

④ 在修缮中根据原构件的痕迹，对卯口及相应构件的关系进行分析后，提出完善方案，经设计单位同意后实施。

⑤ 新做木装修采用与遗留门窗木构件材质相同的木材，并将木材进行烘干和防虫、防腐处理后使用。

（四）室内地面修缮工程

室内外地面修缮按照原结构、原工艺技术、修旧如旧的原则进行。白帝庙建筑室内地面种类较多，修缮设计按照原状修复复原，但在实际修缮过程中变更较大。据统计，白帝庙需要进行修缮的地面为 15 处，按照设计要求进行修缮的仅有观星亭，白楼二、三楼 3 处，其余 12 处均未按照设计要求进行修缮，擅自改变了地面铺装材料。（见表 12-1）设计要求墁铺地面使用用 3∶7 灰土垫层和 1∶3 白灰砂浆，而现场使用的水泥砂浆垫层和水泥砂浆铺装面层青石板。（见图 12-18 和图 12-19）

表 12-1 白帝庙室内地面修缮设计与实际修缮情况对比

单位：mm

序号	建筑物名称		修缮前地面	修缮设计	修缮后实际	是否按设计修缮
1	山门厦间		240×120×60 青砖墁地	240×120×60 青砖墁地（人字形铺装）	240×120×60 青砖墁地（丁字形铺装）	否
2	前殿		水泥地面刷红漆	240×120×60 青砖墁地	600×600×20 青石板墁地	否
3	明良殿	明次间	水泥地面	400×400×70 青砖墁地	未维修，保持原状	否
		尽间	240×120×60 青砖墁地	240×120×60 青砖墁地	600×600×20 青石板墁地	否
4	东配殿		240×120×60 青砖墁地	240×120×60 青砖墁地	600×600×20 青石板墁地	否
5	西配殿		240×120×60 青砖墁地	240×120×60 青砖墁地	水泥地面刷红漆	否
6	东、西厢房		240×120×60 青砖墁地	240×120×60 青砖墁地	600×600×20 青石板墁地	否
7	东、西耳房		水泥地面刷红漆	240×120×60 青砖墁地	600×600×20 青石板墁地	否
8	东院厢房		水泥地面刷红漆	240×120×60 青砖墁地	600×600×20 青石板墁地	否
9	观星亭		本地青石地面	本地青石地面	本地青石地面	是
10	白楼	1楼	水泥地面	木地板	水泥地面	否
		2、3楼	木地板	木地板	木地板	是

图 12-18 东院厢房铺装的

青石地面和堆放的水泥

（2011年4月21日）

图 12-19 堆放在东院内用于铺装地

面的水泥和沙子

（2012年4月14日）

（五）屋面修缮

1. 施工顺序

现状记录—脚手架—瓦件编号—拆除瓦件—清理瓦件—粘补或补配瓦件—望瓦（黄、绿琉璃筒板瓦）屋面—塑脊、吻兽、脊饰—屋面彩绘。

屋面进行揭顶修缮的，揭顶卸瓦时，注意不要损坏瓦件，将板瓦、盖瓦、筒瓦、勾头、滴水按规格形制和质地进行分类，清理干净后挑选出较好瓦件，更换已酥碱、缺角断裂、变形拱翘的瓦件。更换时优先选用同规格、同种花饰图案的旧瓦，如无旧瓦可用，则按原样式定制。

2. 瓦顶拆卸

对瓦顶屋面拆除时，为保证尽量多地保留原始瓦件，遵循如下要求。

① 拆卸瓦件时先拆揭勾滴，并妥善保存，然后揭瓦垄、正脊及脊饰。拆卸时注意保护瓦件不受损失。

② 瓦件落地后按盖瓦、底瓦和勾滴分类存放，同时进行统计挑选，并剔除破损的瓦件，然后统一瓦件的规格，根据缺失数量进行补配。

③ 各种类型的瓦件都要经过挑选查验后再用，敲打、扫净，有裂纹、声音不好的捡出不用。拆卸下来的旧原件，必须逐一核查，将灰、土铲掉擦净、过水清洗后用于修缮。

④ 修缮中尽量多地保留和使用原构件并记录主要部件的数量和位置，最后对盖瓦、底瓦及勾滴必须更换的数量、名称进行统计。

⑤ 新换构件尺寸、质量要与原件相同。观星亭的脊瓦保持了原来的做法。凡必须重新烧制的，及早提出计划，样品送窑厂进行复制。施工中按记录对号入座。

⑥ 新瓦的质量必须保证瓦件无开裂、沙眼，颜色统一，不变形，尺寸误差小于 5 毫米。

⑦ 拆除瓦件时，轻拿轻放，防止椽子朽折、断裂等事故发生。预先在底部支搭安全架。

⑧ 拆除瓦顶过程中，配合照相记录工作，以备研究原做法和挂瓦时参考。（见图 12-20）

3. 挂瓦施工

挂瓦前，将新瓦与旧瓦分开集中安放，按白帝庙现状做法在每块底瓦的底面刷大白浆两遍。对檐头盖瓦下部石灰砂浆取样进行材料分析后，按照原有配合比调制砂浆。挂瓦时采用先佤瓦、后调脊；分号中陇后，先挂两山附近的一陇，每陇从檐头滴水开始，往上干摆底瓦，在檐头挂线使底瓦（滴水）伸出外尺寸一致，然后摆底瓦。往上一直摆到脊部，底瓦压七露三。佤完后并进行一遍普遍检查，发现有碎瓦的及时更换，以免日后漏雨造成更大危害。佤瓦除保证坚固外，从外观上做到"当匀垄直，曲线圆合"。（见图 12-20 和图 12-21）

图 12-20　东院耳房瓦件拆除

（2012 年 3 月 14 日）

图 12-21　武侯祠屋面挂瓦

（2011 年 3 月 17 日）

4. 屋脊修补

正脊、垂脊缺损部位均使用白灰膏按原样修补，彩绘按原样绘制，请当地技艺高超的工匠完成。修缮中特别注意不要伤及原来的艺术构件和保存较好的雕塑、彩绘。（见图 12-22 和图 12-23）

图 12-22　修补明良殿垂脊　　　　图 12-23　修补观星亭垂脊

（2011 年 4 月 19 日）　　　　　　（2011 年 3 月 25 日）

（六）石作修缮工程

　　白帝庙此次修缮保护的石构件主要包括台明石、阶条石、踏跺石、墙基石、象眼石、垂带石等。如前所述，这些石构件主要出现风化酥碱、断裂、剥落、表面积淀污染物、残缺部位用水泥砂浆补抹、石缝长草等病害，在此次修缮中针对不同的病害采取不同的技术措施给予处理。（见图 12-24 和图 12-25）

图 12-24　白帝庙碑刻保护　　　　图 12-25　制作新补阶条石

（2012 年 3 月 3 日）　　　　　　（2011 年 3 月 27 日）

1. 对表面风化酥碱石构件修缮

先用硬毛刷、小手术刀清理构件风化酥碱部分，再用软毛刷将表面清扫干净，最后采用空气压缩机吹净石构件表面的岩粉与尘埃。

2. 对表面积淀污染物石构件修缮

用硬毛刷清理石构件表面积聚的浮尘、杂物；对于粘附力较强的污物，用手术刀轻轻刮剥，直到彻底清除污垢；最后再用软毛刷将表面清扫干净。用手术刀刮剥时应注意不要损害文物表面。

3. 对断裂的石构件维修分两种情况处理

（1）对于小裂隙及翘爆表层，采用注射器灌注弹性硅酸乙酯黏结剂进行粘接加固，也就是将合适比例的黏结剂先灌入注射器中，然后施加一定压力注入细小裂隙中，注射黏结剂时保证不要让黏结剂溢到石构件表面。

（2）对于隙宽较大的裂隙，采用 E—51 型环氧树脂进行灌浆黏结加固。具体操作步骤如下：

① 清除裂隙中的积土或杂草，并对裂隙两侧的石面进行处理；

② 沿开裂裂隙，每隔 15 厘米～20 厘米插入一段细铜管，作为注浆口；

③ 配制环氧树脂胶泥封堵裂隙；

④ 环氧树脂胶泥固化后，根据裂隙宽度，配制适当黏稠度的环氧树脂浆液；

⑤ 沿注浆口注入环氧树脂浆液，距离表面留有 0.5～1.0 厘米的空隙；

⑥ 待环氧树脂浆液固化并完全粘牢后，拔掉铜管，再用乳胶掺原色石粉对注浆口及裂隙表面补抹齐整并进行做旧处理，使其与周围色泽协调一致。

4. 对残缺石构件修缮

首先用锤子、铁铲等工具清除掉残缺部位的水泥，然后依照残缺的样式补配缺失的石构件，新构件材质与原石材相同。新旧部位用环氧树脂浆液粘接，粘牢后在粘接缝处用乳胶掺原色石粉补抹齐整。

5. 对沉陷石构件修缮

拆卸沉陷处石构件，重做石构件基础垫层并夯实，规整下沉的石构件。

6. 对石缝长草石墙基维修

拔除石缝中的杂草，清理干净石缝，然后用石灰砂浆勾抹石缝。

（七）油饰彩绘修缮、保护

木构件及屋面脊饰油饰彩绘主要出现老化、掉色、脱落，表面附有灰尘、泥垢、鸟粪等问题。

木构件及屋面脊饰表面分为有彩绘、无彩绘和刷涂油饰颜料三部分。对油饰彩绘修缮根据"修旧如旧"的原则，根据不同的情况做不同的处理。为保证修缮施工安全，在建筑外檐周围支搭了双排脚手架防护，以防事故发生。修缮施工按照"由上而下"原则进行。（见图 12-26）

施工顺序：清理—砍净挠白—刷底油—地仗—油饰。

图 12-26　观星亭脚手架

（2011 年 3 月 25 日）

构件油饰彩绘既有美化建筑外观的作用又有保护构件的作用。由于自然风雨侵蚀和人为因素，造成构件上油饰陈旧、粉化、脱皮等病害，严重影响了建筑的观瞻和构件的完整保存。因此，在修缮中首先将构件陈旧变色的表面油饰采用物理方法（蒸馏水、毛刷、铁铲）清除干净，并做砍净挠白处理，再按照原做法对构件做地仗、油饰彩绘。（见图 12-27 和图 12-28）具体做法如下。

图 12-27　武侯祠油饰

（2011 年 4 月 20 日）

图 12-28　东厢房油饰

（2011 年 4 月 25 日）

1. 木构件单皮灰地仗

木构件表面用细灰细白腻子通抹三遍，干后磨平扫净，刷生桐油一道，湿布擦净，然后断白，再用细砂纸细磨，湿布擦净，再刷光油一道（熟桐油加不同颜料），干后磨细擦净，最后刷一道不加颜料的熟桐油。

2. 木构件单层腻子

先把木构架表面的灰尘、雨渍、污染物等清除干净，然后砍净挠白，表面用细灰细白腻子通抹一遍并打磨干净，做单皮灰地仗，刷棕红色油饰三遍，椽子刷黑色油饰。

3. 刮腻子

刮腻子应从上往下由左向右操作，尽量减少接头。色油用无机矿物颜料配制，刷油均匀一致，垂直表面最后一次应由上往下刷，水平表面最后一次应顺光线照射的方向进行。

4. 彩绘保护

据历史记载和现场调查，白帝庙建筑群建筑脊饰表面均绘有彩绘。彩绘多绘于明清时期。现存彩绘图案多以福、禄、寿、花草、瑞兽、人物图案为主，既体现了严格的封建等级制度，又具有鲜明的峡江特色，还体现了当时居住在此的人们对美好生活的向往。这些彩绘既美化装饰了建筑构件，又表现出劳动人民精湛的艺术水平，同时也为白帝庙建筑彩绘的研究提供了直接依据。由于多年来受自然和人为因素的影响，彩绘表面落满了灰尘、污垢、鸟粪。在建筑修缮过程中为了保护好彩绘不受损害，最大限度地将其所赋存的历史信息留给后人，遵循最少干预的原则，修缮过程中对屋脊及墙面彩绘采取了如下保护措施。

① 所有脊饰均实行原部位保护，为防止在修缮过程中（揭瓦屋面、拆除裂缝歪闪墙体）对彩绘造成损坏，搭建了专门脚手架固定屋面正脊、垂脊。

② 全面记录建筑的彩绘资料，组织专业人员对原有彩绘进行了拍照，留存影像资料。拍摄时摄入色标用于矫正颜色偏差，用于观察和评价保护处理效果。

③ 对表面灰尘、污垢进行清除：

a.构件表面灰尘清扫从上到下，首先用油漆刷、油灰刀将绝大部分灰尘收集到盛灰尘的容器中，尽量避免将灰尘扬起，造成二次污染。

b.将大部分灰尘清扫后，再用吸尘器或吹球和软毛刷按照由上到下、由左到右的顺序对彩绘表面的灰尘进一步清扫。

④ 为了保证按原图样、原风格、原用料补绘。在实施补绘前，由彩绘专业人员在现场对原彩绘进行临摹，并对照实物和照片进行修正。在此基础上绘制成小样稿，经文物管理部门、专家和设计单位共同审定后，按审定后的小样进行补绘。（见图12-29至图12-34）

图 12-29　西配殿西山墙彩绘小样稿

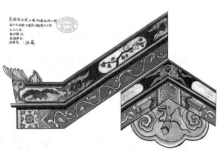

图 12-30　西耳房西山墙彩绘小样稿

图 12-31　西厢房正脊彩绘小样稿

图 12-32　西耳房正脊彩绘小样稿

图 12-33 东厢房中堆彩绘绘制　　　图 12-34 东厢房正脊彩绘绘制

（2012 年 4 月 1 日）　　　　　　（2012 年 4 月 1 日）

5. 木构件油饰情况

表 12-2　白帝庙主体建筑木构件油饰状况

部　位	地　仗	油饰颜色	相关依据
外檐柱、外廊柱	单皮灰地仗	棕色	1. 各砖木构件地仗、油饰做法与原做法相同。 2. 油饰用的色油，彩绘原料，用无机矿物颜料配制。
遮檐板	刮腻子	棕红色	
椽子	刮腻子	黑色	
栏杆	单皮灰地仗	棕色	
木隔板墙	单皮灰地仗	棕红色	
梁、檩、方	单皮灰地仗	棕红色	
门槛框	单皮灰地仗	棕红色	
隔扇门、窗	单皮灰地仗	棕红色	
板门门窗	单皮灰地仗	棕红色	
槛窗框	单皮灰地仗	棕红色	
槛窗扇	单皮灰地仗	棕红色	
博缝砖部位	白灰地仗	棕红色	
屋面脊饰构件	白灰地仗	红、青、黑、黄色等	

十三　院落环境现状与整治措施

（一）院落环境现状

1. 基本特征

　　白帝庙位于白帝山顶，现存建筑多为明清时期建造。坐北朝南，山门位于中轴线的前端，进山门向北为前殿（修缮前的托孤堂），山门与前殿之间的中轴线西侧伫立一尊白龙雕塑，东侧对称布置一尊白鹤雕塑，为近代附会公孙述见井内白气升腾如龙自称白帝而立。穿过前殿向北为明良殿，是建筑群内的主体建筑，殿内供奉刘备、关羽、诸葛亮等人的塑像。殿前两侧为东、西厢房。前殿、明良殿与东、西厢房构成该建筑群的中心院落。由中心院落向东、西两侧展开，形成东、西侧院。东侧院由东配殿、东院厢房和东耳房构成；西侧院由西配殿、武侯祠、西耳房、观星亭，以及民国时期修建的西式白楼组成。布局总体上讲基本规整。

　　在以明良殿为核心的东、西向建筑北侧为后院，东侧为下沉式厕所和空地，西侧为后门和 20 世纪末搭建的附属建筑。厕所和搭建的附属建筑在此次修缮中拆除填平。东配殿以东、东院厢房以北现为 20 世纪末新建的建筑，现用作保卫科办公。山门前面小广场呈不规则长方形，东西长 26.47 米，南北宽 14.11 米。其前为悬崖，东西两端与山道相接，南边沿悬崖设置石凳。

2. 构成要素

（1）庙墙及地面

　　庙院四周设围墙，山门及后门是唯一的两个出入口。庙墙为浑水墙，厚 430 毫米，高 3 米左右，随山势高低起伏。表面抹红灰，毛石砌筑下碱。围墙长度 264 米。院内地面、甬路及山门外广场用斧剁青石板铺装，铺地形式为十字缝。甬路用立栽牙子石与地面分割，十字缝铺装，但方向与地面相反。修缮前地面为 2008 年用 240 毫米 ×120 毫米 ×60 毫米青砖铺地。（见图 13-1 和图 13-2）

图 13-1 白帝庙东院（修缮前）　　　图 13-2 白帝庙西院（修缮前）

（2）绿化

庙院内树木以散植为主，前院及明良殿后墙到北院墙之间院内种植灌木和草本植物。主要乔木有榕树、柏树、棕榈树、黄连木、黄葛树等，其中古树名木 26 棵。灌木有竹子、黄杨、冬青等。树木间空地绿化以种植麦冬为主。绿地面积约为 620 平方米。（见图 13-3）

图 13-3 白帝庙后院（修缮前）

（3）排水

白帝庙位于白帝山顶，庙墙内外高差较大。院内地势北高南低，白楼北侧的地面最高，与最低的山门内侧地面绝对高差达 2.30 米。庙内地表雨水采用地下排水方式，将雨水汇集到数个地势较低的落水口，通过下水道排出院外。

3. 残损状况

（1）庙墙

庙墙依山势而建，因基础条件强弱不一，年久失修和人为改造，加上植物根系等因素的影响，西、北、东三面围墙已出现墙体歪闪，外闪尺寸在50毫米～120毫米之间，总长度约150米。墙皮酥碱或脱落现象严重，酥碱面积约350平方米，脱落面积约280平方米。观星亭附近有约70米被人为改造成预制水泥块花墙，改变了庙墙做法，破坏了庙墙的整体性。（见图13-4）

图13-4　白帝庙观星亭外庙墙（修缮前）

（2）室外地面、甬路及排水

受人为改造、自然损坏等因素的影响，原青石板地面和甬路在20世纪已严重残损，2008年汶川大地震后陆续被改为青条砖地面，修改的部分占总面积的90%，约2600平方米。现青砖地面已出现不均匀沉降、酥碱和破损，面积约1700平方米。前殿低洼处的地面因排水不畅而长期生长青苔，经常有行人因湿滑而摔倒。前院东、西两侧耳房的后檐墙外地面被人为架空抬升，成为通道，改变了原来的地面形制。前院白龙、白鹤雕塑两侧地面被绿地挤占，造成前院空间狭窄，限制了游人的活动范围。院内地下管道80%淤塞，多处不通，造成雨水排水不畅，浸泡地面、浸湿墙基，导致地面出现不均匀沉降，墙体下碱、酥碱。

（3）绿化、小品、新建房屋

树种单一，以小叶榕等常绿植物居多，缺少四季花卉点缀。前院植物种植杂乱，占据了该院面积的80%，挤占了地面空间，造成院落拥挤。东院厢房附近、后门两侧、白楼西侧、明良殿后面近年来人为新建了平房、宿舍、厕所、保卫科等房屋，严重影响了白帝庙的整体风貌。

（二）院落环境保护技术措施

1. 对后期加建临时违章建筑的处理

保护修缮设计要求拆除东院厢房与围墙之间的违章房屋，拆除新建二层保卫科室办公用房，拆除东院厢房后部违章房，拆除白楼和白帝庙后门周围新建的违章平房，拆除明良殿后面新建的厕所。

但在修缮实施中，由于多方面的原因，仅拆除了白楼后的加建建筑、后院墙处的加建建筑和后院内明良殿后厕所等违章建筑，保留了东配殿后檐加建建筑、东院厢房北侧二层保卫科办公用房、东院厢房后檐加建建筑及东耳房东侧加建的门房。

2. 对室外地面的处理

保护修缮设计要求拆除现有青条砖、水泥、卵石地面，散水及甬路，铺墁青条石（400 毫米 × 800 毫米 × 120 毫米）地面。

在修缮实施中，室外散水用 600 毫米 × 600 毫米 × 25 毫米青石板铺墁，院内地面则用 300 毫米 × 300 毫米 × 50 毫米金砖铺墁，改变了设计做法。（见图 13-5 至图 13-8）

图 13-5　白帝庙东院（修缮后）

图 13-6　白帝庙西院（修缮后）

图 13-7　白帝庙中院（修缮后）

图 13-8　白帝庙后院（修缮后）

3. 对观星亭外庙墙的处理

拆除了白帝庙出现歪闪和人为改造成水泥花砖的墙体，依据保留较好的围墙墙体样式修复围墙；清除院落围墙墙基杂草、杂树；拆除水泥制作的围墙墙帽，修复为仰合瓦墙帽；铲除了开裂、起鼓、掉色、脱落严重的墙面，依据原做法重做红灰墙面。（见图 13-9）

4. 对前院环境的处理

设计要求拆除东、西耳房背面后墙外抬升的地面，恢复青条石地面。清除前院内杂草，地面铺墁 400 毫米 ×800 毫米 ×120 毫米青条石。在前院东、西两侧设台阶连通东、西院。

但在修缮实施中，东、西耳房背面后墙外地面改为铺墁 300 毫米 ×300 毫米 ×50 毫米金砖；院内杂草清除后改种麦冬；前院东、西两侧连通东、西院的台阶未按设计要求施工，人流仍然通过东、西耳房后檐屋基进入东、西两院。（见图 13-10）

图 13-9　观星亭外的庙墙　　　　　图 13-10　东耳房后檐通道

（修缮后）　　　　　　　　　　（修缮后）

5. 对排水系统的处理

拆除前院水泥排水明沟和现有铸铁排水管，统一更换直径 300 毫米地下排水管。结合院落地面修缮，重做各院落地下排水，统一铺设直径 300 毫米地下排水管。

对于白帝庙院落的雨水治理，地表着重于疏、导、排，使雨水不能在建筑物周围长时间积存，而能及时排走。院落其他地面在铺墁前，先寻找原来的排水系统，全面清理疏通排水沟并直接利用。残损的则按上述传统做法铺设地面到设计标高，使地面雨水都能按坡度（向地下排水管道口的方向做出3%的泛水坡度）流向地漏，使雨水能顺利排出院落。

参考文献

[1] 范晔 . 后汉书 [M]. 北京：中华书局，1965.

[2] 曾秀翘，等 . 奉节县志（清光绪十九年版）[M]. 奉节：四川省奉节县志编纂委员会，1985.

[3] 夏征农 . 辞海·地理分册（历史地理）[M]. 上海：上海辞书出版社，1979.

[4] 复旦大学历史地理研究所 . 中国历史地名词典 [M]. 南昌：江西教育出版社，1986.

[5] 长江水利委员会 . 三峡大观 [M]. 北京：中国水利水电出版社，1986.

[6] 叶学齐 . 长江三峡地区各峡谷的名称由来浅释 [J]. 地名丛刊，中国水利水电出版社，1987（05）.

[7] 常璩 . 华阳国志 [M]. 林超民，等 . 西南稀见方志文献（第十卷）[Z]. 兰州：兰州大学出版社，2003.

[8] 陈剑 . 白帝城建成时间及与公孙述的关系 [J]. 四川文物，1994（3）.

[9] 赵贵林 . 白帝城之谜 .[J]. 红岩春秋，2008（4）.

[10] 郦道元 . 水经注 [M]. 长春：时代文艺出版社，2001.

[11] 蓝勇 . 关于《汉白帝城位置探讨》有关问题的补充 [J]. 四川文物，1996（3）.

[12] 袁东山 . 白帝城遗址：瞿塘天险 战略要地 [J]. 中国三峡，2010（10）.

[13] 奉节县县志编纂委员会办公室.天一阁藏明代方志选刊：夔州府志 [M].北京：中华书局，2009.

[14] 曹学佺.蜀中名胜记 [M].重庆：重庆出版社，1984.

[15] 魏靖宇.白帝城历代碑刻选 [Z].北京：中国三峡出版社，1996.

[16] 恩成，刘德铨.道光夔州府志 [M].清道光七年木刻本.

[17] 乐史.太平寰宇记 [M].北京：中华书局，2007.

[18] 中国地方志集成·湖南府县志辑 61·同治黔阳县志 [M].南京：江苏古籍出版社，2002.

[19] 潘光旦.湘西北的"土家"与古代的巴人 [C].中国民族问题研究集刊，1955（4）.

[20] 郑玄，贾公彦.周礼注疏 [M].北京：北京大学出版社，1999.

[21] 袁珂.山海经校注 [M].上海：上海古籍出版社，1980.

[22] 孟庆祥，等.拾遗记译注 [M].哈尔滨：黑龙江人民出版社，1989.

[23] 司马迁.史记 [M].北京：中华书局，1963.

[24] 陆费逵，等.四部备要·史部 [M].罗泌.路史 [M].上海：上海中华书局，1936.

[25] 石伶亚，黄飞泽.试论土家族白虎图腾崇拜［J］.民族论坛，2003（3）.

[26] 杨雄.方言·第八（木刻影印本）[Z].北京：直隶书局，1923.

[27] 黄柏权.白虎神话的源流及其文化价值［J］.贵州民族研究，1990（3）.

[28] 樊绰.蛮书校注 [M].北京：中华书局，1962.

[29] 陈继儒.虎荟 [Z].北京：中华书局，1985.

[30] 白俊奎.巴人廪君系先民及其部分后裔"人祀"习俗考论 [J].西南民族学院学报（哲学社会科学版），1998（总 19 卷）.

[31] 林书勋，张先达.乾州厅志 [M].清光绪三年刻本（1877 年）.

[32] 向柏松.巴土家族神崇拜的演变与历史文化的变迁 [J].中南民族学院学报（人文社会科学版），2001（6）.

[33] 童恩正.古代的巴蜀 [M].重庆：重庆出版社，1998.

[34] 彭武一.古代巴人廪君时期的社会和宗教 [J].吉首大学学报（社会科学版），1982（2）.

[35] 林奇 . 巴楚关系初探 [J]. 汉江论坛，1980（4）.

[36] 张正明 . 巴人起源地综考 [J]. 华中师范大学学报（人文社会科学版），2004（6）.

[37] 彭官章，朴永子 . 羌人·巴人·土家人 [J]. 吉首大学学报（社会科学版），1982（1）.

[38] 余云华 . 定都于渝的白虎巴人寻踪 [J]. 重庆工商大学学报（社会科学版），2007（1）.

[39] 秦嘉谟 . 世本八种·补本·氏姓篇 [M]. 上海：商务印书馆，1957.

[40] 张玉春 . 竹书纪年译注 [M]. 哈尔滨：黑龙江人民出版社，2003.

[41] 杨华 . 对巴人起源于清江说若干问题的分析 [J]. 四川文物，2001（1）.

[42] 王先谦 . 后汉书集解 [M]. 北京：中华书局，1984.

[43] 杜佑 . 通典 [M]. 北京：中华书局，1988.

[44] 李昉，等 . 太平广记 [M]. 北京：中华书局，1961.

[45] 马端临 . 文献通考 [M]. 北京：中华书局，1986.

[46] 陈循 . 寰宇通志 [M]. 郑振铎 . 玄览堂丛书续集 . 第五十八分册（木刻影印本）[M] 南京：国立中央图书馆，1947.

[47] 杨守敬，熊会贞 . 水经注疏 [M]. 南京：江苏古籍出版社，1989.

[48] 郑永禧，等 . 施州考古录校注 [M]. 北京：新华出版社，2004.

[49] 轶名 . 荆州图副 [M]. 周声溢 . 丽山精舍丛书 [M]. 清光绪二十六年湘西陈氏校刊木刻本 .

[50] 盛弘之 . 荆州记 [M]. 周声溢 . 丽山精舍丛书 [M]. 清光绪二十六年（1900 年）湘西陈氏校刊木刻本 .

[51] 刘晓东 . 二十五别史·十六国春秋辑补 [M]. 济南：齐鲁书社，2000.

[52] 班固 . 汉书 [M]. 北京：中华书局，1964.

[53] 王象之 . 舆地纪胜 [M]. 北京：中华书局，1992.

[54] 司马光 . 资治通鉴 [M]. 北京：中华书局，1956.

[55] 司马贞 . 史记索隐 [M]. 景印文渊阁国库全书（第 246 册）[M]. 台北：商务印书馆，1984.

[56] 向柏松 . 土家族白帝天王传说的多样性与多元文化的融合 [J]. 民族文

学研究，2007（3）.

[57] 刘昫 . 旧唐书 [M]. 北京：中华书局，1975.

[58] 欧阳修，宋祁 . 新唐书 [M]. 北京：中华书局，1975.

[59] 向柏松 . 巴人竹枝词的起源与文化生态 [J]. 湖北民族学院学报（哲学社会科学版），2004（1）.

[60] 陈剑 . 白帝寺始建时代及现存文物概述 [J]. 四川文物，1996（2）.

[61] 陆游 . 入蜀记 [M]. 王云五，主编 . 丛书集成初编 [M]. 上海：商务印书馆，中华民国二十五年（1936）.

[62] 白诚瑞 . 夔州府志 [M]. 光绪十七年补刊（1891）木刻本 .

[63] 李江 . 白帝城历代碑刻选 [M]. 天津：天津古籍出版社，2011.

[64] 刘致平 . 中国建筑类型及结构 [M]. 北京：中国建筑工业出版社，2000.

[65] 高介华 . 略议"楚文化建筑"和"建筑文化与汉派风格"问题 [J]. 建筑师，1993（51）.

[66] 王发堂 . 湖北传统建筑之精神研究 [J]. 华中师范大学学报（人文社会科学版），2012（1）.

[67] 黄尚明 . 论楚文化对巴文化的影响 [J]. 江汉考古，2008（2）.

[68] 季富政 . 三峡古典场镇 [M]. 成都：西南交通大学出版社，2007.

[69] 安居香山，中村璋八 . 纬书集成 [M]. 石家庄：河北人民出版社，1994.

[70] 董浩 . 全唐文 [M]. 北京：中华书局，1983.

[71] 清常明，杨芳灿 . 四川通志 [M]. 嘉庆二十年（1815）木刻本 .

[72] 范成大 . 吴船录 [M]. 范成大，孔凡礼 . 唐宋史料笔记丛刊：范成大笔记六种 [M]. 北京：中华书局，2002.

[73] 何宇度 . 益部谈资 [M]. 王云五 . 丛书集成初编 [M]. 上海：商务印书馆，1936.

[74] 黄廷桂，等 . 四川通志 [M]. 景印文渊阁国库全书（第 560 册）[M]. 台北：商务印书馆，1984.

[75] 李诫 . 营造法式 [M]. 上海：商务印书馆，1954.

[76] 田永复 . 中国园林构造设计 [M]. 北京：中国建筑工业出版社，2015.

[77] 王璞子 . 工程做法注释 [M]. 北京：中国建筑工业出版社，1995.

[78] 姚承祖，张至刚，刘敦桢 . 营造法原 [M]. 北京：中国建筑工业出版社，1986.

[79] 国务院三峡工程建设委员会办公室，国家文物局 . 三峡湖北库区传统建筑 [M]. 北京：科学出版社，2003.

后 记

2020 年，中机中联工程有限公司城市更新研究所筹备成立建筑文化遗产保护研究室，我受研究所所长毛伟博士的邀请，受聘于该所从事文物与历史建筑保护与研究工作。

城市更新研究所以"既有建筑功能提升，精品建筑技术集成，建筑遗产重点保护"为目标，集工程设计与科研为一体，拥有一批博士后、博士和硕士研究生在内的高素质人才，在城市更新和建筑文化遗产保护设计和研究领域取得了卓越的成果。完成了重庆渝黔黄葛古道风貌保护性改造工程设计、重庆南平关遗址崖壁公园方案设计、丰都平山书院古建筑群复建方案设计等有影响的工程设计；主持编制了《重庆市历史建筑修复建设技术导则》。初到研究所，我沉醉于团队团结奋进、朝气蓬勃的工作气氛和浓郁的学术研究氛围之中。同时，也沉浸在耳顺之年尚能获得优越的研究平台的欣喜之中。随着喜悦的慢慢退去，剩下的就是责任和义务。此时，我决定充分抓住人生剩余的时光，努力工作，认真研究，多出成果，为建筑文化遗产保护与研究发挥余热。

恰逢此时，研究所承担了中机中联工程有限公司下达的"推动既有建筑改造关键技术研究与应用重大专项"课题，"文物与历史建筑保护研究"是这个"重大专项"课题中的子课题。我有幸承担了这个子课题的研究，课题要求用一个具体的案例总结文物建筑保护修缮的经验得失。接受任务后，不知道是喜是悲，或许是亦喜亦悲。要在短期内完成如此重大的研究对我来说心中无底。经过苦苦的思考，我决定将十年前对全国重点文物保护单位以明清古建筑为主体的"白帝城遗址"中白帝庙修缮工程作为研究对象。我翻出尘封数年、布满灰尘的保护修缮资料，细心整理、认真分析、总结归纳，并借鉴学界贤能们的研究成果，终于完成了《重庆奉节白帝庙古建筑研究与保护》一书。但因本人才疏学浅，书中难免诸多疏误，恳请方家斧正。

在这部拙作即将付梓之际，衷心感谢在研究和写作中为我提供帮助和支持的单位和友人，他们是：中机中联工程有限公司副总工程师王永超教授、中机中联工程有限公司城市更新研究所所长毛伟博士、重庆夔州博物馆雷庭军馆长、重庆三峡学院滕新才教授、重庆市三国文化研究会赵贵林秘书长。在这里我还要感谢我的家人长期以来对我的支持和鼓励，使我有更多的时间和精力投入到研究工作中去。

　　《重庆奉节白帝庙古建筑研究与保护》只是我学术研究的一个新起点，在今后的研究中我将秉持"壮心未与年俱老，死去犹能作鬼雄"的精神，砥砺前行，为建筑文化遗产保护再做贡献。

何和一

2021 年 10 月 16 日

《重庆奉节白帝庙古建筑研究与保护》勘误表

页码	行	原文	更正
版权	-8	710 为宋体	应为 Times New Roman
前言 2	4	2011 年，重庆市政府提出了……因此，对白帝庙……	2011 年，重庆市政府提出了……因此，组织相关部门对白帝庙……
9	14	"因山据势"之山当地人称之为赤岬山	"因山据势"之山，当地人称之为赤岬山
9	24	为什么要将今桃子山称之为赤岬山呢	为什么要将今桃子山称为赤岬山呢
13	12	如西门外宝塔坪附近有一坞堡。白帝城南边水门始建于南北朝时期的偷水孔栈道仍在使用，且有机械装卸设施的遗迹。江边有景定五年（公元 1264 年）白帝城守将徐宗武立的锁江铁柱和铁柱附近崖壁上镌刻的《铁锁关题刻》。瞿塘峡口有保存完 好的南宋烽燧等等。	如西门外宝塔坪附近有一坞堡；白帝城南边水门始建于南北朝时期的偷水孔栈道仍在使用，且有机械装卸设施的遗迹；江边有景定五年（公元 1264 年）白帝城守将徐宗武立的锁江铁柱和铁柱附近崖壁上镌刻的《铁锁关题刻》；瞿塘峡口有保存完好的南宋烽燧；等等。
26	-5	② 王嘉；萧绮，录.拾遗记校注 [M].哈尔滨：黑龙江人民出版社，1989:13-14.	② 王嘉.拾遗记 [M].萧绮，录.哈尔滨：黑龙江人民出版社，1989:13-14.
36	1	古代巴人的几个氏族部落最迟从禹夏时期，①	古代巴人的几个氏族部落最迟从禹夏时期①，
40	-7	④ 轶名.荆州图副 [M].周声溢.丽山精舍丛书.清光绪二十六年（公元 1900 年）湘西陈氏校刊木刻本.	④ 盛弘之.荆州图副 [M].周声溢.丽山精舍丛书.清光绪二十六年（公元 1900 年）湘西陈氏校刊木刻本.
68	4	通道两旁分别有六角形水池各一个	通道两旁分别有一个六角形水池
69	3	刘备托孤塑像	《刘备托孤》塑像
69	8	分别塑有蜀国文臣、武将仿青铜像各十尊	分别塑有蜀国文臣、武将仿青铜像十尊

页码	行	原文	更正
69	−6	传说是诸葛亮……曾在此……的地方	传说诸葛亮……曾在此……
70		图 4-4、图 4-5 朝右	朝左
74	17	甚似古朴	甚是古朴
74	20	简捷	简洁
75	表 5-1 至表 5-12	中间为单线	应为双线
78	−5	一置	置一
115	−3	斩方即用	斫方即用
116	−2	察勘	勘察
118	12	斩方即用	斫方即用
125	5	折算现代公制	折算为现代公制
125	−5	③姚承祖，原著；张至刚，增编；刘敦桢，校阅．营造法原 [M]．北京：中国建筑工业出版社， 1986:29.	③姚承祖．营造法原 [M]．张至刚，增编；刘敦桢，校阅．北京：中国建筑工业出版社， 1986:29.
126	−10	按照……的原则，从而决定了	按照……的原则，可知
134	2	不带校址斗棋大式和小式建筑	不带斗拱的大式和小式建筑
136	3	将……称之为	将……称为
143	16	陡翘	陡峭
144	9	形响	影响
144	4	刘备托孤塑像	《刘备托孤》塑像
145	8	前殿柱础	前殿
148	2	柱础尺寸比例较大	柱础不同部分尺寸相差较大
149	−6	白帝庙建筑虽然均为川东峡江民居建筑式样，建筑等级不高	白帝庙建筑均为川东峡江民居建筑式样，建筑等级不高
152	−2	主题图案有塑宝珠和建筑物两大类	主题图案有宝珠和建筑物两大类

	行	原文	更正
153	11	两支……凤凰	两只……凤凰
158	3	匠师们别出心裁地采用了不同图案用在了同一正吻的不同面上吧	匠师们别出心裁地将不同图案用在了同一正吻的不同面上吧
165	−6	"刘备托孤"群像	《刘备托孤》群像
166	1、2、3	"刘备托孤"群像	《刘备托孤》群像
179	−3	川东建筑也可称之为"巫巴建筑"	川东建筑也可称为"巫巴建筑"
184	−3	4. 古老传统技法的影响。	4. 古老传统技法的影响
187	3	就其承载的历史信息，体现的建筑思想、独特的室间结构和所表现的建筑艺术等方面都具有较高的研究价值。	其承载的历史信息、体现的建筑思想、独特的室间结构和所表现的建筑艺术等方面都具有较高的研究价值。
190	6	白帝庙留给我们的不仅仅是一座建筑，而是给我们留下了一座研究"峡江建筑文化与艺术思想"的标本	白帝庙留给我们的不仅仅是一座建筑，还是研究"峡江建筑文化与艺术思想"的一个标本
197	11	疑为近代作法	疑为近代做法
203	3	察勘	勘察
205	3	察勘	勘察
206	−1	察勘	勘察
210	16	察勘	勘察
217	3	察勘	勘察
217	8	据当地老人介绍观星亭屋面原为绿色琉璃瓦	据当地老人介绍，观星亭屋面原为绿色琉璃瓦
238	−2	山门及后门是唯一的两个出入口	山门及后门是唯一的出入口